AF548767

WELPENERZIEHUNG HUNDEERZIEHUNG HUNDESPIELE BARF

DAS GROSSE 4 IN 1 HUNDEBUCH

Wie Sie Ihren Hund optimal erziehen, spielerisch fördern, effektiv trainieren und gesund ernähren

INHALT

WELPEN ERZIEHUNG

Hundetraining für Anfänger & Profis!
Das Welpen Erziehung Buch für eine erfolgreiche Hundeerziehung, Ausbildung und Hunde Aufzucht in einfachen Schritten + Tipps zu Hundefutter

Tapsig, verspielt und süß, so präsentiert sich das Hundekind und zeigt sich von seinen allerbesten Seiten. Wie sollte man ihm auch bei einem Malheur böse sein, wo es doch so klein und drollig ist? Bei vielen setzt hier schon der Beschützerinstinkt ein. Aber das Welpen-Kläffen kann ganz schnell zum Dauerbellen werden. Und von der Stubenreinheit hat der kleine Kerl auch noch nichts gehört. Ein adäquater Fahrplan muss her, um wieder Herr der Dinge zu sein. Warten Sie nicht zu lange ab, sonst wächst Ihnen das Hundekind schnell mal über den Kopf. Sind sie auch noch so süß anzusehen, Erziehung und Konsequenz müssen sein.

Jährlich ziehen tausende Welpen und Junghunde bei ihren neuen Besitzern ein. Manche frisch gebackene Hundeeltern haben bereits die nötige Erfahrung gesammelt, andere wiederum nicht. Das sind dann die Neulinge unter uns. Ein Welpe oder Junghund ist ein Überraschungs-Ei auf vier Pfoten. Viele wälzen Bücher, doch die Realität holt einen schnell wieder ein. Wie war das noch und warum macht er genau das, was er nicht soll? Die Ratlosigkeit macht sich breit, und dennoch – werfen Sie niemals das Handtuch. Ihr Hund geht sonst als Sieger und alleiniger Herrscher hervor. Die Natur hat Welpen den Niedlichkeitsfaktor in die Wiege gelegt. Wie soll man da böse sein oder gar schimpfen? Dennoch geht es um die Struktur und Beharrlichkeit, und zwar von Ihrer Seite aus. Ein spannendes Abenteuer beginnt, in dem Sie und Ihr Welpe die Hauptdarsteller sind.

Für uns gehören Hunde zum Alltag und sind aus diesem auch nicht mehr wegzudenken. Die treuen Weggefährten, die für uns Menschen durchs Feuer gehen. Haben wir ihre Liebe, Treue und Zuneigung überhaupt verdient? Heute gehen wir eine Symbiose mit Hunden ein. Früher waren sie eher Mittel zum Zweck. Der gute Freund auf vier Pfoten wird seit Langem als Familienmitglied angesehen. Ein Geschenk auf Zeit, das uns sein Leben lang begleitet und mit uns durch dick und dünn geht. Doch das war nicht immer so, denn der Hund war in der Entstehungsgeschichte der Menschheit nicht vorhanden, eher der Wolf, sein Vorfahre, der als „Stammvater" der heutigen Hunde in Erscheinung trat. Damals noch galt er als Konkurrenz und Fressfeind des Menschen und stellte eine große Gefahr für ihn dar. Denn Mensch und Tier machten sich gegenseitig die Beutetiere streitig.

Die Geschichte des Hundes ist so interessant wie auch spektakulär und mit sogenannten Kreuzzüchtungen entstanden. Nach DNA-Analysen gehören Hunde dem Canis familiaris an und so sind alle Haushunde ein und dieselbe Familie. Und diese nimmt den Wolf (Canis lupus) mit ein. Jeder, der einen Hund hält, ob groß oder klein, wird von der Synergie des Wolfes begleitet. Mystisch wie auch geheimnisvoll tragen unsere heutigen Haushunde etwas von ihren Vorfahren in sich. Sie als Welpenbesitzer haben somit ein kleines Stück Wolf gekauft und das sollten Sie auch schätzen.

Vorwort

Das Welpenbuch der etwas anderen Art. Es geht nicht nur um das Monotone, es geht vielmehr darum, spielerisch vereint zu sein. Nur so bilden Sie ein Team. Und dann bedenken Sie bitte noch eins: Bevor Sie sich einen Hund aussuchen und kaufen, fallen Sie nicht auf dubiose und unseriöse Hundevermehrer herein. Die Hunde sind teilweise krank und werden unter den schrecklichsten Bedingungen gehalten. Die Hundemamas dienen als Gebärmaschinen und werden dann wie ein Wegwerfartikel entsorgt. Geben Sie einem Hund aus dem Tierheim eine Chance oder suchen sich einen seriösen Züchter aus. Unterstützen Sie aber die Hundevermehrer mit keinem Cent, die Hunde bezahlen es oftmals mit ihrem Leben. Sie sparen am falschen Ende, stecken letztendlich Geld in das unseriöse Geschäft und befürworten und unterstützen die Machenschaften des illegalen Welpenverkaufs.

Haben Sie Interesse an einem Welpen, dann beziehen Sie die ganze Familie mit ein. Denn ein Hund ist ein Fulltimejob. Er benötigt mehrmals täglich Auslauf, den Tierarzt, Futter und sein hundegerechtes Equipment. Dem nicht genug, und das ist das A und O, eine ordnungsgemäße Erziehung – haben Sie die Nerven dazu? Verreisen Sie gerne, muss die Unterkunft hundetauglich sein, oder ein Freund, die Familie oder ein Hundesitter stehen parat. All das ist zu bedenken, bevor ein Hund für 8 bis 16 Jahre einzieht.

Hunde sind die besten Freunde des Menschen und lassen ihn nie im Regen stehen. Sie sind ein Familienmitglied und ein fester Bestandteil davon. Daher muss sich der Welpe integrieren und sollte nicht die erste Geige spielen. Es wird schwerfallen, das ist klar, aber was sein muss, muss sein. Das Kommando übernehmen Sie und das Hundekind muss lernen, sich unterzuordnen und einzufügen, wie er das in seinem Hunderudel tun würde. In diesem herrscht nämlich Zucht und Ordnung. Gerade wenn es Welpen sind, fällt einigen Hundebesitzern die Erziehung schwer. Möchten Sie sein Vertrauen und seinen Respekt gewinnen, haben Sie dennoch keine andere Wahl. Mit viel Liebe, Geduld und Einfühlungsvermögen kommen Sie ans Ziel und mit der Zeit wachsen Sie innig zusammen. Beginnen Sie noch heute mit der Hundeerziehung, bevor Ihr Welpe klammheimlich die Führung übernimmt und Sie erzieht. Sie schmunzeln vielleicht, aber so mancher Hund hat das schon geschafft. Bello hier, nicht, dann bleib, ich hol dich ab. Sitz, gut, dann lass es, wir machen es ein anderes Mal. Ebenso ziehen diese unerzogenen Vertreter ihr „Herrchen/Frauchen“ wie einen Kartoffelsack hinter sich her. Was für andere sehr amüsant aussieht, ist für beide einfach nur Stress.

Einleitung

Im Schnelldurchlauf möchte Ihnen den Start in die Welt des Welpen kurz und knapp erklären. Dann haben Sie das Objektive schnell zur Hand und nehmen das Buch in Ihren Erziehungsplan mit auf.

BEVOR IHR WELPE BEI IHNEN EINZIEHT:

EIN WELPE SOLLTE NICHT ZU FRÜH VON DER MUTTER GETRENNT WERDEN!

Mit 8 bis 12 Wochen werden die kleinen Hundekinder von der Mama getrennt. Lieber später wie früher, denn ein 12 Wochen alter Welpe ist besser ausgereift und der Abschied von der Hundemama fällt nicht mehr ganz so schwer. Diese Zeit benötigen die Welpen, damit sie nicht nur wachsen und gedeihen. Sie werden auch zu ganz speziellen Hundepersönlichkeiten und die sind selbstbewusster und ausgeglichener.

BESUCHEN SIE DEN WELPEN IMMER WIEDER UND HOLEN IHN NICHT EINFACH NUR AB

Ein guter Züchter legt großen Wert darauf, dass seine Welpen vor der Abholung in regelmäßigen Abständen Besuch bekommen. Das baut im Vorfeld schon die nötige Bindung auf, wobei die Besuche immer positiv ablaufen müssen. Dann entsteht eine positive Grundprägung und Sie hinterlassen einen guten Eindruck und eine positive Prägung auf Sie gestaltet sich. So hat auch der Züchter ein gutes Gefühl, den Welpen in die richtigen Hände zu geben. Jetzt kann man noch alles besprechen und Fragen stellen, bei der Abholung ist es dafür dann zu spät.

EIN „WELPENSICHERES" ZUHAUSE BIETEN

Eltern kennen die Gefahrenquellen ganz genau und auch Sie als zukünftige Welpeneltern sollten Ihr Zuhause genau ins Visier nehmen. Kriechen Sie ruhig auf allen Vieren durch die Wohnung oder das Haus. Steckdosen, Pflanzen, Stromkabel, Treppen usw. können für einen unbeaufsichtigten Welpen tödlich sein. Beschaffen Sie sich Abdeckkappen für die Steckdosen, stellen Sie gifte Pflanzen weg und verlegen Sie die Stromkabel so, dass der Welpe keinen Zugriff darauf hat. Bei Treppen empfiehlt sich eine Kinderschutztür. Welpen sind wie kleine Kinder anzusehen, sie können Gefahren weder einschätzen noch sehen. Sie finden alles spannend und interessant.

VOR DEM EINZUG IST EIN ADÄQUATES WISSEN GEFRAGT

Die Anschaffung eines Welpen sollte keine Hauruck-Aktion sein. Eine gute Vorbereitung ist daher ein Muss, sonst prahlen Sie nicht mit Wissen, Sie reagieren nur auf das, was er macht. Um die Bindung nicht zu verkomplizieren, lesen Sie Bücher oder informieren sich im Internet. Das kann so einiges an Stress reduzieren, und Sie wissen dann, das, was er gemacht hat, war absichtlich. Löst sich der Welpe am Teppich, dann ist einfach die Blase voll. Diese kann er erst mit 4 Monaten kontrollieren und somit wissen Sie Bescheid. Sie haben die Hundeerziehung in der Hand, Ihr Welpe kann nur Ihre Befehle befolgen. Und seien Sie nicht zu streng mit ihm, denn die Angst ist niemals ein guter Begleiter.

JE FRÜHER, DESTO BESSER

Ab dem Zeitpunkt des Einzugs fängt auch die Erziehung an. Da die Welpen sehr wissbegierig sind, lernen sie schnell und in kleinen Schritten dazu. Nur bitte nicht alles auf einmal und immer mit Ruhe und Geduld. Am Tag des Einzugs reichen eine Begehung, die Vorstellung der Familie und wo er sich lösen soll aus. „Pfui", „Aus" und „Nein" wird er nun öfters hören. Alles wird spielerisch mit Liebe und Geduld beigebracht. Damit lernt der Welpe, was erwünscht ist und was nicht. Übrigens haben Welpen ein sehr hohes Schlafbedürfnis, also stören Sie ihn dabei nicht.

WELPEN BENÖTIGEN REGELN UND GEDULD

Eine Erziehung geht niemals mit Gewalt und Schreien einher, das alleine ist ein Armutszeugnis an sich. Liebevoll und konsequent, das sind die Zauberwörter in der Welpenerziehung und auch die Grundlage für ein friedliches und stressfreies Zusammensein. Selbstverständlich muss der Welpe lernen, dass seine Position ganz unten in der Familie ist. Damit werden Grenzen festgesetzt und eine positive und harmonische Stimmung erzeugt. Ebenfalls fördert das die gesunde Entwicklung des Hundekindes. Hunde brauchen einen Halt und ein seelisches Wohlbefinden und das von Anfang an. Zeigen Sie vom ersten Tag an die Struktur und Grenzen auf, dann kennt es Ihr Welpe auch nicht anders. Bleiben Sie dabei ruhig, gelassen und leiten ihn mit einem sanften Ton. Alles andere verwirrt den kleinen Kerl. Des Weiteren muss die Familie an einem Strang ziehen. Dann entsteht der gewünschte harmonische Einklang. Kein Welpe zieht als Alphatier ein, das haben dann die Besitzer aus ihm gemacht.

EINE KLARE LINIE VON ANFANG AN VERSCHAFFT DEN NÖTIGEN RESPEKT

Der Niedlichkeitsfaktor hat zugeschlagen und er schaut doch so süß. Welpen machen es einem schwer, ihnen zu widerstehen. Dennoch – bleiben Sie konsequent. Meist werfen sie förmlich mit ihrem Charme um sich. Und fiept ein Welpe mal, so sind wir gleich tief berührt. Lässt man etwas zu, was er später nicht mehr darf, dann versteht Ihr Hund die Welt nicht mehr. Der kleine Doggen-Welpe darf auf die Couch, die ausgewachsene Dogge nimmt aber zu viel Platz ein. Doch wie soll ein Hund verstehen, dass er diese Privilegien als erwachsener Hund plötzlich nicht mehr hat? Eine klare Linie von Anfang an macht beiden Seiten klar, was Sache ist. Nur so kann Ihr Welpe seinen Platz im Menschenrudel finden. Denn, was Hänschen nicht lernt, lernt Hans nimmermehr.

SEIEN SIE CHEF

In der Firma ist auch immer einer der Chef und so sollte es auch in der Hundeerziehung sein. Lernt der Welpe, wer das Sagen hat, sind die Regeln klar und deutlich aufgestellt. So behalten Sie die Position als Rudelführer ein Leben lang bei. Sie akzeptieren ja auch Ihren Chef und bekommen ein gutes Gehalt dafür. Ihr Hund bekommt dafür die Fürsorge, Futter, Geborgenheit und ein schönes Zuhause. Ebenso gibt er die Verantwortung ab und muss sich um nichts kümmern. Hunde möchten sich auf ihren Besitzer verlassen können, genau das müssen auch Sie Ihrem Welpen bieten können. Seien Sie ein guter Chef, dann wird Ihnen ein guter und ausgeglichener Hund zuteil. Ein ruhiger und entschlossener Tonfall mit eindeutiger Körpersprache gibt Ihrem Hund ein Gefühl von Sicherheit. Schreien und schlagen dagegen nicht.

KLARE KOMMANDOS UND EINDEUTIGE SIGNALE

Hunde sind zwar keine Gedankenleser, dennoch lesen sie uns. Die Zeit haben sie dazu und sie kennen uns besser als gedacht. Sie sind die Meister im Mienenspiellesen und reagieren oftmals schneller auf einfache Handbewegungen als auf komplizierte Sätze. Wie sollten sie auch deren Sinn verstehen? Texten Sie Ihren Welpen nicht zu, er versteht nur Bahnhof. Handzeichen sind perfekt und die in Verbindung mit „Sitz“, „Platz“ und „Fuß“ macht es dem Hund leicht, Sie zu verstehen. Die passenden Gesten sind das A und O und verraten weder Ihre Regung noch Emotion. Vierbeiner beobachten genau und wissen, ob Sie sicher oder unsicher in Ihrem Verhalten sind. Behalten Sie daher strukturierte Kommandos, das kann von Anfang an Missverständnisse vermeiden. Lange Sätze ergeben keinen

Sinn, nur ein Kommando mit Handzeichen weist dem Hund die Richtung auf. Die notwendigen Grundgehorsamsübungen sind kurze, eindeutige Anweisungen, nicht mehr und nicht weniger.

LOB UND LECKERLI – MUSS DAS SEIN? LERNMOTIVATION DURCH POSITIVE VERSTÄRKUNG

Ein Lob ist eine Lernmotivation und damit wird eine positive Verknüpfung bestärkt. Nur gehen Sie mit Leckerlis sparsam um, sonst sieht Sie Ihr Hund als wandelnde Futtertonne an, und ihm selbst tut es auch nicht gut. Arbeitshunde werden mit einem Ball oder Dummy belohnt, nicht aber mit Futter bombardiert. Ein Leckerli darf mal sein, nur sollte der Hund aus dem Gehorsam willig sein und nicht nur um des Futters willen. Lob und Belohnungen dienen der Motivation, aber eine Belohnung kann auch ein Spielzeug und ein Streicheln sein. Demotivieren Sie Ihren Hund nicht, denn er ist in der Lern- und Entwicklungsphase und eine Bestrafung würde ihn eher verunsichern und irritieren. Loben Sie immer sofort und das auch gerne sehr überschwänglich. Ein kurzes „Aus" oder „Pfui" als Tadel reicht völlig aus. So lernt Ihr Welpe, welches Verhalten das richtige ist und welches das ersehnte Lob einbringt. Reagieren Sie demzufolge immer sofort auf sein Tun und Handeln. Hunde leben im Hier und Jetzt, später macht ein Lob oder Tadel keinen Sinn. In der Welpenerziehung geht immer etwas schief, nehmen Sie es mit Humor, denn Verbissenheit und Aggressivität machen das Vertrauen zum Welpen kaputt.

Die Entwicklungsphasen

Hunde durchlaufen im Zeitraffer die Entwicklungsphasen und auch Ihr Welpe durchläuft sie und das in Windeseile. Gestern noch der tapsige Welpe und heute schon der willensstarke Junghund, wie schnell doch die Zeit vergeht. Die psychischen und körperlichen Fähigkeiten werden wie von Zauberhand dirigiert und optimiert. Es ist das Wunder der Natur und ein genetisches Programm. Das hat die Natur für Hunde vorgesehen. Für Sie als frischgebackener Hundehalter werden die Phasen genau erklärt.

NEONATALE PHASE

Die erste Entwicklungsphase beginnt bereits in der ersten und zweiten Lebenswoche der Welpen, die sogenannte neonatale Phase. Sein Kopf pendelt leicht hin und her und sein Körper ist auf das Erspüren von Wärme ausgelegt. Für den schutzbedürftigen Neugeborenen sind beide Faktoren lebenswichtig. Instinktiv bleibt der Welpe in der Wurfkiste, um die Körperwärme seiner Wurfgeschwister zu spüren, und dort ist es kuschelig. Es vermittelt Geborgenheit und baut das Zusammengehörigkeitsgefühl auf. Die Pendelbewegungen des Kopfes sind keine Laune der Natur, nur so findet der Welpe die mit Milch gefüllten Zitzen der Hundemutter. Somit stellen die Pendelbewegungen eine Grundvoraussetzung für das Überleben dar. Aber was wäre ein Hund ohne seine gute Nasenveranlagung? Der eigentliche Wegweiser ist der Geruchssinn und der ist mit dem Geschmackssinn von Anfang an ausgebildet. Das Erstaunliche daran: Der Nachwuchs kann bereits in der Gebärmutter riechen. Folglich erkennt jeder einzelne Welpe den Geruch, der von der Gesäugeleiste der Mutterhündin ausgeht. Das Pheromon, das dort gebildet wird, ist nämlich im Fruchtwasser enthalten, und so kann der Welpe mit geschlossen Augen die Nahrungsquelle finden.

ÜBERGANGSPHASE

Die dritte Lebenswoche wird auch Übergangsphase genannt und ist der zweite große Entwicklungsschritt. Die kleinen Hundekinder nehmen nun ihre Umwelt besser wahr und beginnen, auf Geräusche zu reagieren, und fangen an, sich umzublicken. Denn das Hören und Sehen findet statt. Die Welpen tauchen nun in eine neue Welt ein und auch die Wärmeregulation funktioniert ganz ohne die Wurfgeschwister. Jetzt heißt es, seine Umwelt zu erkunden, und die hält so einige Überraschungen und Hindernisse bereit. Alles geschieht unter den Argusaugen der Hundemutter und so sind die Welpen bestens beschützt. Auch der Kot und Urin wird ab jetzt aus eigener Kraft abgesetzt. Die Muskelkoordination verbessert sich und die ersten Schritte werden gestartet. Es sieht noch etwas unbeholfen aus und kostet viel Kraft, aber so langsam aber sicher werden die Kleinen flügge. Auch das Stubenreinheitstraining beginnt und sollte vom Züchter unterstützt werden. Haben die Welpen die Möglichkeit, nach draußen zu gehen, werden die Welpen später schneller stubenrein.

SOZIALISATIONSPHASE

Um den 21. Lebenstag herum setzt die Sozialisationsphase ein. Diese gehört mit zu den drei sensiblen Phasen in der Welpenzeit. Bis zur 12. oder 14. Lebenswoche erstreckt sie sich und bildet die Basis für das spätere Verhalten. Züchter wie auch Welpenbesitzer werden in dieser Zeit ganz schön auf Trab gehalten. Jetzt ist die Zeit des positiven Lernens angesagt. Sichere Bedingungen sollten daher gegeben sein und der Welpe muss mit vielen Dingen des Lebens vertraut sein. Die Neugier setzt ein, der Spieltrieb ist da, und so kann der Welpe spielerisch auf seine Umwelt vorbereitet werden. Bis zur fünften Lebenswoche sind die Welpen angstfrei, was mit dem Stimmungsbarometer des Nervensystems einhergeht. Diese Zeit ist entspannt und so wird auch die erregungsbedingte Beschleunigung des Herzschlags verhindert. Danach sind die Welpen nicht mehr so angstfrei, was ihnen auch das Leben retten kann. Denn sie lernen nun, was eine Gefahr darstellt und was nicht. Gewohnte Reize vermitteln aber eine Geborgenheitsgarnitur, mit der sich der Welpe wohlfühlt. Sind Hunde im Haus aufgewachsen, werden auch die häuslichen Reize als angenehm empfunden. Das können der Staubsauger, die Waschmaschine und der Geschirrspüler sein. All das vermittelt ihm Geborgenheit, wenn er diese Geräusche von klein an kennt.

DAS SAMMELN VON EINDRÜCKEN

Das Sammeln von neuen Endrücken möchte wohldosiert sein, sonst kommt es zu einer Reizüberflutung. Und diese führt zu Unruhe und vermittelt Hektik und Stress. In kleinen Schritten werden die neuen Eindrücke gesammelt und ebenso die vielen Schlafphasen des Welpen bedacht. Denn eine Auszeit sei dem kleinen Kerl gegönnt. Ob fremde Menschen, eine fremde Umgebung, andere Hunde, unbekannte Haustiere, das Autofahren oder auch unterschiedliche Bodenbeläge, der Welpe braucht seine Zeit dafür. Ihn zu überfordern und alles auf einmal zu präsentieren wäre der falsche Weg. Schnell kann er das eine oder andere mit einem negativen Erlebnis verknüpfen und das auch sein Leben lang. Ist der Staubsauger in der Welpenzeit ein Feind, warum sollte er später ein Freund sein? Lieber mit kleinen Schritten im Trainingsplan vorangehen und damit einen selbstbewussten Umgang mit unterschiedlichen Situationen hervorrufen. Das fördert die Bindungsfähigkeit und ist eine wichtige Voraussetzung für ein harmonisches

Zusammenleben von Mensch und Hund.

VORSICHT VOR NEUEM

Der Welpe durchlebt in so kurzer Zeit etliche Entwicklungsphasen und die setzen sich im späteren Verlauf mit Durchsetzungsvermögen gegenüber den Wurfgeschwistern, dem Aggressionsverhalten und auch der Angst fort. Dabei ist Angst nichts Negatives, sondern mahnt zur Vorsicht und ist ein sinnvoller Gegenspieler des neugierigen Erkundungsdrangs. Sie schützt den Welpen vor Risiken und diese Angst wird immer ein stiller Berater des Hundes sein. Eine Art Lebensversicherung, die ihn vor eventuellen Dummheiten schützt.

ENTWICKLUNGSPHASEN IM ÜBERBLICK

1. und 2. Lebenswoche wird als neonatale Phase bezeichnet.
3. Lebenswoche wird Übergangsphase genannt.
4. bis 12./14. Lebenswoche setzt die Sozialisierungsphase fort.

Es präsentiert sich eine rasante Entwicklungsphase, die jedes Hundekind durchläuft. Zieht der Welpe bei Ihnen ein, verpassen Sie die Erziehungsschritte nicht. Diese sind an das Alter des Welpen angepasst. Am Anfang seines Lebens lernt der Hund für sein ganzes Leben lang. Die positiven wie die negativen Eigenschaften prägen ihn und somit müssen Sie sein Fels in der Brandung sein. Vertrauen ist mit der wichtigste Anker, den ein Hundekind für den Start in sein Leben braucht. Welche Hunderasse soll es sein?

Es soll mehr als 800 Hunderassen weltweit geben und somit ist die Auswahl riesengroß. Aber nicht jeder Hund, den man sich aussucht, passt auch zu einem. Ein Bernhardiner in einer Stadtwohnung im dritten Stock fühlt sich mit Sicherheit nicht pudelwohl. Hunde wurden für bestimmte Bedürfnisse gezüchtet und daher sollten Sie nicht nur nach der Optik gehen. Demzufolge ist die Antwort auf diese Frage nicht leicht. Als Welpen sind alle Hunderassen niedlich, klein und verspielt, aber sie wachsen schnell heran und entwickeln sich rassetypisch. So sollte man auf individuelle Wesenszüge vorbereitet sein, denn Hund ist nicht gleich Hund. Selbst bei ein und derselben Rasse ist jedes Tier ein Unikat mit seinen Eigen- und Besonderheiten. Das sind wir Menschen ja auch. Sehen Sie sich beim Verband für das Deutsche Hundewesen (VDH) um, dieser dient als Orientierungshilfe für zukünftige Hundehalter.

WELCHER HUND PASST ZU MIR?

Da Sie ein harmonisches Team bilden möchten, müssen einige Voraussetzungen gegeben sein. Wie sieht Ihr Zuhause aus, gibt es Allergien innerhalb der Familie, haben Sie genug Platz zu bieten und können Sie den Hund ausreichend beschäftigen? Bekommt er den Auslauf, der ihm zusteht, und haben Sie Kinder und sind berufstätig? Wie reagieren Ihre unmittelbaren Nachbarn auf das Bellen und sind diese dem Hund gegenüber auch freundlich gestimmt?

WELCHES WESEN WIRD VON DEM NEUEN FAMILIENMITGLIED ERWARTET?

Jeder Hund weist Charaktereigenschaften bzw. Wesensmerkmale auf. Gebrauchshunde wie Hütehunde, Wachhunde oder Jagdhunde brauchen eine Aufgabe und damit verbundene Beschäftigung.

So gibt es auch noch die Rasse-Gruppen der Apportier-, Stöber- und Wasserhunde oder sogenannte Begleit- oder Gesellschaftshunde. Suchen Sie sich somit den Hund aus, der zu Ihnen passt. Sie müssen dem Hund und seinen Aufgaben gerecht sein, sonst fangen die Hunde an, sich Aufgaben zu suchen, was den Besitzer schnell überfordert und den Hund eher unglücklich macht.

WIE VIEL PLATZ STEHT IHREM HUND ZUR VERFÜGUNG UND WIE WOHNEN SIE?

Große Rassen sind anfällig für Gelenkerkrankungen und daher sollte das Treppensteigen vermieden werden. Zudem braucht ein Hund je nach Rasse und Größe seinen benötigten Platz. Ein Garten ist für jeden Hund perfekt. Denken Sie vor der Anschaffung daran, was einem Hund guttut und ob Sie ihm das letztendlich bieten können. Zudem muss Ihr Hund einen ungestörten Platzt für sich haben, wo er seine Ruhe findet und sich zurückziehen kann.

WIE VIEL ERFAHRUNG HABEN SIE BEREITS IN DER HUNDEERZIEHUNG?

Nicht jede Rasse ist für einen Anfänger geeignet. Ein Kangal ist das sicher nicht, nur da er Ihnen von der Optik gefällt. Suchen Sie sich für den Anfang einen leicht erziehbaren und ruhigen Hund aus, einen Elo vielleicht? Diese Rasse ist einfach zu handhaben, ruhig und kinderlieb. Dann können Sie auch ohne große Erfahrung eine gute und hundegerechte Hundeerziehung absolvieren.

WIE VIEL ZEIT KÖNNEN SIE IHREM HUND WIDMEN?

Zieht ein Hund ein, verändert sich Ihr Alltag gleich mit. Dessen sollten Sie sich bewusst sein. Sie müssen für die Gassirunden, das Training und Tierarztbesuche eine gewisse Zeit einplanen. Je nach Rasse brauchen die Hunde mehr oder weniger Auslauf. Auch die geistige Fitness steht auf dem Programm. Zudem ist die Pflege des Hundes nicht zu vergessen. Bürsten, Kämmen, Pfoten, Zähne, Augen, Ohren, all das will gepflegt sein. Ebenso muss der Gesundheitszustand im Fokus stehen. Jeder Hund benötigt eine gewisse Aufmerksamkeit, Zeit und das nötige Kleingeld, denn mit den Anschaffungskosten ist es bei Weitem nicht getan.

IST DER HUND WÄHREND IHRER ABWESENHEIT GUT VERSORGT?

Wie sieht es im Alltag aus, darf Ihr Hund zukünftig mit zur Arbeit? Wenn nicht, wer hat Zeit während Ihrer Abwesenheit, sich um Ihren Hund zu kümmern? Der Urlaub ist schnell gebucht, nur darf der Hund dann mit und ist die Unterkunft hundetauglich und sind Haustiere auch erlaubt? Wenn nicht, wie sieht es mit der zwischenzeitlichen Versorgung aus? Diese Fragen sollten Sie sich vor dem Kauf eines Hundes stellen, um ihm dann auch gerecht zu werden.

MIT WELCHEN KOSTEN IST BEI EINEM HUND ZU RECHNEN?

Die Kosten werden schnell man unterschätzt. Zum Kauf des Hundes, bei dem der Preis variiert, kommen die Erstausstattung, Futterkosten, laufende Kosten, Tierarzt, Haftpflichtversicherung und die Hundesteuer hinzu. Ein kleiner Hund kostet in den Lebenshaltungskosten deutlich weniger als ein großer. Wiederkehrende Kosten stehen somit auf dem Programm und die muss man sich ein ganzes Hundeleben lang leisten können. So kann ein Hundeleben schnell in die Zigtausende gehen.

Welpenstartpaket

Bevor Ihr Welpe bei Ihnen einzieht, ist es wichtig, das passende Equipment zu präsentieren, und das fängt beim Hundegeschirr und der Leine an. Ein Hundegeschirr ist gerade für den Anfang optimal, so wird dem kleinen Welpen nicht gleich die Luft beim Ziehen abgedrückt. Das kann ihn wahrlich in Angst und Schrecken versetzen. Daher lassen Sie sich beraten, gerade wenn es das erste Hundekind ist, das Sie aufziehen. Fressen, trinken, schlafen, spielen, verdauen, mehr will Ihr Welpe anfangs ja nicht. Also brauchen Sie zunächst einen Wasser- und einen Futternapf. Für große Hunde gibt es höhenverstellbare Futterstationen, die mitwachsen und für eine gute Fresshaltung sorgen. Was es außerdem noch gibt, damit es Ihrem neuen Familienmitglied auf vier Pfoten an nichts fehlt, lesen Sie hier.

AN DIE LEINE UND LOS GEHT'S

Eine Leine sollte verstellbar sein und eine gute Qualität aufweisen. Kaufen Sie ein Welpengeschirr, um den Welpenhals zu schonen. Die Leine dient als Kommunikationsstrippe und ist niemals zur Bestrafung einzusetzen. Bedenken Sie, für ihn ist alles neu, führen Sie Ihren Welpen daher immer behutsam an das Neue heran. Die meisten Welpen sind schon beim Züchter an ein Halsband oder Hundegeschirr und auch an die Leine gewöhnt. Setzen Sie es positiv fort und haben Sie die Leine in der Hand, weiß Ihr Welpe, jetzt steht eine Gassirunde an. So werden die Leine und das Hundegeschirr immer mit etwas Positivem verbunden.

Melden Sie sogleich Ihren Hund bei der Gemeinde an und schließen eine Hundehaftpflichtversicherung ab. Zudem gibt es OP-Versicherungen und eine Hundekrankenversicherung. Informieren Sie sich darüber, ob diese Angebote auch sinnvoll für Sie sind. Außerdem gehören Kotbeutel ins Startpaket.

SPIELZEUG UND SCHLAFPLATZ

Spielzeug regt die Sinne an und dient ebenso als Kuschel- oder Knabberspaß. Achten Sie beim Kauf auf ein welpengerechtes Spielzeug und lassen Sie Ihren Welpen gerade am Anfang beim Spielen nicht alleine. Schnell ist mal etwas abgeknabbert und dann verschluckt. Kaufen Sie ihm zusätzlich ein bequemes Hundebett, denn sein Schlafbedürfnis ist immens. Und schläft ein Welpe erst mal ein, dann möchte er auch ungestört sein. Somit muss sein Plätzchen im Haus gut ausgewählt sein.

SICHERHEIT UND VERSICHERUNG

Hunde müssen im Auto gesichert sein. Das kann ein spezieller Sicherheitsgurt wie auch eine Hundebox sein. Damit ist der Hund gut fixiert und bestens aufgehoben. Auch ein Trenngitter ist perfekt und verhindert das Klettern nach vorne. Denn ein Hund kann schnell zur Gefahr werden und ungesichert wie ein Geschoss nach vorne fliegen und das kann für Hund und Mensch tödlich enden. Schließen Sie in jedem Fall eine Versicherung ab, denn unverhofft kommt oft. Verursacht Ihr Hund einen Verkehrsunfall, ist der Schaden groß.

GESUNDHEITS- UND PFLEGEPRODUKTE

Die Pflege des Hundes hat nicht nur mit der Optik zu tun, es geht um die Gesundheit. Lassen Sie sich rassebedingt beraten, doch Körperpflege muss sein. Legen Sie sich dementsprechend Bürsten, Kämme und Trimmer zu, Ohren- und Augenpflegetücher, einen Pfotenbalsam, ein Floh- und Zeckenschutzmittel, Hundeshampoo und ein Hundebadetuch zum Trockenrubbeln. Und auch das sollte nicht im Startpaket für Welpen fehlen:

- Futternapf (eventuell höhenverstellbar)
- Wassernapf
- Welpenfutter (füttern Sie zunächst das, was der Züchter verabreicht hat, und nehmen keine Futterumstellung am Anfang vor)

KAUKNOCHEN FÜR WELPEN, LECKERLI, LECKERLI-DOSE, LECKERLITASCHE FÜR UNTERWEGS

- Auto-Transportbox/Trenngitter/Sicherheitsgurt
- Hundebett /Box /Hundekissen
- Leine, Halsband, Geschirr
- Spielzeug nach Bedarf
- Bürste
- Floh- und Zeckenmittel
- Kotbeutel
- Anmeldung zu einem Welpenkurs, dort sind Gleichgesinnte anzutreffen
- Anmeldung bei der jeweiligen Gemeinde zwecks Hundesteuer
- Hundehaftpflichtversicherung

Eine gute Welpenausstattung ist Pflicht. Kaufen Sie zugleich ein Erste-Hilfe-Set für Ihren Hund. Denn hat sich der Hund verletzt oder tritt der Fall „Wenn“ ein, sind Sie bestens gewappnet.

Hauptteil: Wann beginnen Sie mit dem Welpentraining?

Am besten jetzt! Verschieben Sie ein Training nicht auf morgen, sondern fangen Sie jetzt damit an, gerade in der Eingewöhnungsphase. Von Bedeutung ist das richtige Timing im Erziehungserfolg. Nur ein Hund mit einer guten Erziehung bekommt den nötigen Halt, Respekt und die Selbstsicherheit präsentiert. Nicht nur Sie müssen für die Übung bereit sein, Ihr Welpe muss es auch. Dann kann die Trainingseinheit „Gehorsam" sogleich vonstattengehen. Tobt er aber ausgelassen herum und hat er seine Ohren eh auf Durchzug gestellt, sind seine Energie und Konzentration bereits aufgebraucht. Suchen Sie sich daher immer einen geeigneten Zeitpunkt aus. Üben Sie auch nicht zu lange und nur in kurzen Frequenzen, sonst schläft Ihr Welpe bei der Übung ein. Das kann schnell zu einer Überforderung führen und dann ist der nötige Spaß verflogen.

Der Welpe kann sich noch nicht lange konzentrieren und ist somit eher gestresst. Integrieren Sie die nötigen Übungen in den Alltag und sorgen Sie immer für eine gute Stimmung. Seien Sie nicht abwesend und genervt, sondern arbeiten Sie nach Regeln und Ritualen. Einen Hund so nebenbei zu erziehen, hat wenig Sinn. Loben Sie ihn, wenn er sein Geschäft draußen verrichtet, er brav vor seiner Futterschüssel Platz nimmt und nicht am Tisch bettelt. Es sind die Kleinigkeiten, die eine Erziehung ausmachen, und die lassen sich im Laufe der Zeit steigern und vertiefen. Gehen Sie zudem immer individuell auf ihn ein. Manche Hunde haben Unarten wie an der Tür zu kratzen, sich im Sofa zu verbeißen oder den Besuch in die Beine zu zwicken. Diese Unarten gewöhnen Sie ihm mit Ablenkungen und einem deutlichen „Nein", „Aus" und „Pfui" ab. Warten Sie nicht, bis Ihr Hund beim Männchenmachen mannsgroß ist. Denn dann wurde aus einem kleinen Problem ein großes Problem.

WAS MUSS ICH MIT DEM WELPEN ÜBEN?

Es gibt vieles, was der Welpe üben muss, denn er ist ja noch ein ungeschliffener Rohdiamant. Stellen Sie die Regeln auf, angefangen von der Stubenreinheit, dem Nicht-an-der-Leine-Ziehen und dass er auf seinen Namen hört. Sitz und Platz sollten dann auch in Fleisch und Blut übergehen. Lassen Sie sich nicht von anderen Menschen und gut gemeinten Ratschlägen überfordern, sondern bringen Sie eine Routine in den Hundealltag hinein. Durch dieselben Abläufe lernt und verinnerlicht Ihr Hund die Kommandos und Befehle. Und bestätigen Sie alles, was gut gelaufen ist, mit einem sofortigen Lob. Legen Sie sich für die erste Zeit ein

Welpentrainingsbuch an, das den Fortschritt, aber auch die Defizite festhält.

DIE WICHTIGSTEN GRUNDLAGEN DER WELPENERZIEHUNG IM ÜBERBLICK

Nicht nur die Übungen und das Einüben stellen wichtige Grundlagen dar, denn für Ihren Welpen hat sich seit seinem Einzug die Welt komplett verändert. Die ungewohnte Umgebung muss erkundet und Vertrauen zu Ihnen und Ihrer Familie aufgebaut werden. Alles ist fremd, neu und wirkt auch etwas angsteinflößend. Nehmen Sie sich in der ersten Woche frei und gönnen Ihrem Vierbeiner die nötige Ruhe und Zeit, um anzukommen, und schenken Sie ihm Liebe und Geborgenheit. Die wichtigste Grundlage ist das gegenseitige Vertrauen und genau das macht eine gute und erfolgreiche Welpenerziehung aus. Arbeiten Sie nie mit Druck, sondern immer mit dem gewissen Fingerspitzengefühl.

STUBENREINHEIT

Wie gerne hätte man den Welpen schon stubenrein präsentiert. Leider ist das nicht immer so und so müssen Sie am Anfang tagtäglich trainieren. Am besten gehen Sie alle zwei bis drei Stunden ins Freie, länger hält die gefüllte Blase auch nicht aus. Trinkt der Welpe, dann nehmen Sie sofort Ihre Beine in die Hand. Auch ein aufgeregter und verspielter Welpe vergisst das Urinieren und lässt es dann klammheimlich laufen. Sagen Sie laut Pfui und wischen Sie das Malheur ohne zu fluchen weg. Er hat es ja nicht mit Absicht gemacht! Gewöhnen Sie Ihren Welpen an, sich an einem bestimmten Ort zu lösen. Das kann der Wegesrand oder eine Wiese sein. Nur der Weg dorthin sollte nicht ellenlang sein. So lernt der Welpe, Grünstreifen oder Wiese ist Hundeklo. Das große Geschäft entfernen Sie mit einem Kotbeutel. Nach und nach führen Sie feste Gassizeiten ein, dann kann sich Ihr Welpe danach richten. Und geht etwas schief, ist das in der ersten Zeit völlig normal. Sehen Sie das nicht als einen Rückschritt an.

Bevor Sie nach dem Aufwachen des Welpen an eine heiße Tasse Kaffee denken, verwerfen Sie diesen Gedanken und schieben ihn erst mal auf. Erst kommt der Welpe dran und das heißt nichts wie raus und sich lösen. Nach jedem Trinken und nach jeder Futteraufnahme wie auch nach einem Nickerchen muss der Welpe sich lösen. Das muss natürlich nicht immer sein, nur gehen Sie trotzdem mit ihm vor die Tür. Kurz vor dem Schlafengehen ist es eh Ihre Pflicht, noch mal den Grünstreifen aufzusuchen. Beobachten Sie den Welpen, wie er zwischendurch auf dem Boden Ihrer Wohnung oder Ihres Hauses schnüffelt, dann nichts wie raus. Die Stubenreinheit erfordert eine gewisse Geduld, wird aber dann mit einem Durchschlafen und einem Zuhause ohne Hinterlassenschaften belohnt. Sie wissen ja, gut Ding will Weile haben.

GRENZEN AUFZEIGEN BEIM BELLEN, BEIßEN UND ZERKRATZEN

Welpen erkunden ihre Welt gerne mithilfe ihres Mauls und nehmen sie dementsprechend auf. Die teuren Möbel, das Erbstück der Oma und der Teppich aus fernen Ländern – einen Unterschied sieht der Welpe darin nicht. Er nimmt sich mit seinem Maul und den spitzen Zähnen alles zur Brust. Unterbinden Sie das sofort und sagen streng „Aus“ oder „Nein“. Hier liegen Lob und Tadel nah beieinander. Seine Spielsachen sind okay, das Inventar aber nicht. Belohnen Sie ihn, wenn er den Teppich bei „Aus“ auch sofort auslässt. Warten Sie nicht so lange, bis er wieder Gefallen daran findet, und bieten ihm eine Alternative an. Das lenkt ab, und er sieht, das andere ist viel besser.

Auch übermäßiges Knurren und Bellen muss nicht sein. Meist geht es um die Aufmerksamkeit, die er möchte. Er möchte bespielt und bespaßt werden, und vielleicht klopft auch der Hunger an die Tür. Gewöhnen Sie ihm dieses Verhalten von Anfang ab, denn gerade das Knurren deutet oftmals das Beißen an. Fordern Sie diese unerwünschten Eigenschaften auch beim Spielen nicht heraus. Verwehren Sie ihm die Aufmerksamkeit, dann lassen das Bellen und Knurren wie auch das Beißen in die Hand nach. Beenden Sie auch immer ein Spiel, wenn dieses Verhalten wieder auftritt.

LEINENFÜHRIGKEIT

Die Leinenführigkeit ist die Grundlage der Welpenerziehung und muss tagtäglich geübt werden. Denn ein erwachsener Hund, je nach Größe und Gewicht, ist ein wahres Muskelpaket. Ein 50 bis 80 Kilogramm schwerer Hund kennt da keinen Spaß mehr, der zieht Sie da hin, wo er will, zumal das im Straßenverkehr sehr gefährlich und auch lebensgefährlich werden kann. Sehen Sie das Laufen an der lockeren Leine als Pflichtprogramm an. Zieht er, bleiben Sie stehen; geht er brav bei Ihnen, loben Sie ihn. Unterbinden Sie demzufolge auch Zerrspiele an der Leine. Auch bestimmt der Hund nicht die Richtung, sondern Sie. Legen Sie schnell mal einen Richtungswechsel ein und achten Sie darauf, dass die Leine schön locker bleibt. Ein Gassigehen an der Leine soll kein Geduldsspiel sein. Sie bestimmen das Tempo und die Richtung und nicht Ihr Hund. Bei Welpen sind lange Spaziergänge zu vermeiden. Eine Viertelstunde am Stück reicht völlig aus. Als Übung zur Leinenführigkeit bietet sich ein Leckerli oder ein begehrtes Hundespielzeug an.

KOMMEN

Das kann schneller gehen, als man denkt. Der Welpe entfernt sich Stück für Stück und dann sollte er bei „Komm hier“ auch erscheinen. Tut er das nicht, wenden Sie einen Trick an. Gehen Sie in die Hocke, dann wirken Sie kleiner und für den Welpen sieht das nach mehr Distanz und Entfernung aus. Sie werden sehen, Ihr Hundekind kommt schnell wieder angerauscht. Sie können auch eine Trillerpfeife verwenden, um Ihre Stimme zu schonen. Bringen Sie Ihrem Welpen dieses Kommando frühzeitig bei. Entfernen Sie sich ein Stück von ihm und sagen dann „Komm her“ oder „Hier“ oder „Komm hier“ und prägen Sie sich all diese Kommandos gut ein. Denn rufen Sie mal „Da her“, kann das Ihr Hundekind beim besten Willen nicht verstehen. Belohnen Sie ihn, wenn er kommt, dann hat er einen Grund, auf direktem Weg zu Ihnen zu eilen.

WARTEN

Es kommt immer mal wieder vor, dass Ihr Hund warten muss. Das kann vor einem Hindernis wie auch vor dem Auto sein, damit Sie den Kofferraum öffnen können. Auch bei der offenen Haustür ist dieses Kommando sinnvoll. Gehen Sie zu Anfang ein paar Schritte von ihm weg und sagen „Warten“ oder Bleib“. Das kann dann mit einem Stehen oder Sitzen verbunden sein. Das ist am Anfang sicher schwer, da Ihr Welpe Ihnen hinterherlaufen wird, da er seinem Folgetrieb nachgeht. Gehen Sie immer wieder zum Ausgangspunkt zurück, sagen das Kommando und entfernen sich ein Stück. Wartet er brav, wird es mit einem „Komm“ oder „Hier“ wieder aufgelöst. Und wie immer loben und belohnen. Das kann sein Lieblingsspielzeug oder eine Streicheleinheit sein.

ALLEINE BLEIBEN

Es könnte herzzerreißend werden, muss es aber nicht. Ab der 12. bis 18. Lebenswoche ist es dann soweit. Gewöhnen Sie Ihren Welpen langsam aber sicher daran. Gehen Sie nur kurz aus dem Haus, eine Minute reicht beim ersten Mal schon aus. Loben Sie ihn, wenn er brav war. Wenn er winselt oder bellt, dann gehen Sie kommentarlos wieder rein und einfach an ihm vorbei, ohne ihn zu beachten. Nur bitte bemitleiden Sie ihn nicht, es ist ja kein Weltuntergang, und er muss es lernen, ob er will oder nicht. Gehen Sie erst eine Minute weg und steigern das dann Tag für Tag. Sagen Sie nur: Frauli oder Herrli kommt gleich wieder. Fangen Sie nicht an, einen bemitleidenden Unterton zu präsentieren, dann findet er das Alleinsein erst richtig schlimm. Es muss für ihn normal sein, dass Sie kommen und gehen. Sie können es auch mit „Auf deinen Platz“ verbinden. Veranstalten Sie niemals ein Abschiedsritual, das bringt nur Stress und Hektik in den Welpen hinein.

Gehen Sie immer ruhig und gelassen vor, dann gewöhnt er sich auch daran. Winselt Ihr Hund schon vorher, verlassen Sie sofort den Raum und betreten ihn erst wieder, wenn er sich beruhigt hat. Dann wird ausgiebig gelobt.

PFLEGERITUALE

Die Bewegung, das Fressen und die Fürsorge sind das eine, das andere ist ein Pflegeritual und das von Anfang an. Die Fellpflege muss bei vielen Hunden täglich sein, also gewöhnen Sie ihn daran. Verbinden Sie die Pflege mit Streicheleinheiten und legen Sie dann los. Aber auch die Ohren, Zähne und Augen müssen gereinigt werden. Und das Krallenschneiden gehört ebenfalls dazu. Ihr Hund muss stillhalten und dafür wird er im Anschluss belohnt.

So vereinfachen sich die späteren Untersuchungen beim Tierarzt, denn er ist es gewohnt, überall angefasst zu werden. Ein Hund muss sich ins Maul schauen lassen, Pfote geben und sich dabei ruhig verhalten. Das vereinfacht vieles und schenkt Hund wie „Herrchen" mehr Vertrauen und Verbundenheit. Manche Hunde genießen das Pflegeritual und sehen es als ein wiederkehrendes Wellness-Programm an.

SCHLAFEN

Vergessen Sie den Schlaf bei Ihrem Welpen nicht. Der muss ausreichend sein, um keinen hektischen und nervösen Hund aus ihm zu machen. Schläft der Welpe nach einem Training, Gassi oder Spiel ein, dann ist das Anfassen ebenfalls tabu. So kann er träumen, sich erholen und regenerieren. Welpen werden schnell müde und den Schlaf haben sie sich verdient.

WELPENERZIEHUNG: SOZIALISIERUNG

Lernt ein Welpe in seinen ersten Lebensmonaten viel kennen, hat man später einen wesensstarken Hund, den so schnell nichts erschüttern kann. Ob stürmische Kinder, ein lauter Staubsauger, er bleibt dann die Ruhe selbst. Bereiten Sie ihn daher auf alle Eventualitäten vor und entdecken Sie gemeinsam mit ihm die Welt. Zeigen Sie ihm jeden Tag etwas Neues: Sie können Ihre täglichen Spaziergänge nutzen, um Ihrem Welpen immer wieder fremde Orte, Geräusche, Menschen oder Tiere zu präsentieren.

Überfordern sollten Sie den kleinen Racker aber nicht, auch wenn er mit vollem Tatendrang ans Werk geht. Denn schnell ist ein so junger Hund überdreht und aufgekratzt. Ein paar Minuten reichen am Anfang aus und dann können Sie sein Potenzial steigern. Bevor Ihr Hund unruhig wird, treten Sie den Rückzug an, das gibt ihm das gewisse Maß an Sicherheit. Denn überfordert ist ein Welpe schnell.

LOHNT SICH DER BESUCH EINER WELPENSCHULE?

Warum nicht, dort trifft er Gleichgesinnte und Sie können ihn besser an seine Umwelt gewöhnen. Bevor Sie Fehler begehen und nicht konsequent genug sind, ist eine Welpenschule perfekt. Dort werden die grundlegenden Verhaltensregeln einstudiert und Sie erhalten das gewisse Know-How. Zudem lernen Sie andere Welpenbesitzer kennen und können sich austauschen und gemeinsame Gassirunden drehen. Nette Freundschaften sind nicht ausgeschlossen. Das gemeinsame Üben macht den Welpen wie auch den Besitzern umso mehr Spaß.

Das Welpentraining

Nun beginnt eine spannende Zeit, und zwar für beide Seiten, und genau diese Zeit inspiriert. Ein Abenteuer, auf das Sie sich ganz bewusst einlassen, denn immerhin haben Sie den Welpen ja auch ausgesucht. Nun muss Ihr Welpe lernen, wer er ist, wie er heißt, wer seine Familie ist und dass das sein neues Zuhause ist. Es kommen Höhen und Tiefen auf Sie beide zu, aber aufgeben gibt's nicht. Ganz im Gegenteil, Sie beide wachsen an den Herausforderungen und lernen aus Fehlern und verbessern sich dadurch. Loben Sie ihn, als gäbe es kein Morgen mehr, und bestrafen Sie ihn nicht. Ein „Aus", „Pfui" und „Nein" mit scharfem Unterton reichen aus. Stecken Sie nicht seine Nase in seinen Urin, falls die Wohnung oder das Haus in den Welpenaugen als Hundeklo dient. Er hat es nicht mit Absicht gemacht.

GRUNDSÄTZLICHES ZUR ERZIEHUNG VON WELPEN

Eine artgerechte Hundeerziehung ist das A und O. Vermenschlichen Sie den Hund nicht, das machen Hundebesitzer sehr gern und es ist auch keineswegs böse gemeint. Aber Sie möchten ja auch nicht wie ein Hund behandelt werden. Ein lebenswerter Hundealltag ist der, der dem Hund seine Freiheiten schenkt und eine liebevolle Erziehung aufweist. Malträtieren Sie Ihren Hund niemals, sondern schenken ihm Liebe und Geborgenheit. Nur so kann er Ihnen uneingeschränkt vertrauen. Selbst wenn Ihr Hund mal zieht oder nicht folgt, Würgehalsbänder oder Stromhalsbänder sind Tierquälerei und haben, wenn überhaupt, nur in den Händen von Profis etwas zu suchen. Zudem sind Stromhalsbänder für Privatleute in Deutschland verboten. Die Methode, einen Welpen am Nackenfell zu packen und zu schütteln, ist alt und auch nicht angebracht. Das kann eine Todesangst bei dem kleinen Kerl auslösen. Bleiben Sie immer ruhig und gelassen und treten Sie die Psyche des Welpen niemals mit Füßen.

STUBENREINHEIT IST DAS A UND O

PRÄGEPHASE NUTZEN

Eine Schonfrist bekommt das Hundekind nicht. Würden Sie es tun und machen lassen, wäre der Respekt vor Ihnen schnell dahin. Bis zur 20. Lebenswoche in der sogenannten Prägephase lernen die Welpen am leichtesten. Genau nach dem Einzug fangen Sie mit der Grunderziehung an.

DIE „GEFÄHRLICHEN" ZEITPUNKTE

Das Thema wurde schon aufgegriffen, möchte aber nochmals vertieft werden. Bobachten Sie ihn immer ganz genau, und wenn die gefährlichen Zeitpunkte auftauchen, dann nichts wie raus mit ihm. Das kann Tag wie Nacht sein, und hat er sich draußen gelöst, dann heißt es loben, loben und nochmal loben. Geht mal etwas schief, Sie wissen ja, ein strenges „Nein" oder „Pfui" und damit ist es auch schon getan. Seien Sie nicht nachtragend, Ihr Hund kennt das nicht.

DAS SCHLAFPLÄTZCHEN UMBAUEN

Als Nachtlager für die erste Zeit ist ein Karton mit Kuscheldecke perfekt. Da er keine Revierbeschmutzung vornimmt und der Karton zu hoch für Kletteraktionen ist, wird sich Ihr Welpe mit Winseln und Bellen sehr schnell melden. Dann liegt es an Ihnen, wie schnell Sie sind. Haben Sie es ohne Pannen nach draußen geschafft, das Loben nicht vergessen, wenn sich Ihr Welpe artig und brav gelöst hat.

DIE SCHRITT-FÜR-SCHRITT-ANLEITUNG!

1. SCHRITT

Je weniger Geschäfte Ihres Hundes im Haus landen, umso schneller wird er stubenrein. Daher ist es wichtig, ihn immer und überall im Auge zu behalten. Seien Sie wachsam und auf der Hut, dann dient das Haus bald nicht mehr als Hundeklo.

2. SCHRITT

Wann sollten Sie Ihren Welpen denn nach draußen bringen?

- 5 – 30 Minuten nach dem Fressen
- nach einer größeren Wasseraufnahme
- sofort nach dem Wachwerden
- nach dem Spielen
- nach Ruhepausen

Wie lange der Welpe einhalten kann, ist sehr **individuell**. Denn je kleiner die Rasse, desto kleiner der Welpe, und eine kleine Blase nimmt keine großen Mengen an Urin auf.

WIE LANGE KANN IHR WELPE DEN URIN HALTEN?

Als Faustformel gilt dabei die Anzahl der Lebensmonate in Stunden.

BEISPIEL:

- Welpe im Alter von 2 Monaten kann ca. 2 Stunden aushalten,
- Welpe im Alter von 3 Monaten kann ca. 3 Stunden aushalten.

So kann es große Unterschiede geben, wie häufig und schnell sich Ihr Welpe am Tag lösen muss.

AB DER 12. LEBENSWOCHE KANN EIN WELPE SEINE BLASE BEWUSST KONTROLLIEREN.

Bleiben Sie am Ball, vermeiden Sie das Lösen im Haus und beobachten Sie ihn genau. Achten Sie darauf, dass sich Ihr Hund nicht außerhalb des von Ihnen vorgegebenen Radius aufhält, sonst sind Missgeschicke vorprogrammiert.

ES IST DEMZUFOLGE WICHTIG, GENAU ZU BEOBACHTEN, WIE SICH IHR HUND VERHÄLT, BEVOR ER SICH LÖSEN MUSS.

EIN PAAR VERHALTENSWEISEN, DIE SIE BEI IHREM WELPEN BEOBACHTEN KÖNNEN, BEVOR ER SICH LÖST:

- stehenbleiben oder langsamer werden
- intensives Schnuppern und Schnüffeln
- drehen
- der Welpe geht in Richtung Tür
- der Welpe schaut in Richtung Tür
- an der Tür scharren und vor die Tür setzen
- fiepen und winseln
- vermehrtes Hecheln
- plötzliches Umsehen
- aufgeregtes und ständiges Umherlaufen
- zur Bezugsperson laufen und sie ansehen
- Orte aufsuchen, an denen sich der Welpe schon gelöst hat

IHR HUND ZEIGT NICHT AN, DASS ER MUSS?

Auch das kann es geben. Wenn Ihr Welpe noch nicht stubenrein ist und auch keine Anzeichen von sich gibt, sich lösen zu müssen, dann gehen Sie alle zwei Stunden vor die Tür. Lassen Sie ihn sogleich ein Kommando ausführen. Ein „Sitz“ oder „Warten“ kann es ruhig sein. Außer es ist Eile geboten, dann loben Sie ihn, wenn er sich draußen löst.

GENERELL GILT: LIEBER EINMAL ZU VIEL GEHEN, ALS EINMAL ZU LANGE WARTEN.

Stellen Sie sich die erste Zeit darauf ein, dass Sie von jetzt auf gleich mit Ihrem Welpen vor die Tür müssen. Ein Jogginganzug wäre da nicht schlecht, mit dem können Sie auch am Abend zu Bett gehen. Denn wenn ein Welpe muss, dann muss er, da steht die Kleiderfrage eher hinten an.

3. SCHRITT

BESTRAFEN SIE NIEMALS IHREN HUND FÜR DAS VER-SEHENTLICHE LÖSEN IM HAUS.

Ihr Hund macht das nicht mit Absicht, es ist ein Drang, dem er nachgehen muss. Folglich braucht er Ihre Unterstützung. Drücken Sie niemals seine Nase in sein Geschäft. Das löst Angst und Stress aus, und es kann sein, dass er dann noch öfters muss. Vielleicht kennen Sie es ja, wenn Sie einen Termin haben oder in einer Prüfungssituation, Sie suchen die Toilette dann öfter auf, als Ihnen lieb ist. Bleiben Sie lieber ruhig und gelassen, dann wird Ihr Welpe auch schneller stubenrein.

4. SCHRITT

Eine feste **Lösestelle** erleichtert Ihnen das Training der Stubenreinheit enorm und Ihrem Hund bieten sich feste Regeln an. Warten Sie an der Lösestelle geduldig und sagen jedes Mal „Fein gemacht“, dann verbindet er das mit „Ich habe es gut gemacht“.

DIE GASSIGÄNGE UND DAS AUFSUCHEN DER LÖSESTELLE SOLLTEN GETRENNT VONEINANDER ERFOLGEN.

Gassigehen ist wie Zeitungslesen und viele neue Dinge entdecken. Das Lösen ist eben für den Urin- und Kotabsatz gedacht. Gassi bedeutet Spiel und Spaß und ist nicht für das alleinige Lösen bestimmt. Sonst jagt Ihr Hund Sie nachts heraus, um eine Runde spielen zu gehen.

5. SCHRITT

Das **Lösesignal** hilft bei steigender Ablenkung, sich auch dann noch an das Lösen zu erinnern und es draußen zu verrichten und nicht im Haus und Garten.

AUFBAU

Der Po Ihres Hundes geht in Richtung Boden, dann erhält der Hund das zukünftige **Lösesignal**. Solange sich Ihr Hund löst, sprechen Sie nicht, und erst danach wird er gelobt, damit er nicht gestört wird.

6. SCHRITT

Wenn der Po Ihres Hundes wieder hochgeht, dann immer loben und auch belohnen. Was albern klingt, hat Sinn, denn einige Hunde brauchen diese Unterstützung, damit kein Geschäft mehr im Haus oder in der Wohnung stattfindet.

INDIVIDUELLE WELPENERZIEHUNG

Der Welpe muss sich anpassen, das Training verstehen und sich unterordnen. Ein bisschen viel auf einmal und dennoch muss es sein. Da die Welpen eine sehr kleine Aufmerksamkeitsspanne aufweisen, ist das Training nach und nach zu gestalten und anzupassen. Individuell, rassebedingt und typbezogen sollte es sein. Erziehen Sie daher Ihren Welpen nach seinem Wesen und seinen Bedürfnissen. Und auch Sie haben einiges zu lernen. Das fängt bei der hündischen Kommunikation an und endet in der Körpersprache. Hunde signalisieren uns immer etwas und so müssen auch Sie ihn lesen können. Denn er kann in Ihnen lesen wie in einem offenen Buch. Der Hund macht sich steif, die Rute ist gesenkt, der Kopf nach unten gerichtet, all das bauen Sie in Ihre Hundeerziehung mit ein. Sie müssen immer auf den Moment reagieren und nicht nur auf das Training an sich. Er zeigt sehr schnell an, ob er gestresst, gewillt, unterwürfig oder gerade in Spiellaune ist. Gehen Sie auf ihn ein und achten Sie immer auf seine

Körpersprache. So kommunizieren Sie rein nonverbal.

MAẞREGELN – JA ODER NEIN?

Ein klares Ja, wenn die Art und Intensität der Maßregelung dem Wesen des Hundes entspricht. Es gibt sensible und robuste Vertreter und auch Rabauken. Wie ein Hund gemaßregelt wird, hängt von seinem Wesen und Charakter ab. Bei manchem hilft ein strenges Wort, ein anderer verträgt einen Rempler. Wichtig ist immer das Belohnen, wenn der Hund sein Training gut gemacht hat. Benimmt er sich daneben und schaltet auf stur, dann zeigen Sie ihm die Konsequenzen auf. Sagen Sie „Nein" oder „Aus" oder ignorieren Sie sein Fehlverhalten. Auch das kann eine Bestrafung sein. Schläge und Prügel versteht ein Hund wiederum nicht. Seien Sie auch in schwierigen Situationen immer souverän, das flößt mehr Respekt ein, als dem Hund böse und drohend zu kommen. „Währet den Anfängen" kann man hier nur sagen. Maßregeln Sie lieber im Ansatz, bevor auch Sie zur Hochform auflaufen.

Eine Maßregelung alleine hat keinen Sinn, es muss ein erwünschtes Alternativverhalten daraus entstehen. Nehmen wir einen Ball als Beispiel zur Hand. Ihr Welpe will ihn haben und schnappt nach Ihrer Hand. Sie könnten ihn nun stark schubsen, nur würde er es nicht verstehen. Weisen Sie ihn mit einem lauten „Nein" ab, schon während er auf Ihre Hand zukommt, und warten Sie ab. Nun ist Ihr Welpe erst mal verwirrt und wird gleich noch mal Anlauf nehmen, und wieder weisen Sie ihn im Vorfeld mit „Nein" ab. Nun wird er Blickkontakt mit Ihnen aufnehmen, um so an das Objekt der Begierde zu kommen. Sie lassen ihn zu sich kommen und halten den Ball weiterhin in der Hand. Wenn er vernünftig und gelehrig ist, wird er den Ball in Ihrer Hand anstupsen und auch von seiner Pfote Gebrauch machen. Aber Sie haben das Zepter in der Hand und entscheiden, ob und wann er den Ball bekommt. Lässt er Sie und den Ball für kurze Zeit liegen und tastet sich mit Vorsicht heran, ohne aufdringlich zu sein, dann kann er seinen Ball auch haben. Hunde müssen verstehen, dass nicht alles für sie verfügbar ist. Und die Frechheit siegt in den wenigsten Fällen. Gehen Sie nicht immer auf seine Bitte ein, sonst verschaffen Sie sich nicht den nötigen Respekt.

ALLGEMEINE ERZIEHUNGSTIPPS

SIE TEILEN DIE RESSOURCEN EIN!

Hunde lieben Annehmlichkeiten, räumen Sie diese nicht laufend und andauernd ein. Warum sollten dem Welpen alle Spielsachen zur Verfügung stehen? Er sieht sie dann als selbstverständlich an. Nur bei Bedarf sollten sie ihm zur Verfügung stehen. Sie entscheiden, wann und wo Ihr Welpe spielt, und nicht er. Denn hat er alles so um sich, warum sollte er Ihnen dann einen Gefallen tun? Er muss sich ja nichts mehr erarbeiten. Das Spielzeug verliert an Reiz, schnell ist die Freude dahin und es wird eher zu „Kleinholz" gemacht. So ist es auch ratsam, dass Sie entscheiden, wann Ihr Welpe fressen darf, und nicht der Hund entscheidet, wenn er Hunger hat. Natürlich müssen die Rationen und Mengen eingehalten werden, nur Sie entscheiden eben, wann. Denn durch Betteln und Jaulen kommt der Welpe nicht ans Ziel. Dann erzieht der Hund Sie und nicht Sie den Hund. Demzufolge darf sich der Welpe auch erst dann dem Futternapf nähern, wenn Sie es auch erlauben. Was in unseren Augen hart ist, ist die Realität im Hunde- und Wolfsrudel. Sonst würden die niedrigeren Tiere den Alphatieren den Rang ablaufen. Auch wir Menschen müssen uns an Gesetze, Pflichten und Regeln halten und so muss es der Welpe ebenfalls.

WELPEN FRÜHZEITIG ERZIEHEN

Sie möchten, dass Ihr Welpe nicht überall Zutritt hat, dann verwehren Sie diesen von Anfang an. Das Kinderzimmer und Badezimmer sind von Anfang an tabu. Das sind die Tabuzonen, die der Welpe nicht betritt, und Sie verbieten es ihm, sofern er einen dieser Räume in Angriff nimmt. Ein scharfes „Nein" muss dann aber sein und schubsen Sie ihn leicht von dort weg. Er wird bald an den Räumen vorbeigehen und so wird der Bewegungsspielraum des Welpen ein wenig eingeschränkt. Sie dürfen Ihren Hund nicht vermenschlichen und denken, er sei nun eingeschnappt oder beleidigt oder so. Darf er in der Küche verweilen, da dort auch seine Futterschüssel steht, dann muss auch die Erziehung dahingehend sein. „Betteln und Hausieren verboten" versteht sich dann von selbst. Der Hund liegt beim Essen unter dem Tisch und versucht nicht, Kontakt mit Ihnen und dem Essen aufzunehmen. Wird er zu penetrant, dann ab vor die Tür und die geschlossene Gesellschaft speist ohne ihn weiter. Die Welpen lernen dann schnell, was erwünscht ist und was nicht. Denn Sie möchten sicher nicht, dass Sie bei einem Restaurantbesuch negativ mit Ihrem Hund auffallen.

KAUEN AN MÖBELN

Die meisten haben es schon ausprobiert, auch wenn es nicht wirklich lecker ist und schmeckt. Tritt der Zahnwechsel ein, dann ist kein Möbel vor den kleinen „Nagern" sicher. Die Welpen kauen sich quasi durch das Inventar. Verwenden Sie sofort ein strenges Abbruchsignal wie „Aus", wenn der Welpe sich den Möbeln in böser Absicht nähert. Bieten Sie aber auch sofort eine gute Alternative an. Ein natürlicher Kauartikel wäre jetzt nicht schlecht. Nimmt er ihn an, dann loben Sie ihn ganz überschwänglich. Bestrafen und Schlagen hat wie immer keinen Sinn. Welpen sind übrigens sehr erfinderisch. Eine herunterhängende Tischdecke ist mehr als verführerisch. Wurde dann noch mit dem guten Porzellan eingedeckt, ist das mehr als ärgerlich. Denn zieht der Welpe einmal schwungvoll an, hat sich der Traum vom schönen Essensabend ausgeträumt. Bevor solche kleinen Katastrophen passieren, sperren Sie den Welpen lieber weg. In einem Nebenraum kann er sich dann mit seinen Spielsachen nach Lust und Laune vergnügen. Denn für den Hund wäre die Tischdecke nichts anderes als ein lustiges und abwechslungsreiches Zerrspiel.

FUTTERAGGRESSIONEN VORBEUGEN

Ihr Welpe muss sich von Anfang daran gewöhnen, dass Sie an sein Futter dürfen, es wegstellen und auch wieder hinstellen. Ein sehr wichtiger Punkt in der Welpenerziehung, denn es kann sehr schnell eine Futteraggression entstehen. Nehmen Sie Ihrem Welpen ruhig das Futter ab, als sei das völlig normal und nichts Besonderes. So lernt er daraus, mein Besitzer nimmt mir das Futter ja nicht weg und ich muss keinen Hunger leiden. Denn Sie sind nicht sein Fressfeind, Sie sind der Mensch, der ihm das Futter verdient. Schnappt Ihr Welpe nach Ihnen und knurrt Sie an, dann nehmen Sie das Futter bis auf Weiteres weg und füttern ihn die nächste Zeit nur noch aus der Hand. Daraus lernt der Welpe, dass Sie sein Futtergeber sind und ihm seine Ration nicht streitig machen. Im Gegenteil, ohne Sie würde es kein Futter geben, wenn man so will. Schnell lernt der Welpe, mit einer Aggression komme ich nicht ans Ziel. Hat Ihr Welpe nun das nötige Vertrauen aufgebaut, dann wird ihm das Futter wieder in der Schüssel serviert. Dennoch bleiben Sie, gerade was die Futterschüssel betrifft, ein wenig auf der Hut.

WICHTIGE KOMMANDOS – DARAUF KOMMT ES BEIM TRAINING AN

Die Aufmerksamkeitsspanne eines Welpen ist noch recht klein, dennoch ist er in den ersten Lebensmonaten so aufnahmefähig wie nie. Das müssen Sie sich als Besitzer zunutze machen und dem Welpen in langsamen Schritten die Kommandos und Befehle erklären. Fangen Sie daher so früh wie möglich mit dem Welpentraining an. Sonst wird Ihr Welpe nach und nach die Führung übernehmen, und das müssen Sie dann mühsam wieder abtrainieren – das ist nicht so einfach wie gedacht. Denn auch ein kleiner Welpe wird schnell mal zum größenwahnsinnigen Alphatier.

Fangen Sie mit dem richtigen Timing an

Das richtige Timing ist alles in der Hundeerziehung. Sind Sie zu spät, ist der Zug bereits abgefahren. Lob und Tadel müssen daher auf dem Fuße folgen, sonst hat die Hundeerziehung keinen Sinn. Nur kurze Zeit später weiß Ihr Welpe nicht mehr, worum es eigentlich geht. Beginnen Sie nun mit dem Training, und das, wenn möglich, in einer reizarmen Umgebung, sonst ist Ihr Welpe schnell mal abgelenkt. Achten Sie auch immer auf das richtige Timing und starten gerade das erste im Haus. Fangen Sie mit einem „Sitz" an, indem Sie das Spielzeug über seinen Kopf hinweg halten, und er wird automatisch ins „Sitz" fallen. Sofort loben und streicheln und ihm sein ersehntes Spielzeug geben. Erfolgserlebnisse lassen ihn zudem geistig wachsen. Gestalten Sie die Art der Belohnung sehr variabel, dann kommt keine Eintönigkeit auf. Die meisten Welpen sind verfressen, nur dehnen Sie das nicht zu weit aus. Ein Leckerli darf ruhig mal sein, nur sollte es nicht zur Gewohnheit werden. Entscheidend ist immer, wie schnell Sie reagieren und wie Ihr Timing vonstattengeht. Hunde reagieren meist sehr schnell, Menschen dagegen nicht. Uns stehen häufig die Denkprozesse im Weg und auch auf etwaige Ablenkungen reagieren wir. Sie müssen aber Ihrem Welpen das Gefühl von Sicherheit vermitteln und dann ist Ihr Timing das A und O. Arbeiten Sie Hand in Pfote, denn für Sie beide ist alles, was kommt, Neuland. Möchten Sie, dass Ihr Welpe kommt, muss auch hier das Timing sitzen. Lassen Sie ihn nicht aus, wenn er auf Umwegen kommt, und weisen Sie ihn nett und bestimmt zurecht. Nur so lernt der Welpe, bis hier und nicht weiter. Gönnen Sie Ihrem Welpen auch die nötigen Ruhephasen, die hat er sich verdient.

DER NAME DES HUNDES IST KEIN KOMMANDO!

Hat Ihr Welpe schon einen Namen, dann sprechen Sie ihn auch damit an. Verwenden Sie keine Kosenamen, die versteht er nicht. Heißt Ihr Welpe Askan und Sie rufen ihn mit Wuschelchen, kann er das nicht verstehen. Da könnte ja jeder gemeint sein. Mit dem Namen ist nur er gemeint und es werden darüber auch keine Kommandos vollzogen. Rufen Sie Ihren Hund mit seinem Namen, aber ohne die Kommandos hinten dran. Askan, das reicht. Soll Askan kommen, dann reicht ein „Hier" völlig aus. Nutzen Sie demzufolge den Namen ausschließlich, um Ihren Hund zu suggerieren. Ebenso wird über seinen Namen auch nicht gemaßregelt. Der Name wird gerade am Anfang seines Hundelebens immer mit fröhlicher Stimme gerufen, eine hohe Stimmlage gibt demzufolge den Ton an. Das motiviert und er verbindet mit seinem Namen auch etwas Positives.

Die wichtigsten Kommandos

Für den Anfang reichen ein paar Kommandos aus. Dazu eine kleine Aufstellung, was Ihr Welpe am Anfang seines Lebens beherrschen muss.

DAS KOMMANDO „HIERHER“

Mit das wichtigste Kommando, das ein Hund erlernen muss, ist das „Hier“ oder „Hierher“. So wird er in allen erdenklichen Situationen abrufbar sein. Da Welpen noch den Folgetrieb aufweisen, ist das Kommando nicht allzu schwer. Entfernt sich Ihr Hundekind, Sie rufen „Hier“ und er kommt so rein zufällig, dann loben Sie den Welpen recht überschwänglich. Wiederholen Sie diese Übung jeden Tag und nicht am Tag 50-mal, da lässt auch bei einem Meisterschüler das Lernen nach und die Übung wirkt stupide und langweilig. Bemerken Sie aber, Ihr Hund ist gerade anderweitig beschäftigt, wie ein Hundekontakt, am Grashalm riechen oder Ähnliches, dann brechen Sie die Übung sogleich ab. Das läuft dann eher unter Eigentor. Rufen Sie dann den Namen Ihres Hundes und animieren Sie ihn. Das Kommando lassen Sie aber weg. Sie können auch klatschen oder pfeifen, nur verpulvern Sie Ihre Kommandos nicht. Wenden Sie das Kommando nur dann an, wenn Sie die ungeteilte Aufmerksamkeit Ihres Welpen haben oder er eh gerade auf dem Weg zu Ihnen ist. Dann wenden Sie das „Hier“ an und loben Ihren Welpen, wenn es nach Ihren Wünschen läuft.

So kommen bei Ihnen keine Unsicherheiten nach dem Motto „Kommt er oder kommt er nicht?“ auf, und Sie verbinden ein Kommando und ein Lob. Auch sollen alle Übungen immer mit einem positiven Effekt beendet werden. Ihr Welpe soll die Übung gut in Erinnerung behalten. Welpen lernen schnell und sind mit vollem Eifer dabei, verzeihen Sie daher auch die kleinen Macken und Fehler. Gerade das macht das Training so amüsant. Sitzt das „Hier“ im kleinen Umkreis, erweitern Sie den Radius und die Distanz. Das ist sicher eine Herausforderung, aber nur so werden Sie beide auch zusammenwachsen. Bauen Sie ruhig mal eine Ablenkung mit ein, dann sehen Sie auch, wie Ihr Trainingsstand ist. Geht etwas schief, morgen ist auch noch ein Tag. Gehen Sie nie zu verbissen an die Welpenerziehung heran.

DAS KOMMANDO „SITZ“

Auch das „Sitz“ muss sein und ist für die Kleinen nicht sehr schwer. Das Thema wurde schon angeschnitten und erfordert nicht viel Können, dafür aber Disziplin. Ein Leckerli oder ein Spielzeug wird über den Kopf des Welpen gehalten. Durch das Schauen nach oben setzt sich der Welpe automatisch hin. Loben und das

Leckerli oder das Spielzeug reichen. Das Sitzzeichen kann im späteren Verlauf mit dem gehobenen Zeigefinger vonstattengehen. Das braucht etwas Übung, klappt aber dann wunderbar. Die Übungen werden nach und nach nur noch mit Handzeichen und Kommandos ausgeführt. Leckerli und Spielsachen lassen Sie dann weg. Denn haben Sie ihn daran zu sehr gewöhnt, stehen Sie ohne Ihr Equipment ziemlich einsam und verlassen da.
Tipp: Sie machen es sich um einiges leichter, wenn Sie das Kommando dann geben, wenn Ihr Welpe schon im Begriff ist, die Übung auszuführen. Der Vorteil daran: Das Wort wird durch Fehlversuche nicht abgenutzt. Denn rufen Sie ständig „Sitz", hört sich das für den Welpen wie eine rauschende Autobahn an und die Ohren sind auf Durchzug gestellt.

DAS KOMMANDO „PLATZ"

Beherrscht Ihr Welpe „Sitz", dann fangen Sie mit „Platz" an. Ihr Hund sitzt vor Ihnen und Sie gehen mit der Hand auf den Boden. Darin befindet sich ein Leckerli, oder Sie halten sein Spielzeug in der Hand. Um es zu bekommen, macht der Hund automatisch „Platz". Ihre Handfläche ist auf den Boden gerichtet. Ihr Welpe kann das „Platz" natürlich nicht gleich so. Ein „Platz" aus dem Stegreif heraus würde nicht funktionieren. Dafür ist das „Sitz" am Anfang notwendig, um dann in das „Platz" zu gehen. Üben Sie daher das „Platz" immer in Verbindung mit „Sitz", dann weiß Ihr Welpe auch Bescheid. „Platz" ist bei manchen Hunden nicht sehr beliebt, dennoch ist es ein rein natürliches Verhalten. Hunde machen oft von sich aus „Platz", nur muss es einfach sitzen. Suchen Sie daher nach einem Lösungsweg, damit das „Platz" wie auch das „Sitz" feste Bestandteile der Kommandos werden. Vergessen Sie wie immer das Lob nicht, dann macht jede Übung und jedes Kommando doppelt so viel Spaß. Übrigens können Sie das „Platz" auch mit dem Handzeichen vollziehen. Die Handfläche zeigt auf den Boden und die Hand geht ebenfalls ein wenig Richtung Boden. Dann wird das „Platz" sogleich mit dem Handzeichen verbunden.

Tipp: Belohnungen sind immer gerne bei Welpen und Hunden gesehen. Auch Arbeitshunde arbeiten unter diesem Aspekt. Nur soll der Hund nicht ausschließlich auf sein Leckerli und Spielzeug konditioniert sein. Sie sind der Mittelpunkt, Ihr Welpe soll zu Ihnen kommen und nicht die Leckerli und das Spielzeug im Vordergrund sehen. Am Anfang sind sie aber das Mittel zum Zweck und stellen einen sehr interessanten Anreiz dar.

DAS KOMMANDO „BLEIB"

Es wird häufig Situationen geben, in denen ein „Bleib" sinnvoll ist. Es kann auch ein „Stopp" sein, das ist ganz Ihnen überlassen. Durch Ihre eindeutige Körpersprache – Sie stehen frontal zu Ihrem Hund und beugen sich leicht nach vorne – bleibt Ihr Hund stehen oder setzt sich hin. Sagen Sie „Bleib" und entfernen sich ein paar Schritte, muss er im „Bleib" bleiben. Sie heben dann das Kommando mit "Los", „Lauf" oder auch „Hier" auf. Strecken Sie ihm die Handinnenfläche entgegen und sagen „Bleib", so verbindet Ihr Hund das Kommando sogleich mit dem Handzeichen.

Achten Sie darauf, dass er sich nur dann von der Stelle rührt, wenn Sie das Kommando aufheben. Ist dem so, wie immer loben, loben und noch mal loben. Das hören doch alle Welpen gerne. Zudem motiviert ein Lob und der Tatendrang setzt ein. Pausen zwischendurch sind nicht nur erwünscht, sondern auch Pflicht. Klappt mal etwas nicht, dann gehen Sie wieder zum Ausgangspunkt zurück. Folgt er mal so gar nicht und macht sich vom Acker, dann lassen auch Sie ihn im Regen stehen. Haben Sie die Möglichkeit, sich zu verstecken, dann tun Sie das auch. Sie werden sehen, ohne Sie ist er mutterseelenallein und das macht ihm große Angst. Lassen Sie ihn nicht zu lange in der Situation und machen sich durch Rufen wieder bemerkbar. Das wirkt mit Sicherheit. Nehmen Sie ihn fest in den Arm und bemitleiden Sie ihn. Dann weiß er, dass es mehr als schlimm war. Bemitleiden sollten Sie Ihren Hund sonst natürlich nicht, aber in so einen Fall schon.

DAS KOMMANDO „AUS"

„Aus" kann auch mal das Leben retten. Ihr Hund hat etwas vom Boden aufgenommen und Sie wissen nicht was? Mit einem „Aus" kommen Sie der Sache auf die Spur. Kennt Ihr Hund das Kommando aber nicht oder führt es nicht aus, kann es im schlimmsten Fall tödlich für ihn enden. Schon häufig wurden Giftköder ausgelegt und die Hunde haben sie gierig geschluckt. Leider meinte es derjenige nicht gut mit ihnen und so mussten sie ihr Leben lassen. „Aus" ist demzufolge von immenser Wichtigkeit. Geben Sie ihm sein Lieblingsspielzeug, er hat es dann im Maul, und Sie nehmen ein Leckerli und sagen „Aus". Natürlich macht er das Spielzeug deshalb „Aus", weil Sie ihm ein Tauschgeschäft vorgeschlagen haben. Üben Sie das „Aus" Tag für Tag und helfen Sie auch mit einem Schnauzgriff nach.

Wichtig ist nur, dass das „Aus" funktioniert. Nehmen Sie bei jedem Spaziergang ein paar Leckerli mit. Denn tritt der Fall ein, dass Ihr Hund sich an einem Hundeköder zu schaffen macht, dann haben Sie neben dem „Aus" noch ein paar Leckerlis parat. Die nächste Tierklinik wäre dann empfehlenswert, falls Teile des Köders schon im Magen gelandet sind. Lernen Sie ihm das Kommando, es kann wirklich lebensrettend sein, und machen Sie eine Anzeige gegen Unbekannt.

Fehler in der Welpenerziehung

Es ist schon allzu verlockend, beim Welpen nicht so streng wie bei einem erwachsenen Hund zu sein. Doch die Retourkutsche ist schnell im Anmarsch. Gerade der Start ins Hundeleben sollte von einer guten Erziehung geprägt sein. Die Grundregeln sind ein Muss und dienen dem harmonischen Einklang zwischen Mensch und Tier. So sollten Sie die nachstehenden sechs Fehler beim Training mit Ihren Welpen vermeiden.

"Was Hänschen nicht lernt, lernt Hans nimmermehr" lautet ein Sprichwort. Es bezieht sich zwar nicht auf den Hund, doch es kommt dasselbe heraus. Ist das Welpentraining gut gelaufen, ist später nichts mehr mühselig nachzuholen. Leider lassen sich nicht alle Fehler rückgängig machen.

1. FEHLER: DIE WELPENERZIEHUNG BEGINNT ZU SPÄT

Nur da der Welpe so klein und knuffig ist, lassen Sie ihm zu viel durchgehen und von einem adäquaten Hundetraining fehlt jede Spur. Folglich macht er, was er will, und tanzt Ihnen auf der Nase herum. Aber klar, der treue Hundeblick, wer kann diesem schon widerstehen? Ist Ihnen dieser Erziehungsfehler bekannt? Er ist auch im späteren Verlauf schwer zu beheben. Ihr Hund sitzt später mal auf der Couch, zieht an der Leine und frisst artig das teure Steak von Ihrem Teller. Wahrscheinlich war es geklaut, er hatte halt gerade Lust darauf. Beginnen Sie sofort mit der Welpenerziehung, dann haben Sie das Ruder in der Hand und einen vorzüglich sozialisierten Hund, um den Sie sogar viele beneiden.

2. FEHLER: ZU VIELE FREIHEITEN, ZU WENIGE REGELN

Es lebe die Freiheit, nur nützt die dem Welpen allein nichts. Ihr Welpe muss erst lernen, was er darf und was nicht. Nur so kommt er im Hundeleben auch zurecht. Sie sorgen für die Routine und Regeln und nicht Ihr Hund. Demnach stehen ihm auch nicht alle Ressourcen zur Verfügung. Futter wann immer er will, Spielsachen überall im Haus verteilt – und wo endet das? Genau, in der Zerstörungswut. Weiterhin machen Sie einen Gourmet aus Ihrem Hund. Denn er wird Ihnen bald die Mittelkralle zeigen. Futter gibt's nur dann, wenn Futterzeiten sind, und nicht im 24-Stunden-Modus. Auch die Spielsachen gibt es nur dann, wenn Sie es als Besitzer zulassen. Gewisse Freiheiten sind ein Muss, aber auch nur unter Ihrer Regie und Anleitung. Sprechen Sie daher in der Familie gut ab, was der Welpe darf und was nicht, dann ziehen Sie alle an einem Strang. Trainieren Sie lieber mit ihm, als dass Sie ihn zu sehr verwöhnen.

3. FEHLER: UNGEDULD BEIM TRAINING

Die Ungeduld kann ein Fehler sein und auch Sie haben die Weisheit nicht mit dem Löffel gegessen. Die Regeln und die Konsequenz sind das eine, die Überforderung und Ungeduld stehen auf einem anderen Blatt geschrieben. Haben Sie Geduld und Verständnis für Ihr Hundekind, das hat nichts mit Verhätscheln zu tun. Nehmen Sie die Trainingseinheiten in kleinen Portionen in Angriff und werden Sie nicht aggressiv dabei. Ihr Welpe muss Regeln lernen, das ist schön und gut, aber nur, wenn Sie ihm beistehen und lieb mit ihm sind. Ein Hund, der aus Angst lernt, wird nie ein verlässiger und treuer Kamerad sein. Belohnen Sie lieber, als dass Sie ihn bestrafen, denn auch ein Hund wächst mit seinen Aufgaben, wie Sie auch.

4. FEHLER: UNPASSENDE STRAFEN IN DER WELPENERZIEHUNG

"Nicht alles durchgehen lassen" heißt nicht, wir prügeln alles in den Welpen hinein. Gewalt ist wie immer tabu und Strafen sind auch nicht sinnvoll, denn in Wirklichkeit muss das Timing stimmen. Verunsichern Sie Ihren Hund nicht und fangen Sie von Anfang an eine liebevolle und respektvolle Erziehung an. Das macht sich bezahlbar, Sie werden sehen. Alles andere ist eher kontraproduktiv und ruft nur Angst im Hund hervor. So kann ein Hund sehr schnell zum Angstbeißer werden.

5. FEHLER: UNGENÜGENDE SOZIALISIERUNG UND ZU WENIG REIZE

Welpen werden von seriösen Hundezüchtern für gewöhnlich zwischen der achten und zwölften Lebenswoche abgegeben. In dieser Zeit sind die Welpen noch in der Sozialisierungsphase und aufnahmefähig für Regeln und neue Reize. Genau richtig, um jetzt mit der Hundeerziehung zu starten. Wer gegenwärtig seinem Welpen zu wenig Außenreize präsentiert, der muss im späteren Verlauf mit Verhaltensproblemen rechnen. Die Hunde wirken dann überängstlich, aggressiv, eingeschüchtert und sind eben angstaggressiv. Und warum? Da diese Hunde nicht viel in ihrem Leben kennengelernt haben.

Zieht ein Welpe bei Ihnen ein, dann melden Sie ihn so schnell wie möglich in der Welpenschule an. Dann haben Sie beide einen guten Start hingelegt und werden mit Tipps und Tricks bedacht. Freunde in seinem Alter findet der Welpe auch.

6. FEHLER: MIT SCHLECHTEM BEISPIEL VORANGEHEN

Schnell macht man Fehler, obwohl man doch mit gutem Beispiel vorangehen wollte. Bemitleiden Sie Ihren Hund nicht, das macht ihm Angst, außer die Situation verlangt es, gerade wenn er ein Fehlverhalten aufweist. Auch das Überbehüten hat wenig Sinn, damit wird der Welpe sehr unselbstständig erzogen. Ein Hund denkt nicht wie ein Mensch, halten Sie sich das bitte stets vor Augen. Daher bringen Sie Ihrem Hund Regeln und Kommandos bei, aber behandeln Sie ihn immer wie einen Hund und vermenschlichen Sie ihn nicht. Das geht auf Dauer nicht gut und Sie engen ihn damit ein. Mit diesen kleinen Tipps gehen Sie letztendlich mit gutem Beispiel voran.

Junghund: Grundgehorsam spielend üben

Schnell geht die Welpenzeit vorbei und das bereits ab 5 Monaten. Wie doch die Zeit mit dem Welpen vergeht. Weg sind das Tollpatschige und der süße Welpenblick, doch nun bricht die Junghundzeit an. Da war die Welpenzeit ein Klacks dagegen, denn jetzt ist Ihr Hund voll und ganz in der Pubertät und das stellt so manchen Hundebesitzer vor gewisse Herausforderungen. Der Welpe hat nun schon so einiges verinnerlicht und gerade in der Pubertät auch alles wieder vergessen, denkt man. Denn sein Gehör ist auf Durchzug gestellt. Oft wird man gefragt: „Hört er denn schlecht?" „Ach, hören tut er ganz gut, nur folgen tut er nicht." Damit stellt die Pubertät so einiges infrage und in den Schatten. Das ist nicht bei jedem Hund so, aber gerade die Rüden testen gerne die Rangordnung aus. Man könnte ja doch noch zum Rudelchef mutieren. Bleiben Sie daher immer konsequent wie auch ruhig und gelassen. Nun stehen die kleinen, aber feinen Grundgehorsamsübungen auf dem Plan, die Sie gemeinsam spielerisch kreieren und ausführen. Das festigt den Zusammenhalt zwischen Mensch und Hund.

GRUNDPOSITIONEN

Die Kommandos Sitz, Platz und Steh sind ihm nicht fremd, auch wenn es manchmal so scheint. Beginnen Sie mit einem Futtersuchspiel, das kann wunderbar in die Übungen eingebaut werden. Dabei wird zum einen die Impulskontrolle geübt, zum anderen die Schnelligkeit der Kommando-Ausführung gesteigert.

Beginnen Sie mit einem Sitz-Kommando, und wenn Ihr Hund brav Sitz macht, dann werfen Sie ein Futterstück in seine Richtung. Lösen Sie das Kommando auf und sagen dann „Such" und er darf das Futterstück suchen und dann auch genüsslich verspeisen. So können Sie es mit „Platz" oder „Bleib" fortführen und ergänzen. Nur machen sie solche Übungen nicht zu lange, sonst verliert Ihr Hund das Interesse daran. Bei all diesen Übungen können Sie zudem die Distanz erweitern. Gehen Sie mit den Futterstücken immer sparsam um, oder verwenden Sie sein Lieblingsspielzeug, das er nur zu besonderen Anlässen bekommt. Auch das ist eine sehr gute Anregung und Ihr Hund darf als Belohnung ausgiebig damit spielen. Dann wird es wieder verstaut und weggepackt. Genau solche Dinge bieten den Anreiz, mehr zu geben, und motivieren ungemein. Gestalten Sie das Training so, dass Ihr Hund Sie anschaut und nicht blindlings auf das Futter oder sein Spielzeug konditioniert ist.

AN DER LEINE LAUFEN

An der Leine zu laufen ist für viele Hunde langweilig und öde. Als Welpe hat er es gelernt, nur spannend ist es nun wirklich nicht. Bringen Sie mehr Schwung in den Hundealltag und binden die Leine am Gürtel fest, oder Sie hängen sie sich je nach Länge der Leine um. Auf einer Wiese ohne allzu viele Ablenkungen beginnt dann der Spaß. Laufen Sie Slalom mit Ihrem Hund und achten darauf, dass die Leine schön locker bleibt. Nehmen Sie einen Richtungswechsel vor und Ihr Hund soll Sie die ganze Zeit ansehen. So ist die Konzentration auf Sie gerichtet. Gehen Sie nach vorne, nach hinten im Kreis – auch wenn er den Sinn nicht versteht, es wird ihm Spaß machen, denn Sie halten sein Spielzeug in der Hand. Das muss nur die ersten Male so als Anregung sein. Mit der Zeit wird ohne das Spielzeug geübt und es wird erst nach getaner Arbeit präsentiert. Auch Hunde machen nichts umsonst, sonst schwindet die Begeisterung. Bringen Sie durch Ihre ruhige Art eine gewisse Spannung und Bewegung in die Übung mit der Leine hinein. Hektik und Stress sind hier fehl am Platz. Vielleicht können Sie mit Ihrem Hund bald gemeinsam zum Joggen gehen, an der Leine versteht sich.

Alle Übungen sollten nicht länger als 2 Minuten andauern, sonst verliert Ihr Hund den Spaß und die Freude und das Interesse ist dahin. Sie können sich auch andere Übungen ausdenken und Kommandos wie „Sitz", „Platz" und „Bleib" integrieren. Üben Sie es erst in einer reizarmen Gegend und steigern Sie das Ganze dann. Selbst wenn ein anderer Hund vorbeigeht, muss die Übung sitzen. Gestalten Sie das Training dann mit Ablenkung und achten Sie auf seine Körpersprache und wie er sich präsentiert. Da kann es durchaus sein, dass Ihr Hund andere Hunde interessanter findet. Schimpfen Sie nicht und gönnen Sie ihm zwischendurch diesen Spaß. Dann geht's aber wieder weiter, und machen Sie dann Schluss, wenn es am schönsten ist. Zu lange Trainingseinheiten enden in einer gewissen Lustlosigkeit.

GEHORSAM BEI VERLOCKUNGEN

Gerade für Hunde mit einem gesunden Appetit kann dieser Gehorsam sehr verlockend sein. Ihr Hund macht „Sitz" und um ihn herum werden zwei oder drei Leckerli verteilt. Achten Sie darauf, dass es kleine Stücke sind und keine großen Brocken, sonst ist er bald statt. Ihr Hund soll nun an den Leckerlis vorbeigehen, wenn sie „Hier" rufen. Sie sind dabei ein Stück weit entfernt. Nun soll Ihr Hund ohne ein Leckerli aufzunehmen zu Ihnen kommen und nicht nebenbei so rein zufällig naschen. Gelingt ihm das, dann heißt es „Such" und er kann die Leckerlis vom Boden aufnehmen. Gelingt ihm das nicht, zurück zum Anfang. Bemerken Sie, Ihr Hund ist mit der Nase schon am Boden, rufen Sie laut „Pfui". Wiederholen Sie dann die Übung, bis er ohne an den Leckerlis zu riechen zu Ihnen kommt. Die

Konzentration ist auf Sie und nicht auf das Futter gerichtet.

LOCKERES LAUFEN AN DER LEINE IST GAR NICHT SO EINFACH, WENN DER HUND EIN ZIEL HAT

Sie kennen das, Ihr Hund hat etwas in der Nase und zieht an der Leine. Macht Ihr Hund das, bleiben Sie einfach stehen, er muss „Sitz" machen und wird so aus der Situation genommen. Gehen Sie weiter und er zieht wieder, dann heißt es wieder „Sitz" und abwarten, bis er sich beruhigt. Kommen beim Junghund die läufigen Hündinnen ins Spiel, sind die Nerven auf beiden Seiten angespannt. Ob Sie den Rüden kastrieren oder nicht, ist dann einzig und allein Ihre Entscheidung. Es bieten sich auch Kastrationschips an, die den Rüden für eine bestimmte Zeit außer Gefecht setzen. Das lockere Gehen an der Leine sollte ein tägliches Pflichtprogramm sein, damit entspannte Spaziergänge zum Alltag gehören.

AUFS WORT HÖREN

Nun werden Sie sagen, welcher Hund kann das schon. Sicher ist das auch immer situationsbedingt. Möchten Sie, dass Ihr Hund aufs Wort hört, dann müssen Sie auch mit dem vollen Körpereinsatz bei der Sache sein. Denn sagen Sie „Hier" und Ihr Körper sagt, ist mir gerade egal, wird Ihr Hund das nicht verstehen. Hunde sind nämlich Meister im Lesen der Körpersprache, so kommunizieren sie auch untereinander. Durch Gesten versteht Ihr Hund Sie viel besser als durch gesprochene Worte. Beobachten Sie sich selbst dabei, ob Sie wirklich so konsequent rüberkommen und bei der Sache sind. Nur so kann Ihr Hund aufs Wort folgen und ist durch Ihre Stimme nicht abgelenkt. Leiten Sie Ihren Hund mehr mit Handzeichen und Ihrer Körpersprache, dann sind Sie bald ein eingespieltes Team. Achten Sie immer darauf, wie viel Aufmerksamkeit Ihnen Ihr Hund dabei schenkt. Üben Sie wie immer in einer reizarmen Umgebung; folgt er dort aufs Wort, weiten Sie das mit Ablenkung aus. Bedenken Sie auch, alleine schon durch Ihre Körperspannung teilen Sie dem Hund mehr mit, als Ihnen lieb ist.

Erziehung mit dem Clicker

Versuchen Sie es, es macht Spaß, Ihr Hund ist auf das Clickern konditioniert und es stellt sogleich eine Belohnung dar. Clickern ist effektiv und für junge Hunde einfach perfekt. Sie können mit einer positiven Methode Ihrem Vierbeiner etwas beibringen und die Konditionierung auf ein Geräusch und eine Belohnung festlegen. Das muss nicht immer das besagte Leckerli sein, sein Lieblingsspielzeug eignet sich ebenfalls dafür perfekt. Bei Hunden ist es biologisch so vorgesehen, dass wenn sich ein Verhalten lohnt und das auch noch belohnt wird, es dann auch öfters gezeigt wird. Ja, auch Hunde sind in gewisser Weise bestechlich. Das Clickertraining arbeitet genau nach diesem Prinzip. Demzufolge wird auch die Mensch-Hund-Beziehung vertieft, was gerade für Sie als frisch gebackener Welpenbesitzer besonders wichtig ist. Sie verstehen sich ohne Worte, es gibt kein Rufen und kein lautes Schreien. Denn Sie, Sie clickern - und das mit zunehmendem Erfolg. Man setzt quasi eine Fremdsprache ein und die sprechen oder bellen sie beide nicht. Das ist mehr wie fair, und so muss sich jeder, Hund wie Halter, an die neue Clickersprache gewöhnen. Der Clicker ist perfekt und wird oft in Hundeschulen und im Training eingesetzt. Schon von klein an können Sie Ihren Welpen an das Clickern gewöhnen. Nur bitte clickern Sie nicht den ganzen Tag, sonst verliert der Clicker seinen Reiz und Zweck.

Der Clicker wurde ursprünglich nicht für Hunde entwickelt, sondern diente dem Training mit Delfinen. Mit diesem Hilfsmittel wird dem Tier vermittelt, du hast etwas richtig gemacht. Der Clicker ist dabei sekundengenau, natürlich kommt es auch darauf an, wie schnell Sie sind. Unsere Stimme und unsere Körperhaltung sind nicht immer eins, manchmal wissen wir gerade selber nicht, ob das, was wir tun, auch richtig ist. Gleichbleibend dagegen ist das Clickergeräusch, und der Clicker kann zum Glück auch Ihre Stimmungen nicht übertragen. Das ist ein großer Vorteil, denn er übermittelt keine Unsicherheiten, keine Wut und keine Freude. Der Clicker ist immer gleich. Bedenken Sie, Tiere sind sehr feinfühlig und haben es schnell heraus, wie es Ihnen so geht und welche Stimmung gerade angesagt ist. So hat sich herausgestellt, dass Hunde, die mit dem Clicker erzogen worden sind, mehr Spaß am Training haben und mehr selbstständig arbeiten. Schauen Sie sich die Hütehunde in England an. Die Schafe werden mit bestimmten Signallauten des Schäfers über den Hütehund dirigiert oder auch per Handzeichen. Der Mann würde sich ja sonst die Lunge aus dem Hals schreien. Hunde arbeiten gerne und können mit dem Clicker gerade in der Welpen- und Junghundzeit optimal erzogen werden. Mit diesem Training kann er nicht nur Tricks und Kunststücke lernen, Sie bauen auch eine grundsolide Erziehung auf. Ebenfalls kann man ein Problemverhalten lösen und gut daran arbeiten, da der

Clicker neutral wirkt und keine Stimmung in das Verhalten des Hundes mit einbringt.

WIE FUNKTIONIERT DAS CLICKERN ÜBERHAUPT?

Natürlich können Sie nicht einfach einen Clicker kaufen und ohne Grundwissen clickern. Ihr Hund fühlt sich dann entweder nicht angesprochen oder das Geräusch geht ihm bald auf die Nerven. Hinter dem Clickern muss auch ein Sinn stehen. Fangen Sie einfach damit an:

SCHRITT 1:

Erst mal müssen Sie Ihren Hund auf den Clicker konditionieren, sonst weiß er nicht, was Sache ist. Dazu nehmen Sie am Anfang, das muss dann später nicht mehr sein, kleine Leckerlis zur Hand. Sie clickern, er schaut Sie an und er bekommt ein Leckerli. Führen Sie am ersten Tag nur diese Übung durch und gehen mit den Leckerlis sparsam um, die werden im späteren Verlauf durch ein Spielzeug ersetzt, und dann geht das Clickern auch so. Nur am Anfang muss ein gewisser Reiz dahinterstehen, damit der Clicker für Ihren Hund aufregend und spannend ist.

SCHRITT 2:

Wiederholen Sie den Vorgang an diesem Tag immer wieder mal, so prägt er sich den Clicker positiv ein. Hat Ihr Hund nun nach jedem Clickern etwas bekommen, vorausgesetzt er hat so reagiert, wie Sie sich das vorstellen, dann geht es auch schon zum nächsten Schritt.

SCHRITT 3:

Clickern Sie nun auch mal, wenn Ihr Hund unaufmerksam ist. Richtet er den Blick zu Ihnen oder kommt freudestrahlend angerannt, dann hat die Verknüpfung zum Clicker perfekt funktioniert. Trotzdem üben Sie weiter, damit Ihr Hund den Clicker positiv verinnerlicht.

SCHRITT 4:

Sehen Sie den Clicker als eine Art Kamera-Auslöser an. Ihnen gefällt das Verhalten Ihres Hundes, dann clickern Sie. Das Tier wird jetzt noch mit einem Leckerli belohnt, später dann nur in Ausnahmesituationen, wenn Sie mal ganz hin und weg von ihm sind. Clickern ist eine Art Kommunikation zwischen Ihnen und

Ihrem Hund. Viele Hunde sind ganz wild darauf, da es einfach und schnell zu erlernen ist. Haben Sie den Hund auf den Clicker konditioniert, dann geht es an die Übungen heran.

Fangen Sie gleich mal mit dem „Sitz" an. Das sieht dann wie folgt aus: Sie geben den Befehl „Sitz", der Hund sitzt und sie clickern und dann folgt die Belohnung sofort. Das ist besser, als dass Sie sinnlos Leckerlis verteilen; es kann übrigens auch das Trockenfutter Ihres Hundes sein, das Sie portionsgerecht von der Tagesration abziehen. Sonst wird Ihr Hund schnell dick und kugelrund.

Nehmen wir das Kommando „Komm", muss der Hund Ihnen nicht an der Ferse kleben, es reicht da schon aus, wenn er sich von Weitem zu Ihnen dreht und sich zu Ihnen hinbewegt. Da er in der Erwartungshaltung ist, wird er schnurstracks die Pfoten in die Hand nehmen und zu Ihnen eilen. Trainieren Sie am Anfang immer in einer reizarmen Gegend, denn junge Hunde finden alles interessant und der Clicker verliert vielleicht seinen Effekt. So können Sie nun alle Kommandos mit dem Clicker durchgehen – und vergessen Sie das ausgiebige Loben nicht.

Gewöhnen Sie Ihren Hund an diese Art von Training und zwingen Sie ihn nicht, denn das Training soll ihm Spaß machen. Üben Sie täglich in den besagten kleinen Schritten und steigern dann die Trainingseinheiten. Sie müssen die Click-Rate hochhalten. Das heißt, haben Sie fünfmal geklickert, muss Ihr Hund drei- bis viermal einen Erfolg haben. Sonst setzt eher der Frust bei Ihrem Vierbeiner ein. Arbeiten Sie nicht mit und unter Druck, sondern mit einer gewissen Leidenschaft. Das wird Ihnen Ihr treuer Hund danken.

DER AUFBAU EINES SIGNALS

- Sie stellen eine Schachtel oder dergleichen auf einer freien Fläche auf.
- Ihr Hund sieht die Schachtel interessiert an und click.
- Ihr Hund geht in die Richtung und click.
- Ihr Hund umkreist die Schachtel und click.
- Ihr Hund geht einmal um die Schachtel herum und click.
- Sagen Sie „Lauf herum" und führen Ihre Hand mit, er wird dieser folgen, dann heißt es wieder click.

So lernt Ihr Hund zum Beispiel, um einen Gegenstand herum zu gehen. Der Clicker wird oft mit den Leckerlis verbunden, was am Anfang auch richtig ist. Nur wie erwähnt, sein Trockenfutter oder kleine Käsewürfel tun es auch. Machen Sie die Belohnungen so klein wie möglich, dann haben Sie mehr davon. Denn Sie haben noch so einige Übungseinheiten vor sich. So erhält Ihr Hund eine Bestätigung für sein richtiges Verhalten. Die meisten Hunde möchten gefallen, beziehen Sie das mit ein. Er wird es nicht sein Leben lang für ein Leckerli tun. Viele Hunde arbeiten mit Spaß an der Freude, aber sie müssen erst den Sinn des Clickers verstehen.

DIE ALTERNATIVE ZUM CLICKER

Es gibt tatsächlich Hunde, die fürchten sich vor diesem Geräusch. Also zwingen Sie ihn nicht. Bemerken Sie, dass Ihr Hund eher in Deckung geht, wenn Sie clickern, dann stellen Sie das Training ein. Aber geben Sie nicht gleich auf. Verwenden Sie Worte (tic, tac, dip, tuc, jip, yes ...) oder das Zungenschnalzen bzw. Schmatzgeräusch. Klingt vielleicht albern, und clickern Sie im Gegenzug. Schauen Sie dann, wie Ihr Hund reagiert. Mag er den Clicker noch immer nicht, dann verwenden Sie die o. g. Markerworte und üben mit diesen. Lassen Sie ein bisschen Zeit vergehen und verwöhnen Ihren Hund beim Clickern mit besonderen Leckereien, vielleicht funktioniert es dann. Das fördert die Motivation und der Clicker kann ganz schnell zum Jackpot für Ihren Hund werden. Denn nur hier bekommt er das Beste vom Besten präsentiert. Damit sind die besten Leckereien für Ihren Hund gemeint. Prinzipiell geht es um die Verknüpfung mit dem Positiven. Dann ist auch Ihr Hund clickermäßig ganz schnell bei der Sache. Ist nun auch Ihr anfänglich nicht begeisterter Hund voll und ganz im Lot, kann es auch schon weitergehen.

TARGET-TRAINING

Beginnen Sie nach der Konditionierungsphase mit dem Target-Training. Sie wissen nicht, was ein Target ist? Das ist ein Zielobjekt. Sie können eine Fliegenklatsche, einen Stab, eine Kugel, eben das, was Sie haben, als Target benutzen. Es muss kein bestimmtes Aussehen haben, es muss nur seinen Sinn und Zweck erfüllen. Somit kann ein Target alles sein. Ihr Hund muss das Target mit einem Körperteil berühren. Es soll aber nichts sein, wovor Ihr Hund Angst hat. Testen Sie das vorher aus. Lassen Sie Ihren Hund den Stab oder die Fliegenklatsche mit der Nase berühren und schon wird geclickert. Wiederholen Sie es, und hat er es richtig gemacht, wird auch schon ein Click als Bestätigung geben. So können Sie Ihren Hund Slalom oder über ein Hindernis führen. Denn die Erziehung von Welpen und Junghunden muss nicht immer eintönig sein. Nur überfordern sollten Sie Ihren Vierbeiner nicht. Halten Sie immer seine vorgesehenen Ruhezeiten ein. Manches Mal kann er auch hundemüde vom Clickertraining werden.

Sie können übrigens dem Clickern ein Signalwort hinzufügen. Das ist aber ganz Ihnen überlassen.

DAS CLICKERTRAINING IN 10 SCHRITTEN ERKLÄRT

1. Überlegen Sie als Erstes, welche Übung vonstattengehen soll.
2. Die Übung wird in kleine Zwischenschritte zerlegt.
3. Starten Sie in einer reizarmen Umgebung.
4. Die einzelnen Zwischenschritte müssen erarbeitet werden.
5. Gehen Sie dabei nicht zu schnell vor.
6. Geben Sie Ihrem Hund ab und an den Jackpot, das kann dann eine besondere Leckerei sein.
7. Steigern Sie die Ablenkung in langsamen Schritten.
8. Sie können ein Signalwort bei zuverlässigem Verhalten einführen.
9. Setzen Sie gerade am Anfang variable Belohnungen ein.

Arbeiten Sie nicht zu lange mit dem Clicker und legen Sie Pausen ein, oder trainieren Sie am nächsten Tag. Denn man soll bekanntlich aufhören, wenn es am schönsten ist. Lieber kurze Einheiten als lange Gesichter.

Das kleine Plastikkästchen, das an den guten alten Knackfrosch erinnert: Früher war es bei Kindern gang und gäbe. Der Clicker macht ähnlich viel Freude und beim Drücken entsteht ein Knack- bzw. Klickgeräusch. Mögen Sie den Clicker nicht oder Ihr Hund hat davor Angst, dann bleibt Ihnen nur noch das Zungenschnalzen. Wichtig ist, dass Sie ein Signalzeichen von sich geben, mehr nicht, das kann auch das Pfeifen sein. Nur der Clicker ist praktisch klein und für viele Hunde zum Nonplusultra geworden. Demzufolge ist der Clicker schnell und einfach anzuwenden und ein gutes Mittel zum Zweck.

CLICKERN SIE ERFOLGREICH!

DAS EINFANGEN VON ERWÜNSCHTEN VERHALTENSWEISEN

Das geht relativ einfach. Bietet Ihnen Ihr Hund ein erwünschtes Verhalten an, das kann ein „Sitz“ oder „Platz“ aus freien Stücken sein, dann, genau dann clickern Sie. So weiß Ihr Hund, wenn ich spontan ein Kommando ausführe, werde ich belohnt.

SHAPING

Durch „Irrtum und Versuch“ soll Ihr Hund an das erwünschte Verhalten herangeführt werden. Geht das Verhalten Ihres Hundes auch nur ansatzweise in die richtige Richtung, wird er dafür belohnt, und vorher, wie gehabt, das Clickern nicht vergessen.

SIGNAL UND CLICKER

Ihr Hund muss die Kommandos genau in dem Moment ausführen, in dem Sie es wollen. Und Sie müssen schnell mit dem Clickern sein. Somit muss das Timing von beiden Seiten her stimmen. Clickern Sie z. B. nicht, wenn Ihr Hund kommen soll, aber er Minuten später über Umwege ankommt. Sie können dem Clicker auch ein Handzeichen zufügen. Aber erst, wenn Sie auch sicher im Umgang mit dem Clicker sind. Belohnen und clickern Sie immer an der richtigen Stelle. Bereits im Welpenalter hat das Training mit dem Clicker Sinn. Fügen Sie dann im Laufe der Zeit Signale ein, das kann auch Ihre Stimme sein.

FEHLER BEIM CLICKERN

Auch das kann passieren, aber es ist ja auch noch kein Meister vom Himmel gefallen. Das Clickgeräusch muss ertönen, wenn Ihr Hund das erwünschte Verhalten zeigt. Sind Sie zu spät, bauen Sie eher Frust auf. Auch sollten nicht zu viele Wiederholungen stattfinden, sonst entsteht kein Lerneffekt, sondern die besagte Langeweile kommt auf. Verlieren Sie daher nicht die Geduld mit sich und Ihrem Hund und drängen und manipulieren Sie ihn nicht. Sonst wird auch Ihr Hund schnell enttäuscht aufgeben und gelernt hat er davon leider nichts. Der Clicker ist seit Langem nicht mehr aus der Erziehung des Hundes wegzudenken, versuchen Sie Ihr Glück doch mal und bald schon bauen sich Erfolgserlebnisse auf.

Welche Hunderassen für Anfänger?

Viele Menschen gehen nach der Optik des Hundes, oder ob er groß oder klein sein muss. Dennoch kommt es auf den Charakter und das wahre Wesen des Hundes an. Nicht alle Rassen eignen sich und einige verlangen gewisse Hundeerfahrung und folglich den passenden Menschen dazu. Doch welche der vielen Hunderassen eignet sich besonders für Anfänger? Einige Hunde sind leichter als andere zu erziehen. Schauen Sie sich die Aufstellung der Hunderassen an, die einfacher zu erziehen sind. Vielleich ist auch Ihr Traumhund dabei. Die Hunderassen für unerfahrene Hundehalter sind nachstehend aufgezeigt. Dazu zählen die mit dem freundlichen, sanftmütigen, ausgeglichenen und fröhlichen Charakter.

- **Golden Retriever**

Sie sind schön, intelligent, sehr freundlich, aufgeschlossen und liebenswert. Darüber hinaus aufmerksam und lernbereit.

- **Mops**

Ein Kult-Hund, wenn man so will, und immer fröhlich und ausgeglichen und gutmütig dazu. Er besticht mit seinem Charme und seiner Intelligenz.

- **Labradoodle**

Eine neue Rasse und ein bekannter „Designerhund". Denn hier wurden der Labrador und der Pudel vereint. Nicht nur vom Aussehen, es geht um die liebenswerten Eigenschaften. So ist die neue Rasse klug, gelehrig, familienfreundlich, verspielt und anhänglich.

- **Bichon Frisé**

Die kleinen Bichons sind mutig, geduldig wie auch wachsam. Sie lernen schnell und sind der ideale Anfängerhund.

- **Leonberger**

Er ist groß, imposant, anhänglich, treu, loyal und besticht durch seine Selbstsicherheit und souveräne Gelassenheit.

- **Französische Bulldogge**

Die kleine, verspielte Rasse weist keinen großen Jagdtrieb auf, der Hund ist seinem Besitzer treu ergeben und anhänglich und liebenswürdig zugleich.

- **Pudel**

Sie haben die Qual der Wahl. Klein, mittel, groß, welcher Pudel darf es sein? Pudel sind sehr intelligent und zuverlässig und versuchen, es ihrem Besitzer immer recht zu machen.

- **Cavalier-King-Charles-Spaniel**

Sie sind die Ruhe selbst und bestens gelaunt wie auch unternehmungslustig und leicht zu erziehen.

- **Labrador**

Ein Labrador möchte gefallen und ist mit die beliebteste Rasse und leicht zu erziehen.

- **Boston Terrier**

Sie können temperamentvoll sein, sind freundlich und klug und verzeihen auch mal einen Erziehungsfehler.

- **Maltipoo**

Die kleinen Hybridhunde aus Malteser und Pudel sind perfekt für Anfänger wie auch für Allergiker bestens geeignet.

- **Papillon**

Der kleine Schmetterling unter den Hunden mit den großen Fledermausohren ist freundlich, gelehrig und der perfekte Familienhund.

- **Kromfohrländer**

Er ist mittelgroß, freundlich und weiß sich zu benehmen. Diese Rasse ist verschmust, verspielt und unternehmungslustig.

Ausführliche Informationen erhalten Sie unter *https://www.animals-digital.de/hunde/hunderassen/hunderassen-fuer-anfaenger/*

Erziehung

Wer noch nie einen Hund erzogen hat, für den ist das eine **große Herausforderung**. Es heißt oft: „Es gibt keine schlechten Hunde, nur schlechte Erziehung." Und das ist in 95 % der Fälle richtig. Es geht in erster Linie nicht mal um die einfachen Dinge wie ihn stubenrein zu bekommen oder ihm beizubringen, dass er nicht auf das Sofa darf. Es betrifft auch den Umgang mit anderen/fremden Menschen und Hunden. Das kann einen Haufen Erziehungsarbeit bedeuten und viele Nerven kosten.

Aber: Einige rassetypische Merkmale lassen sich nicht einfach abstellen. Dazu gehören folgende:

Jagdinstinkt und Temperament

Gerade Rassehunde, die für die Jagd gezüchtet worden sind, haben einen ausgeprägten Drang zu jagen und oft unbändige Energie, die einfach überfordern kann. Andere Rassen sind speziell für das Bewachen und Beschützen gezüchtet worden. Auch das ist ein **Instinkt, der sich nicht oder nur schwer aberziehen lässt**. Solche Rassen können zwar tolle Familienhunde sein, aber Herrchen muss den Hund entsprechend seiner Veranlagungen fördern und beschäftigen. Für

Anfänger kein Zuckerschlecken.

Haaren

Ja, auch das kann ein Thema sein. Bevor man sich einen Hund anschafft, hat man oft keine klare Vorstellung davon, was das für die eigene Wohnung bedeutet. Wo es vorher sauber und gepflegt war, kann ein **stark haarender Hund das Wohlgefühl** in den eigenen vier Wänden **deutlich trüben**. Besonders bei stark haarenden Rassen kann das für Erstbesitzer eine so extreme Umstellung sein, dass sie den Hund schon nach kurzer Zeit wieder abgeben.

Ihr Hund muss zu Ihnen passen

Wägcn Sic In Ihrcr Entschcidung für cinc Hundcrassc ab, ob sic zu Ihren Kenntnissen und Ihrer Erfahrung in der Hundehaltung passt.

Beachten Sie bitte, dass die hier vorgestellten Hunde in der Regel oder für gewöhnlich Anfängerhunde sind. Jeder Hund besitzt einen eigenen Charakter bzw. hat in seinem Leben unterschiedliche Erfahrungen gemacht.

Geduldig, entspannt und freundlich. Diese Hunde-Eigenschaften wünschen sich frisch gebackene Hundebesitzer, denn sie müssen sich erst noch in ihre Rolle hineinfinden. Eine **eigensinnige** Hunde-Persönlichkeit ist **für Unerfahrene schwierig** und endet für den Hund nicht selten im Tierheim.

Dabei kann fast jeder Hund ein liebevoller, verlässlicher Partner fürs Leben werden. Vorausgesetzt, er wird entsprechend erzogen, trainiert und lernt bereits im Welpenalter, sich mit anderen Hunden zu vertragen.

Hund und Mensch – eine besondere Beziehung

Eigentlich haben Mensch und Hund eine sehr unterschiedliche Art der Kommunikation. Trotzdem ähnelt das soziale Verhalten des Hundes dem des Menschen. Demzufolge können mit einer angepassten und geeigneten Hundeerziehung gewisse Regeln aufgestellt werden. Die Hundeerziehung ist wichtiger denn je, denn nur ein folgsamer und artiger Hund hat alle Freiheiten der Welt. Gerade Hunde ohne Erziehung können unberechenbar wie auch angstaggressiv sein. Denn Hunde fühlen sich ohne Regeln weder wohl noch sicher. Schnell taucht dann die Unsicherheit auf. Sie tun Ihrem Hund somit keinen Gefallen, wenn Sie ihn nicht erziehen. Erziehung stellt keine Strafe dar, sie lenkt Ihren Vierbeiner in die richtigen Bahnen. Das ist auch im Wolfs- und Hunderudel so. Gerade da läuft nichts ohne die besagten Regeln ab. Nur durch Erziehung können Hund und Mensch kommunizieren. Demgemäß ist die Erziehung des Hundes aus den folgenden drei Gründen unentbehrlich.

DAS VERSTÄNDNIS DURCH DIE KOMMUNIKATION

Hunde verstehen unsere Sprache nicht und die klingt für sie wie ein unverständliches Bellen. Wir würden es auch als Kauderwelsch bezeichnen. Lernen die Welpen aber schon rechtzeitig, mit diesem Kauderwelsch umzugehen, filtern Sie Zuspruch und Anweisungen daraus. Vorausgesetzt, Sie texten Ihren Hund nicht mit langen Sätzen zu, und das ohne Punkt und Komma. Unsere Hunde besitzen eine eindeutige Kommunikationsform und das ist die Körpersprache. Auch wir Menschen besitzen die Körpersprache, nur setzen wir sie nicht so oft ein. Hunde kommunizieren immer nonverbal, im Vorbeigehen, beim Begrüßen und bei Drohgebärden. Manchmal kriegen wir das als Besitzer gar nicht mit. Nun müssen auch Sie Ihren Körper richtig einsetzen, damit Ihr Hund Sie besser versteht.

UND WIE FUNKTIONIERT DAS?

Es gibt Menschen, die sind mit Ihrem Hund eins. Sie kommunizieren nonverbal und der Hund geht an der unsichtbaren Leine. Sie haben sich aufeinander eingestellt und sind das perfekte Team. Stellen Sie sich vor den Spiegel und schauen Sie sich ruhig mal Ihre Körperhaltung an. Ist sie sicher, unsicher, dominant oder freundlich gestimmt? All das kann Ihr Hund lesen, und nicht nur das. Sie müssen auch die Körperhaltung Ihres Hundes gut studieren.

DIE REGELN IN DER RANGORDNUNG

Ist keine geklärte Rangfolge aufgezeigt, so kann es schnell mal zu Beißvorfällen kommen. Hundeerziehung muss die Familienmitglieder, Gäste und das nähere Umfeld miteinbeziehen. Schuld ist der Mensch, der dem Hund keine Regeln auferlegt.

DIE RANGORDNUNG IST DANN UNKLAR, WENN SICH FOLGENDE PARAMETER AUFZEIGEN:

- der Hund ist in eine neue Familie gekommen
- nach einem Umzug
- Nachwuchs in der Familie wird erwartet
- in Trennungssituationen
- wenn ein Hund oder ein anderes Tier ins Haus einzieht
- wenn die Rollen der Familienmitglieder ständig wechseln
- wenn ein Familienmitglied länger verreist oder abwesend war

Zieht ein Welpe, Junghund oder ein Hund aus dem Tierheim bei Ihnen ein, so muss er früh einen Platz in seinem Menschenrudel finden. Weisen Sie den Hund ruhig, bestimmt und freundlich zurecht, wenn er versucht, den Chef zu spielen. Treten Auseinandersetzungen auf, besuchen Sie eine Hundeschule oder begeben Sie sich in die Hände eines erfahrenen Hundetrainers.

BEUGEN SIE VERHALTENSSTÖRUNGEN VOR

Sichtlich gut gelaunt und meistens gelassen, das sind die glücklichen Hunde. Eine Verhaltensstörung kann aber auch durch Gewalterfahrung, Einsamkeit und Unterforderung entstehen. Es stellt keine Krankheit dar, sondern der Hund möchte auf sich und seine Situation aufmerksam machen. Daher sind Ihre Körpersprache und die Rangklarheit wichtig und können Verhaltensstörungen ein ganzes Hundeleben lang vorbeugen.

WAS IST, WENN SICH SCHON VERHALTENSSTÖRUNGEN EINGESTELLT HABEN?

Über viele Jahre hinweg kann sich ein Hund falsche Verhaltensweisen antrainieren, die sich letztendlich manifestieren. Das kann das Angstschnappen, Bellen und Jaulen sein. Weist Ihr Hund schon in der Welpen- und Junghundzeit so ein Verhalten auf, dann handeln Sie sofort, und zwar mit der nötigen Geduld. Selbst ein alter Hund möchte noch lernen. Hunde, die verhaltensauffällig sind, kann man durchaus umkonditionieren, egal wie alt sie sind. Der Hund erhält die Aufmerksamkeit zurück und so kann sich sein Verhalten ändern und verbessern. Leicht ist dieser Weg nicht, aber durch Lob und Belohnung machbar. Daher ist die Erziehung von Welpenbeinen an ein wichtiger Grundstein für ein entspanntes Zusammensein.

DIE GRUNDREGELN FÜR EIN HARMONISCHES ZUSAMMENLEBEN

Im Mensch-Hund-Rudel gelten Regeln, die wir ihm liebevoll und konsequent beibringen, das ist im Hunderudel nicht so. Dort sind die Regeln streng und teilweise auch erbarmungslos. Seien Sie dennoch nachsichtig, denn ein Welpe wird im neuen Zuhause genau mit diesen Dingen konfrontiert:

- Der Welpe kann die Körpersprache der Menschen noch nicht deuten und verstehen.
- Alles ist neu und bereitet ihm Unbehagen.
- Er hat Angst vor dem menschlichen „Gebell", es könnte auch gefährlich sein.
- Der Welpe ist von fremden Gerüchen, Geräuschen und optischen Reizen umgeben und überfordert.
- Der Welpe muss sich vom früheren Hunderudel erst auf sein neues Menschenrudel einstellen.
- Der Welpe hat nicht die körperlichen Voraussetzungen, für mehrere Stunden sauber zu bleiben, und ist somit noch nicht stubenrein.

In der neuen Umgebung kommen genau diese Reize und Einflüsse auf den Welpen zu. Machen Sie Ihren Welpen somit langsam und vorsichtig mit allen Dingen im Haus und Garten vertraut. Aber immer eins nach dem anderen, denn schnell tritt eine Überforderung ein.

VERTRAUEN BAUT ANGST AB

Im Hunderudel stellt die Angst ein wichtiges Überlebenselement dar. Angstbeißer im Menschenrudel entstehen durch eine nachlässige, fehlende und falsche Hundeerziehung. Kein Hund kommt aggressiv oder ängstlich zur Welt. Haben Hunde Angst, greifen sie eher an, als dass sie sich zurückziehen. Daher sollten Sie Ihrem Hund eine gute Erziehung gönnen und ihn vor dieser Anspannung bewahren. Diese Hunde kann man auch desensibilisieren, ist die Angst schon an der Macht. Dafür stehen versierte Trainer und Hundepsychologen parat. Denn die Seele des Hundes ist nicht unergründlich, er muss nur aus seinem Angstverhalten befreit werden.

DER UMGANG MIT FREMDEN

Wie süß finden wir es, wenn der kleine, tapsige Welpe an einem hochspringt. Wie unbeholfen er noch wirkt. Der große, ausgewachsene Hund erscheint dann eher als lästig, zudem wirft er einen fast um. Es gibt die Schoß-Sitzer, die Anspringer und die Schnapper unter den Hunden und meist geht das mit einem Verletzungsrisiko einher. Bringen Sie Ihrem Welpen von klein an bei, fremde Menschen sind tabu. Man kann ihnen freundlich gestimmt sein, doch herfallen muss man nicht über sie. Nehmen Sie daher den „Knigge für Hunde" sehr ernst. Denn das gehört zu den Grunderziehungsmaßnahmen und zum guten Ton.

Ein Hundeleben besteht nicht nur aus Sitz, Platz und Fuß, er muss die Dinge des Alltags lernen und ebenso gesellschaftsfähig sein, dann klappt das auch mit dem reibungslosen Miteinander. Viele Menschen versteifen sich darauf, ob der Hund gut an der Leine geht. Das ist sicher ein Teil davon, ebenso sollte Ihr Hund nicht negativ auffallen. Eine gute Sozialisierung ist Voraussetzung, um als wohlerzogener Hund durchs Leben zu gehen. Die Mensch-Hund-Beziehung ist einzigartig und sollte es auch bei Ihnen sein. Geben Sie Ihrem Welpen den allerbesten Start in ein glückliches und zufriedenes Hundeleben.

Kein Hund muss treudoof seinem Herrchen auf Schritt und Tritt folgen und ihm dann auch noch treu ergeben mit unterwürfigem Augenaufschlag zu Füßen liegen. Nach diesem bedingungslosen Gehorsam werden auch heute noch Hunde erzogen. Ein Hund benötigt einen gewissen Gehorsam, um einen verlässlichen Partner darzustellen, und die Erziehung ist das A und O, aber mehr auch schon nicht. Seien Sie daher gelassen, wenn Ihr Hund Ihnen mal die Mittelkralle zeigt, das kommt in den besten Familien vor. Er ist nicht Ihr Untertan, er ist Ihr Freund und Begleiter und ehrlicher, als so mancher Mensch es ist. Sie kennen sicher das Sprichwort *„Der Hund ist Dir im Sturme treu, der Mensch nicht mal im Winde" von Franz von Assisi (1182 – 1226).*

Die Grundlage der Kommunikation zwischen Mensch und Hund liegt nun mal in einer gewaltfreien Erziehung. Da Hunde eher auf die Körpersprache, Blicke und Mimik reagieren, müssen auch Sie dazulernen. Nicht nur Ihr Hund, auch Sie stehen in der Pflicht, Ihre Hausaufgaben zu machen. Verwenden Sie bei Kommandos immer die gleichen Wörter, denn verschiedene Wörter verwirren ihn. Zudem braucht Ihr Hund eine konkrete Rolle innerhalb Ihrer Familie, das alleine schon gibt ihm Halt und die nötige Sicherheit. Das kann einfach nur der Familienhund, aber auch der Wach- und Schutzhund sein. In der Rangordnung nimmt Ihr Hund den letzten Platz ein, auch wenn das widersprüchlich klingt. Denn viele Hunde weisen eine Doppelrolle innerhalb der Familie auf. Einerseits soll er sich fügen, andererseits der Beschützer von Haus und Hof sein. Gute Hundeeltern und fein abgestimmte Strukturen bekommen auch das in den Griff.

IN WELCHEM ALTER SOLL MAN EINEN HUND ERZIEHEN?

Für eine Hundeerziehung ist es nie zu spät. Haben Sie sich einen Welpen angeschafft, beginnt die Erziehung sofort. Auch der Senior kann erzogen werden, es kommt nicht immer auf das Alter an. Dennoch sind viele manifestierte Verhaltensweisen nicht so schnell wegzuerziehen und auch nicht wegzudiskutieren. Aber mit Üben und Lob bekommt man auch das ganz gut geregelt.

DIE GRUNDERZIEHUNG EINES WELPEN

Wichtig ist es, Vertrauen aufzubauen, ein ängstlicher Welpe lernt nicht so gerne. Denn er ist von seiner Angst umgeben und alles andere bedeutet dann Stress für ihn. Sorgen Sie am Tag des Einzugs für Ruhe und laden nicht gleich Ihre ganzen Freunde und die Nachbarschaft ein. Die lernt er alle noch kennen und das dann eher nach und nach, also wohldosiert, wenn man so will. Sie können Ihren Welpen alleine erziehen anhand von

- Büchern
- TV Sendungen über Hundeerziehung
- CDs und DVDs mit praktischen Tipps zur Erziehung des Hundes
- Anleitungen im Internet

oder Sie bevorzugen eine Welpenschule. Kommandotrainings reichen am Anfang schon aus und die Hunde reagieren fast schon auf jeden Wimpernschlag ihrer Besitzer. Bauen Sie ein Kommando spielerisch mit ein. In der ersten Zeit ist ein Welpe für alles offen und lernt auch sehr schnell. Nutzen Sie dies, um viel mit ihm einzustudieren. Geben Sie das Tempo aber immer nach dem Entwicklungsstand und dem Wesen Ihres Hundes vor.

HUNDEERZIEHUNG FÜR FORTGESCHRITTENE

Junge Hunde haben im Vergleich zu Welpen schon ein wenig Lebenserfahrung gesammelt. Teilweise stecken sie mitten in der Pubertät oder sind auf dem Weg dorthin. Das kann zu einem unerwünschten Verhalten führen. Dies müssen Sie nun unterbinden. Denn die jungen Hunde können so schnell zu Panikbeißern und unsicher werden. Aber und gerade der unterforderte Hund wird dann zum Vandalen. Üben Sie mit Ihrem Hund, denn nur da die Welpenzeit vorbei ist, hat er noch lange nicht alles gelernt. Mit einem gezielten Training, am besten mit einem erfahrenen Hundetrainer, bügeln Sie die Unsicherheiten wieder aus. Hunde müssen demzufolge auf die unterschiedlichsten Situationen hin trainiert werden:

- laute Wohnumgebungen
- dicht befahrene Straßen neben einem Spazierweg
- Brücken, Treppen, Fahrstühle, das Fahren mit öffentlichen Verkehrsmitteln usw.
- Menschenmassen
- andere Tiere

Zeigen Sie ihm auf, dass alle diese Situationen harmlos sind, und bleiben auch Sie entspannt dabei. Vermitteln Sie hingegen Hektik, dann kommt Ihrem Hund das Ganze auch sehr angsteinflößend vor.

Der Haushund (Canis lupus familiaris) stammt vom Wolf ab und wurde früher als Haustier und Heim- und Nutztier gehalten. Im Laufe der Zeit kam es zu einer Domestizierung, aber es ist umstritten, wann sie stattfand. Nach wissenschaftlichen Schätzungen variieren die Zahlen und es war zwischen 15.000 und 100.000 Jahren vor unserer Zeit. Eine lange Geschichte prägt die Mensch-Hund-Beziehung und heute ist er für einige Menschen zum Lebenspartner geworden. Nur bitte, vermenschlichen Sie einen Hund nicht. Auch wenn es bestimmt lieb gemeint ist, ein Hund ist und bleibt ein Hund.

Tipps und Tricks

Sie haben eine verantwortungsvolle Aufgabe vor sich und Sie müssen sich nun auf das Wesentliche konzentrieren. Dazu Tipps und Tricks, die Sie jederzeit nachschlagen können.

EINGEWÖHNUNGSPHASE

Meinen Sie es nicht zu gut mit Ihrem neuen Familienmitglied, denn eine Eingewöhnungshase ist ein Muss. Die besteht nun mal aus Regeln und Ihren Gesetzen. So lernt Ihr Hund oder Welpe schnell, bis hierhin und nicht weiter. Denn das Abtrainieren von ungünstigen Verhaltensweisen und Verknüpfungen nimmt deutlich mehr Zeit in Anspruch. Lassen Sie das bei Ihrer Hundeerziehung erst gar nicht zu.

KONSEQUENZ UND EINIGKEIT

Sie sind die wahren Weltmeister im Ausfindigmachen von Erziehungslücken. Das haben alle Hunde schnell heraus, nur Sie haben dann das Nachsehen. Bleiben Sie daher konsequent, auch wenn es mal schwerfällt, und ziehen mit Ihrer Familie an einem Strang. Denn mal Hü und Hott versteht Ihr Hund sicher nicht. Gerade Ihre Kinder lassen etwas durchgehen und das hat der Vierbeiner schnell heraus und hält sich gerne daran. So läuft eine konsequente Hundeerziehung nicht ab und das Training war umsonst. Auch ein Hund pickt sich dann die Rosinen heraus.

KOMMUNIKATION MUSS KLAR SEIN

Es gibt Menschen, die sprechen mit ihrem Hund wie mit einem Freund oder Nachbarn. Und ganz ehrlich, wir neigen auch etwas dazu. Du, Herrchen geht noch schnell in den Keller, bevor wir Gassi gehen, usw. Es reichen Gesten und Ihre Körpersprache aus, oder „Warten". Ihr Hund weiß dann, bald geht es mit Herrchen on Tour. Das andere können Sie sich ja denken und einfach nicht aussprechen. Das Redebedürfnis ist nur allzu menschlich, nur verstehen tut Ihr Hund Sie nicht. Einige Hundehalter behaupten dennoch, ihr Hund verstehe jedes Wort.

DAS TIMING MUSS PASSEN

An dem falschen Timing sind Sie schuld und nicht Ihr Hund. Daran müssen Sie aber nicht gleich scheitern. Achten Sie bei Lob und Tadel darauf, dass dies sofort geschieht. Sind wenige Minuten vergangen, kann Ihr Hund Ihre Handlung nicht mehr nachvollziehen, denn Hunde leben im Jetzt.

DIE MOTIVATION

Als Mensch wird man ja auch gerne motiviert und bringt dadurch wahre Glanzleistungen hervor. Für einen Hund muss ein Training spannend sein, sonst erregen Sie keine Aufmerksamkeit damit. Spaß muss es machen und das ist dann die Motivation. Loben. Streicheln, ein freundlicher Ton, sein Lieblingsspielzeug als Belohnung, dann ist das Hundeleben perfekt. Gehen Sie aber mit den Leckerlis immer sparsam um.

RUHIG BLEIBEN

In der Ruhe liegt die Kraft, auch wenn Ihr Hund gerade in alte Verhaltensmuster fällt. Eine entspannte Lernatmosphäre macht mehr aus als Druck und Anspannung aufzubauen. Loben Sie ihn, wenn es klappt, und bleiben Sie ruhig, wenn es in die Hose geht. Kein Hund und kein Mensch ist fehlerfrei, und was bei uns als Spleen gilt, kann beim Hund als falsches Verhaltensmuster ausgelegt werden.

DAS LERNTEMPO

Lernen macht nur dann Spaß, wenn ein Erfolg dahintersteht. Jeder Hund hat ein anderes Lerntempo, selbst wenn es die gleiche Rasse ist. Fangen Sie langsam an und passen Sie je nach Charakter Ihres Hundes den Schwierigkeitsgrad an.

VERMENSCHLICHEN SIE NICHT

Wir machen es doch allzu gerne und quatschen unserem Hund die Ohren voll. Sicher sind Hunde geduldige Zuhörer und plaudern auch kein Geheimnis aus, doch beim Training gelten die Kommandos und die sind kurz und knapp. Ihre Lebensgeschichte hat da nichts zu suchen.

FÖRDERN UND FORDERN

Hunde brauchen eine Aufgabe und ein Training ist dazu perfekt. Such- und Kopfspiele sind ideal und halten den Körper und Geist auf Trab. Fördern und fordern Sie Ihren Hund, dann bekommt er ein ausgeglichenes Wesen. Die Bindung zwischen Ihnen wird ebenfalls gestärkt.

IM TEAM MACHT DAS TRAINING MEHR SPAß

Eine Hundeschule oder ein Hundeplatz ist ideal, denn im Team ist vieles leichter. Dort treffen Hund und Mensch Gleichgesinnte und auch die passende Unterstützung steht parat. Melden Sie sich in einem Hundesportverein an, hier sind Sie bestens aufgehoben.

Die Wahrheit liegt irgendwo dazwischen, zwischen der harten Hand und den Leckerlis. Finden Sie für sich den goldenen Mittelweg und sehen Sie die Hundeerziehung nicht als ein starres System an. Viele Menschen nehmen sie an, ändern sie aber nach ihren Bedürfnissen ab. Nur so lernt ein Hund, wenn der Halter ihm die Freude und den Spaß vermittelt. Denn auch beim Hund ist die Motivation alles, dann macht auch die Hundeerziehung Spaß.

Gut und schlecht

Sozialisierung

Gut: Bringen Sie Ihren Hund immer mit anderen Hunden in Kontakt, denn wie beim Menschen auch sind soziale Kontakte das Nonplusultra.

Schlecht: Ein Hund ohne soziale Kontakte ist ein armer Hund und beginnt, Verhaltensfälligkeiten aufzuweisen. Haben Sie sich einen Hund angeschafft, dann möchte der auch gerne am Leben teilhaben und nicht eingesperrt sein. Denn Hundekontakte sind wichtig, um immer auf dem Laufenden zu bleiben. Die Isolation macht Mensch wie Hund krank.

Rangordnung

Gut: Legen Sie von Anfang an eine klare Rangordnung fest und geben Sie den Ton an. Die Rangordnung zieht sich durch das ganze Hundeleben hindurch, und Ihr Hund hat gelernt, ich bin nicht der Chef.

Schlecht: Lassen Sie Ihren Hund dominant werden, dann bekommen Sie bald ein Riesenproblem. Denn er wird provokant, penetrant und akzeptiert Ihre Meinung nicht. Letztendlich entstehen so auch Beißvorfälle.

Konsequenz

Gut: Was der Hund darf und was nicht, wird ihm klar und deutlich aufgezeigt. So erhält der Hund eine gute Beständigkeit und kann sich daran halten.

Schlecht: Belohnt man seinen Hund zu häufig und ist man inkonsequent, dann erhält man schnell die Quittung dafür. Der Hund weiß dann, ach, Herrchen oder Frauchen meinen es eh nicht so, ich mach mal, was ich will.

Häufige Kommandos

Gut: Klar und deutlich sprechen, das setzt Signale. Das Kommando wird nicht oft ausgesprochen. Der Hund hat es schon verstanden und reagiert sofort. Das verbindet und macht Spaß. Und der Hund weiß, ich habe alles richtig gemacht.

Schlecht: „Sitz! Machst du jetzt Sitz, ja, sitzt du endlich." Mittlerweile langweilt das auch den Hund. Hunde gähnen teilweise dabei, was nichts mit der Müdigkeit an sich zu tun hat, der Hund hat einfach nur Stress. Mehrfaches Rufen bringt nicht viel, außer, dass man sich irgendwann lächerlich macht. Der Hund weiß schon lange nicht mehr, was gemeint ist, und lässt seinen „Herrn" einfach mal reden. Das Desinteresse schwebt sozusagen über ihm.

Gesten und Worte

Gut: Auf die Gesten wollen die Kommandos und Befehle gut abgestimmt sein. Der Hund merkt sehr schnell, was Sache ist. Zudem sind Hunde die besten Beobachter und durchschauen die Körperhaltung, die Gesten und die Worte. Als Hundehalter muss man demzufolge stimmig mit sich selbst sein.

Schlecht: Gibt der Hundehalter gegensätzliche Signale, dann weiß auch der Hund nicht, wohin mit sich. Die Stimme befiehlt und die Hand tätschelt ihn. Wie soll der Hund da das Gute vom Schlechten unterscheiden? Mit Gesten und Worten muss man nicht nur ausdrucksstark sein, der Hund muss es auch verstehen. Falsch gesetzte Signale führen eher zu einem Verwirrspiel.

Wie Sie sehen, es ist nicht so einfach, einen Hund konsequent zu erziehen, aber mit Struktur und Disziplin machbar. Bedenken Sie auch, Sie lernen beide Tag für Tag dazu. Eine respektvolle und liebevolle Hundeerziehung ist Gold wert und für Ihren Hund ist es wichtig, diese auch auszuleben.

BONUS

- **6 leckere Hundekekse-Rezepte**
- **6 leckere Hundefutterrezepte mit Fleisch**
- **4 leckere Hundefutterrezepte mit Fisch**
-

Hundekekse mit Banane und Sesam
(je nach Gewicht/Größe des Hundes ggf. variieren)

Zutaten pro Hund:

- 100 g Weizenvollkornmehl
- 100 g Hirsevollkornmehl
- 100 g Sesam
- 50 g weiche Butter
- 1 Ei
- 1 Eigelb
- 1 Esslöffel Honig
- 1 Banane

Zubereitung:

1. Sesam in einer Pfanne kurz anrösten.
2. Butter mithilfe eines Rührgerätes mit Ei, Eigelb, Honig und Banane vermengen. Hirse- und Weizenvollkornmehl ebenfalls mit den anderen Zutaten vermischen.
3. Ofen auf 180 Grad vorheizen und Backblech einfetten.
4. Den Teig mit einem Esslöffel als Häufchen auf dem Backblech verteilen. Die Häufchen etwas weiter auseinanderlegen, da der Teig noch auseinandergeht.
5. Ca. 10 bis 15 Minuten backen, danach abkühlen lassen.

Leckere Hundekekse mit Thunfisch
(je nach Gewicht/Größe des Hundes ggf. variieren)

Zutaten pro Hund:

- 400 g Mehl
- 400 g Thunfisch
- 2 Eier
- Variante/Ergänzung von Sylvia: Zusätzlich noch
- 100 ml Buttermilch
- 1 EL frisch gehackte Petersilie

Zubereitung:

1. Thunfisch, Mehl und Eier in eine Schüssel geben und alles gut durchkneten.
2. Auf einem Backblech mit Mehl ausrollen und mit Förmchen nach Wahl ausstechen.
3. Den Ofen auf 180 Grad stellen und ca. 20 Minuten backen.

Hundekekse gegen Flöhe
(je nach Gewicht/Größe des Hundes ggf. variieren)

Zutaten pro Hund:

- 2 Brühwürfel Rinderbouillon
- 500 ml Wasser
- 400 g helles Weizenmehl
- 400 g Weizenvollkornmehl
- 300 g Roggenmehl
- 300 ml Haferflocken
- 300 ml Maisgries
- 50-80 g Bierhefeflocken
- 150 ml Sonnenblumenöl
- 1 großes Ei, verquirlt (alternativ 2 kleine Eier)

Zubereitung:

1. Die Brühwürfel im kochenden Wasser auflösen, vom Herd nehmen und ein wenig abkühlen lassen.
2. Dann das Mehl und die Flocken untermischen, eine Kuhle in den Teig drücken und in kleinen Mengen das Öl, Ei und Brühe dazugeben und vermischen.
3. Den Teig in 2 bis 3 Stücke unterteilen, das hilft bei der Verarbeitung.
4. Die Stücke einzeln durchkneten und auf einer Küchenplatte ausrollen.
5. Die Plätzchen ausstechen und auf einem Backblech mit Backpapier auslegen.
6. Den Backofen auf 160 Grad vorheizen und die Plätzchen 1 1/2 Stunden im Ofen backen.

Leber-Hundekekse
(je nach Gewicht/Größe des Hundes ggf. variieren)

Zutaten pro Hund:
- 500 g Mehl
- 400 g gemahlene Leber
- 2 Eier
- 2 EL Sonnenblumenöl
- 1 EL gehackte Petersilie

Zubereitung:
1. Die Leber hacken, mit dem Mehl und Eiern in eine Schüssel geben und gut durchkneten.
2. Den Teig auf einem bemehlten Backblech ausrollen und mit Förmchen nach Wahl ausstechen.
3. Den Ofen vorher auf 170 Grad vorheizen und die Kekse ca. 25 Minuten backen.

Hunde-Plätzchen als Biskuit
(je nach Gewicht/Größe des Hundes ggf. variieren)

Zutaten pro Hund:
- 200 g Weizenvollkornmehl
- 200 g helles Weizenmehl
- 250 g Hühnerbrühe (frisch oder Fertigprodukt, sollte aber nicht zu salzig sein)
- ca. 40 g Milchpulver
- 3 EL Öl
- 3 EL Petersilie, geschnitten
- 1/2 TL Salz

Zubereitung:
1. Das Mehl mit dem Milchpulver und dem Salz in einer Schüssel vermengen. In einer separaten Schüssel die Hühnerbrühe mit dem Öl verrühren, am besten mit einem Pürierer vermengen.
2. Die Brühe mit der Mehlmischung vermischen und auf einer Arbeitsplatte gut durchkneten. Am besten die Arbeitsplatte mit Mehl bestäuben.
3. Backofen auf 180 bis 200 Grad vorheizen.
4. Den Teig in kleine Stücke teilen, in Biskuitform bringen und auf einem mit Backpapier ausgelegten Blech verteilen. Man kann mit einer Gabel die Biskuits noch etwas abflachen, um die typische Biskuitform zu erhalten.
5. Für ca. 20 Minuten backen. In geschlossenem Ofen noch 1 ½ Stunden schön knackig werden lassen.

Kracher-Hund-Kekse mit Vollkorn und Buttermilch
(je nach Gewicht/Größe des Hundes ggf. variieren)

Zutaten pro Hund:
- 500 g Vollkornmehl
- 200 ml Buttermilch
- 3 EL Zuckerrübensirup
- Agavendicksaft o. Ä.
- 3 Eier
- 1 TL Hefeflocken
- 4 EL Sonnenblumenkerne

Zubereitung:
1. Den Ofen auf 180 Grad vorheizen.
2. Hefeflocken mit Buttermilch, Sirup, Eiern und Vollkornmehl vermengen.
3. Mit den Sonnenblumenkernen vermischen und alles zu einem Teig kneten.
4. Auf einer bemehlten Arbeitsplatte den Teig nicht zu dünn ausrollen und mit Förmchen nach Wahl Kekse ausstechen.
5. Die Kekse für ca. 1/2 Stunde backen.
6. Die Hundekekse noch etwa 30 Minuten bei ca. 90 Grad im Ofen härten lassen.

Hackfleisch-Gemüse-Küchlein aus der Pfanne

(je nach Gewicht/Größe des Hundes ggf. variieren)

Zutaten pro Hund:

- 200 g Hackfleisch (Rind, Schwein oder Geflügel)
- 1 Möhre
- 1/2 kleine Zucchini
- 150 g Weizenmehl (gerne auch Vollkorn)
- 100 g Hirsemehl (oder durch anderes Mehl ersetzen)
- frische Kräuter (z. B. Petersilie, Basilikum)
- 250 ml Wasser
- 4 EL Pflanzenöl
- 1 EL Kokosflocken

Zubereitung:

1. Mehl und Wasser in einer Schüssel vermengen und das Öl hinzugeben.
2. Teig 30 Minuten abgedeckt ruhen lassen.
3. Zucchini, Möhre, Kräuter und Kokosflocken zum Teig hinzugeben und vermengen.
4. Etwas Fett in einer Pfanne schmelzen lassen und portionsweise die Mischung aus der Schüssel als kleine Hackfleisch-Küchlein in die Pfanne geben.
5. Mit dem Pfannenschaber in Form bringen und durchbraten.

Rind/Huhn mit Flocken
(je nach Gewicht/Größe des Hundes ggf. variieren)

Zutaten pro Hund:
- 250 g frisches Rindfleisch (nicht zu fett) oder Hühnchenfleisch vom Metzger
- 250 g Haferflocken (alternativ: Hundeflocken)
- 25 g Distelöl

Zubereitung:
1. Das Fleisch gut durchbraten. Frisches Fleisch kann man auch roh servieren.
2. Die Haferflocken mit der doppelten Wassermenge kurz aufkochen lassen.
3. Beide Zutaten abkühlen lassen und danach erst das Distelöl zugeben, damit die vitaminreichen Inhaltsstoffe des Öls erhalten bleiben.

Hühnchen mit Gemüse und Nudeln

(je nach Gewicht/Größe des Hundes ggf. variieren)

Zutaten pro Hund:

- 1 Suppenhühnchen (oder Schenkel)
- Suppengemüse
- Suppennudeln
- Gemüsebrühe

Zubereitung:

1. Das Hühnchen für 1 Stunde bei mittlerer Hitze kochen. Anschließend abkühlen lassen.
2. Neues Wasser erhitzen für Nudeln und Gemüse.
3. Gemüsebrühe ins kochende Wasser, Nudeln dazu und klein geschnittenes Gemüse mit hineingeben und gar köcheln lassen.
4. Alles in einem Nudelsieb abtropfen lassen und das Hühnchen zerkleinern und zugeben.

Rind-Lamm-Eintopf
(je nach Gewicht/Größe des Hundes ggf. variieren)

Zutaten pro Hund:

- 500 g Rindfleisch, in maulgerechte Stücke geschnitten
- 25 g Lammfleisch, ebenfalls kleingeschnitten
- 2 mittelgroße Kartoffeln, sehr klein geschnitten oder geraspelt
- 2 Karotten, klein geraspelt/gerieben
- 1 l Wasser
- 1 Tasse Reis (ca. 125 g)

Zubereitung:

1. Den Reis beiseitestellen, die anderen Zutaten in einem Topf aufkochen lassen und 10 Minuten köcheln lassen.
2. Den Reis hinzugeben und ca. 25 Minuten weiter köcheln.
3. Alles abkühlen lassen und lauwarm verfüttern.

Lunge mit Reis
(je nach Gewicht/Größe des Hundes ggf. variieren)

Zutaten pro Hund:
- 250 g Lunge vom Rind, frisch vom Metzger
- 125 g Rundkornreis
- 1 Karotte
- 1 Banane
- 1 Apfel, entkernt
- 1 Esslöffel Olivenöl

Zubereitung:
1. Die Rinderlunge in hundgerechte Happen schneiden oder vom Metzger machen lassen.
2. Das Fleisch zusammen mit dem Reis in 275 ml Wasser 25 Minuten kochen.
3. Banane, Möhre und Apfel mit einem Mixer zerkleinern und vermischen oder mit einer Handreibe zerkleinern und mit dem Olivenöl vermengen.
4. Die Bananen-Möhren-Apfel-Mischung mit der Rinderlunge und dem Reis vermischen. Alles abkühlen lassen und servieren.

Hähnchen mit Hirse und Ei – Hunde-Rezept-Leckerei
(je nach Gewicht/Größe des Hundes ggf. variieren)

Zutaten pro Hund:

- 2 Hähnchenkeulen (oder z. B. Pute)
- 1 Ei
- ca. 150 g Hirse
- ca. 450 g Wasser (für die Hirse)
- ein paar klein gerupfte Salatblätter (enthalten Mineralien, sekundäre Pflanzenstoffe)
- etwas Olivenöl
- frische Petersilie

Zubereitung:

1. Die Hähnchen- bzw. Putenkeulen mit drei großen Tassen Wasser in eine kleine Auflaufform geben und im Backofen gut durchgaren, danach abkühlen lassen.
2. In der Zwischenzeit die Hirse zusammen mit der dreifachen Menge Wasser bei mittlerer Hitze 15 Minuten garen und danach ebenfalls 15 Minuten köchelnd ausquellen lassen.
3. Parallel ein Ei ca. 9 Minuten lang kochen, abkühlen lassen und schälen.
4. Das Ei klein hacken, die Petersilie und die Salatblätter fein hacken.
5. Fleisch von den gegarten Hähnchenkeulen ablösen. (Nicht die Röhrenknochen verfüttern wg. Splittergefahr, sonst kann es zu heftigen Verletzungen beim Hund kommen!)
6. Alle Zutaten gut vermengen und servieren.

Karlchens Reis-Fisch-Gemüse

(je nach Gewicht/Größe des Hundes ggf. variieren)

Zutaten pro Hund:

- 250 g Fischfilet (ohne Gräten)
- 250 g Reis
- 0,5 l Wasser
- kleines Stück Knollensellerie
- 2 mittelgroße Karotten
- 1 mittelgroße Kartoffel
- 1 Suppenknochen

Zubereitung:

1. Den Reis mit dem Knochen 25 Minuten im Wasser kochen. Den Knochen entnehmen und für den Nachtisch aufheben.
2. Das Gemüse in kleine Würfel schneiden und zum heißen Reis hinzugeben.
3. Das Fischfilet zerkleinern und zum Gemüsereis geben.
4. Das Futter noch mal kurz erwärmen, abkühlen lassen und servieren.

Fischfrikadellen

(je nach Gewicht/Größe des Hundes ggf. variieren)

Zutaten pro Hund:

- ½ kg Seelachsfilet
- 1 Tasse Milch
- 2 Weizenbrötchen
- 1 Banane

Zubereitung:

1. Das Brötchen in der Milch einweichen.
2. Das Seelachsfilet in ein wenig Wasser aufkochen und bei niedriger Hitze 7 Minuten weiter köcheln lassen, der Fisch sollte gar sein.
3. Den Fisch mit den eingeweichten Brötchen und der Banane vermengen.
4. Mundgerechte Frikadellen formen und verfüttern.

Fischsuppe für Hunde
(je nach Gewicht/Größe des Hundes ggf. variieren)

Zutaten pro Hund:

- ½ kg Rinderknochen mit Fleischresten daran (ganz ohne Fleisch macht es dem Hund keine gute Laune)
- 500 g Fischfilet (ohne Gräten), z. B. Hering, Rotbarsch, Dorsch, Lachs
- ½ l Wasser
- ca. 150 g Weißbrot
- optional: Gartenkräuter zum Würzen

Zubereitung:

1. Die Knochen mit den Fleischresten im Wasser aufkochen und 35 Minuten bei niedriger Hitze weiter köcheln lassen.
2. Knochen mit einer Kelle herausnehmen, am Knochen verbliebene Fleischreste ablösen und zurück ins Wasser geben.
3. Das Fischfilet noch mal auf Gräten überprüfen und ins Wasser geben.
4. Kurz aufkochen lassen, aber bevor der Fisch zerfällt, vom Herd nehmen und abkühlen lassen.
5. Weißbrot in kleine Stücke schneiden, hinzugeben und servieren.

Fisch-Nudel-Auflauf für Hunde

(je nach Gewicht/Größe des Hundes ggf. variieren)

Zutaten pro Hund:

- 200 g Fischfilet oder anderer grätenloser Fisch
- 200 g Nudeln (eventuell Vollkorn)
- 200 g frischer Spinat oder Tiefkühlspinat
- ca. 150 g saure Sahne oder Quark
- 2 bis 3 EL Kürbiskerne

Zubereitung:

1. Den Fisch in etwas Wasser kurz andünsten. Kochwasser zur Seite stellen, Fisch entnehmen und in kleine Stücke schneiden.
2. In der Zwischenzeit die Nudeln al dente kochen und danach das Kochwasser abschütten.
3. Nudeln, Fisch, Blattspinat zusammen mit etwas Fisch-Kochwasser vermengen.
4. Saure Sahne und Kürbiskerne untermischen.
5. Alles zusammen in eine hohe Auflaufform geben und im vorgeheizten Backofen auf mittlerer Schiene 20 Minuten mit Ober-/Unterhitze backen.

Schlussteil

Sitz, Platz, Fuß, wer kennt diese Kommandos nicht. Das sind Kommandos, die zum sogenannten Grundgehorsam bei jedem Hund gehören. Obwohl sich das Wort etwas hart anhört, bedeutet es keinesfalls, dass der Vierbeiner nur Befehle ausführen muss. Vielmehr dient eine solide Grunderziehung dazu, die Mensch-Hund-Beziehung verständlicher zu gestalten, damit Sie sich als Halter mit Ihrem Tier, egal wo und in welchen Situationen, besser verständigen können.

Wie wichtig ein Grundgehorsam in der Hundeerziehung ist und welche Grundkommandos ein Hund laut des Erziehungsstandes können sollte, wurde zum Schlussteil kurz und knapp zusammengefasst.

HUNDEERZIEHUNG – WAS IST ZU BEACHTEN?

Im Welpenalter ist das Erlernen der Regeln ein Muss und stellt das Hunde-Einmaleins dar. Was nicht heißt, dass ein alter Hund nicht mehr dazulernen kann. Aber es braucht dann mehr Geduld und Spucke und so manches Mal schalten die älteren Hunde einfach auf stur. Sie wachsen sehr schnell als Team zusammen und schaffen ein gegenseitiges Vertrauen und das ist wichtig für ein harmonisches Zusammenleben zwischen Ihnen und Ihrem Hund, egal wie alt er ist. Gewalt findet niemals in der Erziehung statt und ist ein absolutes Tabu und ein sehr großer Vertrauensbruch. Halten Sie von fragwürdigen und schmerzhaften Methoden Abstand, das schadet Ihrer Mensch-Hund-Beziehung sehr. Klare und strenge Worte ja, Gewalt und Schmerzen nein.

GRUNDGEHORSAM – DIESE GRUNDKOMMANDOS GEHÖREN ZUM HUNDE-EINMALEINS

Die gute Mischung macht's und die fängt mit einem souveränen Umgang, Konsequenz und Geduld an. Geben Sie nicht nach, fördern und fordern Sie ihn und zeigen Ihrem Hund somit den Weg auf.

GRUNDKOMMANDOS

Sitz und Platz: Die wichtigsten Grundkommandos, die auch ein gewisses Interesse wecken. So können Sie auch das Tempo aus Ihrem Hund nehmen, gerade wenn ein Artgenosse vorbeikommt oder eine Straße in der Nähe ist. **Rückruf** („Hier", „Zurück" oder „Komm"): Sollte unbedingt sitzen, wenn Ihr Hund ohne Leine laufen darf.

Abbruch („Stopp", „Halt", „Warten", „Aus"): Das sind die sogenannten Abbruchsignale und somit auch überlebenswichtig. So können Sie eine Handlung unterbrechen und eine Gefahrensituation besser meistern.

Bleiben (oder „Bei Fuß", „Hier"): Entfernt sich der Hund zu weit weg, ist es nützlich, diese Kommandos zu beherrschen.

Auflösung („Weiter", „Jetzt", „Auf"): Damit kann ein Kommando aufgelöst werden, oder es heißt „Auf los geht's los", wenn man Gassi oder weitergehen möchte. Es animiert und fordert zugleich zu einer Handlung auf.

Wie Ihre Kommandos heißen, ist natürlich Ihnen überlassen. Nur verwenden Sie Wörter, die nicht ständig in Ihrem Sprachgebrauch vorkommen. Verknüpfen Sie die akustischen Signale mit Handzeichen. Das kann Ihr Hund besser verinnerlichen und es ist hilfreich, gerade wenn man sich außer Hörweite befindet. Sie können die Kommandos dann erweitern. Voraussetzung ist, dass sie auch gut sitzen.

WAS GEHÖRT NOCH ZUM HUNDE-EINMALEINS?

Abgesehen von den gängigen Kommandos, die nun schon gut klappen sollten, gehören natürlich auch die Stubenreinheit, Leinenführigkeit und ein freundlicher Umgang mit Mensch, Kind und Hund zur Basiserziehung.

In diesem Buch wurden viele Themen aufgegriffen, recherchiert und auf spezielle Übungen im Junghundtraining hingewiesen. Bedenken Sie auch, dass Ihr Hund von dem, was Sie tun, begeistert sein muss. Sonst stellt sich schnell Langeweile ein. Seien Sie ein Team und lassen Sie sich von dem Buch leiten, damit Sie zum guten Schluss einen verlässlichen und ausgeglichenen Hund haben. Ein Zitat, das anspricht und einen guten Ausklang darstellt: *„Am Anfang schuf Gott den Menschen, aber als er sah, wie schwach er war, gab er ihm den Hund." – Alphonse Toussenel (1803–1885), französischer Schriftsteller und Utopist*

Schlusswort

Ein Welpe ist ein kleines Geschenk auf tapsigen vier Pfoten, das schnell zum Junghund wird. Bringen Sie ihm die Grundkommandos und die Kommunikation bei und lernen Sie, Ihren Welpen zu verstehen. Ein spannendes Abenteuer erwartet Sie, das mit Ihrem Zutun ein besonderes Ereignis in Ihrem Leben sein wird.

Sind Sie sich bewusst, dass Ihr Hund Sie zwischen 8 und 16 Jahren begleiten wird und Sie der Rudelführer sind? Heute gehen wir andere Wege in der Hundeerziehung, die sanfter, behutsamer und hundegerecht vonstattengeht. Daher wurden viele Themen aufgegriffen und eruiert und ein Buch daraus konzipiert. Eines, das Ihnen ein wenig Hilfestellung gibt und den Start ins Welpenleben erleichtert.

Gehen Sie immer auf Ihren Hund ein und nehmen Sie das Buch unterstützend mit vielen Tipps und Trick zur Hand. Dann bilden Sie eine Einheit und können sich voll und ganz aufeinander verlassen. Doch nur wer täglich trainiert, kann den Erfolg eines entspannten Zusammenlebens ernten.

Lassen Sie sich nicht von dem treuseligen Hundeblick beirren, die kleinen Welpen haben es faustdick hinter den Ohren. Mit diesem Buch als Wegweiser haben Sie den roten Faden in der Hand. Ein gutes Händchen in der Hundeerziehung und seien Sie immer loyal, ehrlich, konsequent und aufrichtig zu Ihrem neuen Familienmitglied mit Fell, dann haben Sie alles richtig gemacht.

HUNDE ERZIEHUNG

Das Hunde Ratgeber Buch für eine erfolgreiche Welpen Erziehung und Ausbildung in einfachen Schritten

Vorwort

Die Anschaffung eines Welpen benötigt eine gewisse Vorlaufzeit. Einfach nach Lust und Laune einen Hund zu kaufen, wäre sehr verantwortungslos. Gerade durch die Medien und die Filmindustrie ist es oftmals schon passiert. Das Paradebeispiel ist der Film „1001 Dalmatiner". Die Rasse hatte Hochkonjunktur und daraufhin die Tierheime im Laufe der Zeit auch. Viele angehende Hundebesitzer beschäftigen sich mittlerweile sehr eingehend mit der Anschaffung eines Hundes. So treten weniger Fehler auf. Der Hund muss zum Alltag und Leben passen und sollte, wenn möglich, kinderlieb sein.

In diesem Buch geht es um das Verstehen von Welpen, ihre Eigenschaften und Urinstinkte. Sie machen niemals etwas mit Absicht und wenn, ist es einfach so passiert. Sie stellen unser Leben auf den Kopf, verändern es und verändern auch uns. Sie nehmen Platz und Raum ein, Häuser wie auch Wohnungen sollten daher sehr hundekompatibel und wir selbst nicht sehr penibel sein. Hundehaare und Schmutz sind nun unsere ständigen Begleiter. Doch wer kann so einem bezaubernden Wesen schon lange böse sein, wenn es sich danebenbenimmt und uns hin und wieder mal blamiert?

Einleitung

Der Ausnahmezustand beginnt, sobald der kleine Fellzwerg dein Zuhause in Beschlag nimmt. Etwa zehn bis zwölf Wochen hat der Welpe mit seiner Mutter und seinen Geschwistern verbracht. So bedeutet der Umzug auch für ihn eine sehr große Veränderung. Je besser du darauf vorbereitet bist, desto leichter wird die Umstellung für beide Seiten.

Hundebücher sind sinnvoll, wenn sie vor der Anschaffung erworben und auch gelesen werden. So stehen Ruhe, Zeit, Gelassenheit und eine gute Vorbereitung im Raum. Der Kleine funktioniert nun mal nicht auf Knopfdruck. Daher ist es ratsam, vorher Bescheid zu wissen und nicht immer nur zu reagieren. Ganz nach dem Motto „Was stand auf Seite zwölf nochmal?". Dein kleiner Welpe arbeitet nicht nach Plan und Ziel, sondern rein nach Instinkt. Dein Fachwissen muss ihn leiten und das liebevoll und konsequent. Du bist sein Dreh- und Angelpunkt und der Nabel der Welt. Zumindest solltest du genau darauf hinarbeiten, um einen sicheren und treuen Begleiter an deiner Seite zu haben. Man muss schon mit allen Wassern gewaschen sein, um dem raffinierten Hundeblick zu widerstehen.

Auch Hunde arbeiten mit allen Tricks, damit sie die erste Geige spielen. Mit Geduld und dem richtigen Händchen wird er langsam aber sicher ein Vorzeigehund. Bitte niemals die Flinte ins Korn werfen, es ist für beide Seiten Neuland. Die Welpen benötigen nicht nur eine adäquate Grundausstattung, sondern auch einen Grundgehorsam, so kann man mit ihnen sicher und unbeschwert durchs Leben gehen.

Bedenke auch, er kennt deine Welt und deinen Ablauf nicht. Bevor der Einzug stattfindet, ist einiges zu tun, um ihn „willkommen" zu heißen. Das sollte nicht vor versammelter Mannschaft geschehen. Wichtig sind nur seine nahestehenden Bezugspersonen, mehr nicht. Das reicht für den Anfang völlig aus. Nach dem dramatischen Erlebnis, sein bekanntes Umfeld, die Geschwister wie auch Mama zu verlieren, braucht es Ruhe und keinen Trubel. Und so geht der Welpe erstmal auf Erkundungstour. Witzig ist dabei zu sehen, wie mindestens ein Familienmitglied so rein zufällig hinterherläuft. „Hebt er das Beinchen?", tut er sich weh oder frisst er was? Doch eigentlich inspiziert er nur sein Revier.

Der kleine Welpe ist in seinem neuen Zuhause angekommen und benötigt nach all der Aufregung erst einmal eine Mütze voll Schlaf. Morgen ist auch noch ein Tag, um die Welpen-Erziehung liebevoll zu beginnen. In Gedanken ist er bestimmt noch daheim und schläft sogleich ruhig und friedlich ein. Schlaf gut, neues „Rudelmitglied", wir begleiten dich dein ganzes Hundeleben lang.

Erstausstattung

Es steht dir genügend Zeit zur Verfügung, um Vorbereitungen zu treffen. Einige Züchter bieten zwar ein Starter-Set an, aber trotzdem braucht der Welpe eine adäquate und solide Grundausstattung. Außerdem darf die Anmeldung der Hundesteuer wie auch der Hundehaftpflichtversicherung nicht vergessen werden. Du stehst bei jedem von deinem Hund verrichteten Schaden in der Gefährdungshaftung. Suche daher eine Versicherung mit genügend Deckung aus, das rechnet sich schneller, als man denkt. Heute ist die Anschaffung von Hundezubehör einfacher denn je. Ein Tastenklick und schon eröffnet sich einem die Welt der Haustiere. Eine tierisch gute Vielfalt bietet sich dir sogleich an und dennoch, es muss nicht gleich ein Kaufrausch sein. Dein Welpe wird wachsen und gedeihen und so sind Halsband und Geschirr nur ein vorübergehender Wegbegleiter. Der Hundekorb und das Hundebett wachsen auch nicht mit und müssen mit der Zeit ausgetauscht werden. Desgleichen wird die Welpennahrung vom Junghundefutter zeitnah ersetzt. Entscheide dich somit für folgende Punkte, dann bist du schon mal sehr gut beraten.

- Wassernapf (höhenverstellbar)
- Hundenapf (höhenverstellbar)
- Halsband oder Geschirr (Geschirr ist besser für den Bewegungsapparat)
- Hundekissen oder Hundebett
- Bürste
- Spielsachen
- Transportbox
- Zeckenschutzmittel und Zeckenzange
- Welpen-Shampoo
- Kotbeutel
- Hundepfeife
- Welpenfutter (Züchter geben meist einen Vorrat mit)
- Kauknochen
- Leckerli
- Leckerli-Beutel
- guter Tierarzt/Tierklinik
- je nach Rasse eventuell einen Hundefrisör

Sicher fällt dir noch das eine oder andere ein, wie zum Beispiel ein Handtuch für den Eingangsbereich. Lerne ihm gleich zu Beginn, bis hier hin und nicht weiter. So kannst du deinen Welpen von Anfang an darauf trainieren, mit sauberen Pfoten durch sein Zuhause zu gehen.

Ein Welpe zieht ein

Wie lange hat man auf diesen Tag gewartet und nun ist er da. Fast so wie bei werdenden Eltern, nur in tierischer Form. Wird sich das Wollknäuel auch wohlfühlen, mache ich alles richtig und werde ich aufgeregt sein? Genau das wäre dann gleich schon mal falsch. Für den Welpen ist alles neu und da reicht seine Neugier und Aufregung schon. Also keine Panik und Hektik versprühen, sondern cool und gelassen bleiben. Immerhin soll es stressfrei werden und nicht in Angstzuständen enden.

Viele Welpen erstarren erstmal vor Angst und zittern. Also nicht gleich hin stürmen und sagen „Alles ist gut“. Für ihn ist gerade gar nichts gut und man würde es so nur bestätigen. Mama ist weg, die Nestwärme, die Geschwister und das geliebte Daheim. So ganz verstehen kann der Welpe das alles nicht. In freier Wildbahn würde er aber auch mal in die Ferne ziehen. Somit ist es der Lauf der Natur, wenn auch ein einschneidendes Erlebnis. Als Adoptiveltern braucht es jetzt gute Nerven und Zeit. Man kann noch so viel planen, unverhofft kommt oft.

Das Hundekörbchen schaut er mit dem Hintern nicht an, an der Wasserschüssel latscht er vorbei, aber die alten Schuhe, die erinnern ihn an etwas und genau auf denen schläft er erstmal erschöpft ein. Tja, Herrchen und Frauchen haben wohl als Empfangskomitee versagt. Nein, dem ist nicht so. Der Welpe hat für sich seinen Rückzugsort erkoren und sonst nichts. Man darf so etwas auf keinen Fall persönlich nehmen.

Vorbereitung

Gehe durch die Wohnung oder das Haus und sehe alles aus der Hundeperspektive. Ja, krabble ruhig mal durch die Wohnräume durch. Alles was in seiner Reichweite gefährlich sein könnte, kommt erst mal weg. Verschluckbare Teile können der Anfang vom Ende sein. Elektrokabel nach oben verlegen, da beißt der kleine Kerl schnell mal rein und auch giftige Pflanzen sollten entfernt werden.

EINZUGSTAG

Er ist angekommen, wohl, munter und gesund. Er findet es doof, will heim und weiß jetzt schon, „Mama hol mich hier raus“. Alles ist neu, fremd und macht Angst. Also lass ihn in die neue Welt eintauchen, es wird schon „schiefgehen“. Reagiere nicht gleich auf jede Kleinigkeit, lass ihn einfach mal machen. Was nicht heißt, dass er gleich auf den Teppich machen soll. Könnte aber passieren, da alles ja so spannend und aufregend ist.

Es wird Raum für Raum inspiziert und vielleicht auch gleich mal geschlafen.

Dennoch zeige ihm auch jetzt schon lieb und nett seine Grenzen auf. Was er nicht darf, darf er nicht. Übrigens, Treppen können für Hunde lebensgefährlich sein. Außerdem sind sie schädlich für die Bänder wie auch Gelenke. Demnach solltest du es vermeiden, dass der Welpe die ersten Monate Treppen laufen muss. Installiere am besten Gitter, dann kann auch schon nicht mehr viel passieren.

ANGEKOMMEN

So nach und nach und mit den Tagen ist der kleine Welpe angekommen und taut auch schon so richtig auf. Ein Wirbelwind auf vier Pfoten, der nun im Rudel seinen festen Platz hat und eine gute Erziehung benötigt. Ein kleiner, ungeschliffener Rohdiamant, dafür aber mit einer großen Portion Charme. Nun musst du ihm deine Sicherheit und Souveränität vermitteln, damit ihr zu einem Team zusammenwachsen könnt. Bedenke, anfangs ist er noch ein Baby und benötigt gute 17 bis 22 Stunden Schlaf pro Tag. Also mach dir keine Sorgen, wenn das Hundekind seine Welpenzeit verschläft. Es ist völlig normal, denn der Welpe will ja mal groß und stark werden.

KUSCHELN ZUR KRISENBEWÄLTIGUNG

Am Anfang braucht er Liebe und Geborgenheit und das mehr denn je. Gib ihm Streicheleinheiten, Kuschelmomente und baue ihn seelisch auf. Eine wichtige Erfahrung für die fundamentale Entwicklung und ihren weiteren Verlauf. Die wichtigsten Bausteine sind dabei deine Geduld und Konsequenz, dann ist er in guten Händen und fühlt sich pudelwohl.

Grundlagen

Was Hänschen nicht lernt … und genau darin liegt das Problem. Aus Hänschen wird Hans und der lernt nimmer mehr. Sicher übertrieben, dennoch brauchen Hunde eine liebevolle und konsequente Erziehung. Von Welpenbeinen an wird rein spielerisch das Hundeeinmaleins trainiert. Vergiss nicht, in der Pubertät versuchen die Vierbeiner die Rangordnung gewaltig infrage zu stellen. Einige mutieren geradezu zum Alphatier. So nach dem Motto „Ich Chef, du nix".

Die Ohren auf Durchzug gestellt und die Nerven sowie die Leine angespannt. Begreiflicherweise sind die Grundlagen das beste Fundament, damit aus „Hänschen" ein Musterschüler wird. Fange demnach gleich mit der Stubenreinheit und Beißhemmung an. Diese sind leider nicht angeboren und hinterlassen unschöne Spuren bei Menschen sowie seinem Hab und Gut. Nutze seinen Folgetrieb und bringe ihm bei, du bist das Größte in seiner kleinen Hundewelt. Ohne dich geht nichts und ohne dich geht er auch nicht.

Schaffe dem kleinen Vierbeiner unsichtbare Grenzen und einen abrufbaren Bewegungsraum. All das findest du schrittweise erklärt in diesem Buch. Das mit Menschenkenntnis und Hundeverstand nach dem besten Wissen und Gewissen dem Welpen zuliebe ins Leben gerufen wurde.

Eine Mensch-Hund-Beziehung besteht nicht nur aus Füttern und Erziehen. Es besteht aus Respekt, Vertrauen und einer ganz großen Portion Liebe. Ein stures und starres Erziehen ohne Gefühl ist wie eine Gewichtsreduktion mit Jo-Jo-Effekt. Der Bumerang kommt schneller zurück, als man denkt. Demzufolge müssen Hund und Herrchen gemeinsam an einem Strang ziehen. Eine harmonische Verbindung mit positivem Lerneffekt. Schon lernt der Welpe, ich werde für mein Vorzeigeverhalten gelobt.

Anfangs greifen einige zu den beliebten Leckerlis. Doch auch eine Liebkosung und Streicheln sind eine Belohnung für sich. Etliche Hundebesitzer verzichten mittlerweile ganz auf die Leckerli-Ration. Für manche Übungszwecke, wie bei Sitz oder Platz, sind sie dennoch ideal. Aber vergesst nicht, der Hund bekommt sein Fressen aus seinem Napf. Daher sind Belohnungen kleine Häppchen und sollen keine Mahlzeiten darstellen.

Der goldene Mittelweg ist das Ziel. Der große Vorteil bei Welpen ist, dass du sie noch für alles begeistern kannst. Sie sind neugierig, wissbegierig und schlau. Mache dir diese Eigenschaften zu deinem Vorteil. Bestärke positives Betragen und arbeite an schlechten Verhaltensweisen. Ein Hund ist immer der Spiegel deiner Seele. Bist du nachlässig und inkonsequent, warum sollte dein Vierbeiner dann anders sein? Ihr seid ein Team und mit der Zeit die perfekten

Seelenverwandten.

Heute spricht man mehr und mehr von Grundlagen als von Kommandos. Instruktionen sind heute keine Befehle mehr, sondern Hinweise. Diese führen, leiten und lenken den kleinen Welpen. Klare Strukturen sind demzufolge unerlässlich und rohe Gewalt schon lange ein Tabu. Hunde sollten niemals aus Angst lernen, sondern aus der Liebe und dem Vertrauen zum Menschen heraus. Ein zartes Band, das teilweise jede menschliche Beziehung infrage stellt. Denn *der Hund, er blieb im Sturm mir treu, der Mensch nicht mal im Winde. (Franz von Assisi)*

Anekdoten

Welpen fallen auf jeder Hundewiese und im Straßenbild auf. Klein, tollpatschig und dann dieser Hundeblick. So als könnten sie kein Wässerchen trüben. Sie finden alles und jeden genial und ihre Welt ist kunterbunt und rosarot. Der stolze Besitzer gibt Interviews und der Kleine ist ganz er selbst. Er rast jedem Jogger hinterher, kämpft mit Plastiktüten und legt den Fahrradweg lahm. Dem kleinen Wonneproppen wird schnell verziehen, der großen Dogge schon lange nicht mehr.

Er springt und hüpft und die Pfoten-Abdrücke, ein bleibender Gruß mit Verewigungsgarantie. Die Besitzer meist kopflos, hektisch und im Dauerlauf a posteriori. Das Standartwort „Entschuldigung" thront und gerne würde man im Boden versinken. Mit hochrotem Kopf und wehendem Haar setzt dieser seinen Dauerlauf fort. Hier und kommst du jetzt, sind dem Hundchen noch fremd. Wenn der Hund auch hundertmal „Henry" heißt, er weiß das noch lange nicht. Aber er weiß ganz genau, was er will. Spaß haben, spielen und die Welt so ganz für sich entdecken. Das „Personal" rast ja schön brav an meiner Seite. Verlorengehen kann der kleine Racker schon mal nicht.

Manch Hundebesitzer weiß gar nicht, welch Tempo er hat, wie wendig er sein kann und dass sein Reaktionsvermögen durchaus ausbaufähig ist. Mittlerweile läuft der Akt der Verzweiflung vor einem sehr begeisterten Publikum ab. Gut, die Schadenfreude trifft es eher und schlaue Tipps kommen gleich hinterher. So steht der Hundebesitzer wie ein begossener Pudel da. Der kleine Kerl aber hat die Herzen im Sturm erobert. Allein das ist schon einen Applaus wert.

Nur damit ist jetzt Schluss und so lernt der Wonneproppen den Spagat zwischen Freiheit und einem guten Quäntchen an Gehorsam und Disziplin. So wird seine Autonomie nicht reduziert, denn ein gut erzogener Hund hat alle Freiheiten der Welt, sagt man ja. Welpen sind immer ein Anziehungspunkt und der Freund aller Kinder, dennoch ist er ein Lebewesen und niemals als Spielzeug anzusehen. Vergesst auch bei all seinem Tatendrang nicht, dass das Hundekind auch viel Ruhe, Schlaf und eine ganze Menge Geborgenheit braucht. Nur so kann es sich konzentriert an sein Werk begeben. Viele kleine Pausen bei der Erziehung sind ein Muss. Eine Überforderung wird eher als eine Bestrafung angesehen. Wir selbst kennen es nur zu gut vom Schulbankdrücken.

Hauptteil - Die 8 Phasen

Dein Hund durchläuft etliche Lebensphasen und Zyklen. Dies beschreibt seine Entwicklung, Stadien und den Stand der Enzyklopädie. Damit ist die systematische Zusammenfassung gemeint.

DIE ERSTE UND ZWEITE LEBENSWOCHE - VEGETATIVE PHASE

Der Gehör- und Geruchssinn sind noch nicht ausgeprägt. Ebenso sind die Augen geschlossen.

DIE DRITTE LEBENSWOCHE - ÜBERGANSPHASE

Auch wenn die Lidspalten leicht geöffnet sind, sehen kann der Welpe noch nicht. Mit dem 17. wie auch 18. Lebenstag entwickelt sich die Sehfähigkeit nach und nach. Auch das Gehör ist noch nicht voll funktionsfähig in seiner Aufgabe. Seine Hauptbeschäftigungen sind Schlafen und Trinken. Langsam nimmt er jedoch seine Wurfgeschwister wahr.

DIE VIERTE BIS SIEBTE LEBENSWOCHE - PRÄGUNGS-PHASE

Nun sind die Augen wie auch Ohren und Nase voll einsatzbereit. Dabei sollte er beim Züchter mit den unterschiedlichsten Eindrücken konfrontiert werden. Der Dornröschenschlaf ist vorbei. Er knüpft Sozialkontakte und lernt Menschen wie auch fremde Tiere kennen. Nun werden sein Temperament sowie seine Persönlichkeit geprägt. Werden ihm all diese Eindrücke verwehrt, kann es mit hoher Wahrscheinlichkeit zu Sozialisierungsproblemen kommen.

DIE ACHTE BIS ZWÖLFTE LEBENSWOCHE

Jetzt entdeckt er die Rangordnung wie auch Umwelt für sich. Er lernt somit für sein Leben. In dieser Phase findet bald die Übergabe zu seinen neuen Besitzern statt.

DIE DREIZEHNTE BIS SECHZEHNTE LEBENSWOCHE – RANGORDNUNGSPHASE

Die neuen Besitzer stellen nun sein Rudel dar und der Mensch wird zum Rudelführer. Dabei werden die Führungsqualitäten auf Herz und Nieren geprüft.

DER FÜNFTE BIS SECHSTE MONAT

Die kleinen spitzen Milchzähne werden durch ein richtiges Gebiss ersetzt. Auch wird dem Hund nun klargemacht, dass seine Position die unterste im Familienrudel ist. Sein Vorteil ist, ihm wird alles aus der Pfote genommen und er muss sich um nichts kümmern. Zudem sucht er sich den souveränen Menschen im Rudel als seinen „Leitwolf" aus.

DER SIEBTE BIS ZWÖLFTE MONAT – PUBERTÄTSPHASE

Nun schlägt die Pubertät auf die Besitzer ein. Bei dem einen mehr, beim anderen weniger. Rüden erfinden sich neu, hören gut, aber folgen schlecht. Hündinnen leben auf Wolke sieben der Gefühlswelt. Erziehung? Nie davon gehört und beim Ableinen sind Herrchen und Frauchen in weiter Ferne. Die Hündin wird zu diesem Zeitpunkt das erste Mal läufig und der Rüde hebt sein Beinchen. Die Ohren sind in dieser Zeit übrigens auf Durchzug gestellt.

ZWÖLFTER BIS ACHTZEHNTER MONAT – REIFUNGSPHASE

Körperlich wie auch geistig ist der Hund nun ausgereift. Aber auch hier gibt es Rassen, und dazu zählen viele große Rassevertreter, die erst mit vier Jahren ausgereift sind. Das negative wie auch positive Erlebte ist verinnerlicht. Nur mit Geduld lassen sich negative Verhaltensparameter nun noch einmal verändern.

Die Pubertät

Kaum hat sich der kleine Welpe eingelebt, und man würde meinen, er folgt einigermaßen gut, macht einem die Pubertät einen Strich durch die Rechnung. Die kann sich bereits im Alter von sechs Monaten bemerkbar machen. Aber es gibt auch Rassen, die erst mit einem Jahr in die Pubertät kommen, und dann entsteht ein Chaos im Gehirn. Beide Geschlechter sind nur noch auf eines fixiert und das ist „Fortpflanzung". Vorbei sind die Zeiten von Sitz, Platz und Fuß und der ach so schönen Harmonie. Nun werden die Besitzer auf eine harte Probe gestellt. Das Hundehirn ist eine Baustelle und Herrchen oder Frauchen am Rande des Nervenzusammenbruchs. Einige Ausnahmen hat der liebe Gott außen vor gelassen. Bei allen anderen ist nun guter Rat teuer. Die Kastration ist kein Muss, manchmal aber das Mittel der Wahl.

So heißt es abwägen und ein Gespräch mit dem Tierarzt führen. Hündinnen sind zweimal im Jahr läufig und die Rüden, ja, die können immer. Hier helfen dann nur noch Geduld und Konsequenz und das ein ganzes Hundeleben lang, falls man nicht den Weg der Kastration einschlagen möchte. Auch im Alter heißt es noch, je oller, je doller. Dennoch entstehen mit der Zeit gerade bei Rüden wahre Marotten. Sie weisen bei anderen Rüden ein sehr dominantes und aggressives Verhalten auf und sind in solchen Situationen nur schwer zu bändigen und das 365 Tage im Jahr. Rüden drehen oft bei anderen gleichgeschlechtlichen Hunden so richtig auf. Hündinnen schweben während der Läufigkeit auf Wolke sieben und können durchaus zu wahren Zicken mutieren. So kann ein noch so braver Hund zum A.... vor dem Herrn mutieren. Damit sollte man umgehen können.

Demzufolge versuchen sie auch die Rangordnung infrage zu stellen. Die Pubertät ist ein einschneidendes Erlebnis, aber das Verhalten kann dennoch bleiben. Frage den Züchter und spreche mit Hundebesitzern über ihre Erfahrungswerte. Vielleicht kannst du dann auch für „euch" den richtigen Weg einschlagen.

Lehrsätze

Die Frage, was ein Welpe können muss, beantwortet sich in den ersten Tagen gleich mal von selbst.

STUBENREIN

Kaum war der Welpe an dem Wassernapf oder findet etwas aufregend, wird schon gleich mal „Pipi" gemacht. Bevor du reagieren kannst, ist das Malheur auch schon passiert und das sogar recht ungeniert. Einer Schuld ist sich der Welpe nicht bewusst. Nun tief durchatmen und ohne große Worte entfernen. Falsch dabei ist, den Hund mit der Nase in die Hinterlassenschaften zu tunken. Er weiß ja gar nicht, wie ihm geschieht, und einen Lerneffekt stellt es auch nicht dar. Hast du eine Auslegeware im Haus, ist diese für die erste Zeit schnell zusammengerollt und gut verstaut. Ist der Welpe stubenrein, kannst du deinen alten Wohnstil wieder „artgerecht" herstellen. Also alles nur eine Frage der Zeit.

Jeder Welpe wird stubenrein, bitte verzweifle nicht, denn nun bist du gefragt und es ist mehr oder weniger auch deine Schuld. Die kleine Blase kann höchstens, und das je nach Rasse, 3 Stunden aushalten. Das Training und das Wachstum lassen den Zeitabstand dann auch größer werden. Ein Hund nimmt nicht gerne eine Revierverschmutzung vor. Aber wenn es drückt, entstehen kleine Bächlein und der Zorn der Besitzer ist gewiss. Bringe ihm von Anfang an bei, sich auf dem Gras zu lösen, und lobe ihn dafür. Welpen werden schnell unruhig, ein Zeichen, jetzt nix wie raus. Dein Kleiderstil ist dabei völlig unerheblich.

Die Nacht stellt gerade in der ersten Woche eine harte Bewährungsprobe dar. Hier zählt jede Sekunde und nicht jeder Welpe zeigt ein Verhalten diesbezüglich an. Einige melden brav, andere wiederum nicht. Die suchen sich dann das „Stille Örtchen" im Haus. Schlafe anfangs näher am Eingangsbereich, damit du sofort reagieren kannst. Bei Ehepaaren sind die Ehemänner meist taub, wie in der Kindererziehung auch. Somit Beine in die Hand nehmen, raus und loben. Versuche ihn gleich außerhalb vom Grundstück zu trainieren. Gehe immer an den gleichen Punkt für sein Gassigeschäft. Später kann der Welpe das ja dann selbst entscheiden. So lernt er, Grünstreifen ist Klo und loben. Dabei gelten folgende Faustregeln:

- Ist der Welpe wach, gleich mal raus.
- Hat der Welpe getrunken, auch gleich an seinen angestammten Ort.
- Spielt der Welpe oder ist aufgeregt, muss man doch erst einmal die Blase entleeren. Auch hier wieder, raus und ein Gässchen machen.

- Nach dem Fressen etwas ruhen und dann zum Toilettengang aufbrechen.
- Urlaub nehmen, damit die Stubenreinheit die ersten Wochen gut trainiert werden kann.

Behalte ihn somit immer im Auge, was nicht heißt, dass du ihn wie einen Dieb verfolgen sollst. Du wirst sein Verhalten aber schnell deuten können oder er kommt schon brav von sich aus. Denke bitte daran, er macht nichts, um dich zu ärgern, er macht es aus der Not heraus. Viele Welpenbesitzer wurden da schon mit dem Nötigsten gesichtet. Barfuß, im Schlafanzug, mit Hausschuhen oder nicht immer der Jahreszeit entsprechend gekleidet. Lasse dein Umfeld außen vor und konzentriere dich nur auf deinen Welpen. Den Nachbarn zauberst du allemal ein Lächeln ins Gesicht. Gerade wenn es draußen stürmt und schneit und die den bequemen Logenplatz am Fensterbrett vorziehen. Aber du machst es für ihn und auch deinen Seelenfrieden.

Nur so lernt er schnell, Herrchen und Frauchen stehen parat und mein Gassigeschäft ist eine wahre Show. Loben, loben und nochmals loben. Das musst du natürlich nicht sein Hundeleben lang beibehalten. Ist es wirklich mal wieder passiert, „Om", wegwischen und gut ist es. Das Thema ist dann eh schon durch. Ein Pfui auf frischer Tat ist ein Gruß der Beschimpfung. So weiß er, upps, da ging was gründlich in die Hose. Gehe immer so lange Gassi, bis er sich löst. Aber nicht, dass deine Spaziergänge gleich zu Gewaltmärschen werden. Eine gute ¼ Stunde reicht aus. Ansonsten lass ihn schnüffeln und begutachten, meist funktioniert es dann auch wie von selbst. Sieht er andere Hunde, ist es schnell wieder vorbei, denn das ist ja dann wieder aufregend und spannend dazu. Somit einen ruhigen und gleichen Ort wählen und immer konsequent bleiben. Er soll ja nicht Gassi gehen und sich drinnen lösen. Das wäre dann schon sehr unproduktiv.

ACHTE AUF FOLGENDE PUNKTE:

- Anfangs immer den gleichen Ort auswählen. Also Grünstreifen mal Laterne minus parkendes Auto ist „Hundeklo".
- Achte darauf, dass er möglichst nicht abgelenkt werden kann. Daher keine anderen Hunde, Stöckchen oder vorbeigehende Passanten. Dann ist der Druck weg und das Vergessen thront. Im Haus fällt es ihm dann leider wieder ein.
- Lass ruhig Langeweile an seinem Gassiort aufkommen, dann fällt ihm gleich der wahre Grund der Begebenheit ein.
- Verwende ein bestimmtes Wort/Wörter wie „Mach Pipi" oder „Mach was". Was andere dabei denken, ist völlig egal. Macht er was, überschwänglich loben. Gut, die vorbeigehenden Menschen denken vermutlich, dass du einen Knall hast, doch für Hund und Besitzer ist es eben das Größte.
- Ist er noch nicht stubenrein, kaufe eine Hundebox, diese wird er kaum

beschmutzen und sich schön brav melden. Dann heißt es, auf los geht's los und rennen, was das Zeug hält. Denke einfach, du nimmst an einem Wettkampf teil und möchtest siegen.

- Lobe auch immer erst, nachdem er sich gelöst hat, davor macht es wenig Sinn.

Bestrafe nicht mit körperlicher Gewalt. Ein deutliches Pfui reicht aus. Es gibt Hunde, die auch beim Alleinsein, Freude oder aus der Aufregung heraus ein paar Tröpfchen Urin verlieren. Bedenke, meist ist es die Schuld der Besitzer, wenn ein Malheur passiert. Also hau dir ruhig selbst eine rein. Aber Spaß beiseite, ein Welpe geht nur nach seinem Instinkt und wenn er muss, dann muss er auch. Dies geschieht nicht aus einem Racheakt heraus.

TIPPS UND TRICKS:

- Ist das Malheur passiert, entferne es mit einem Reiniger.
- Hunde gehen der Nase nach und orientieren sich nach dem Geruch. Haben sie einmal einen Platz im Haus erkoren, dann verhindere einen Wiederholungseffekt.
- Verwende Geruchsneutralisierer, so kann er sich nicht mehr an den Platz im Haus erinnern.
- Normale Putzmittel eliminieren keine Gerüche.
- Schau ihn nicht vorwurfsvoll an. Ein fünf Monate altes Baby macht auch in die Windeln. Da hält auch niemand eine Strafpredigt.
- Erwischt du ihn In flagranti, dann gleich raus mit ihm. Draußen lösen lassen und alles ist gut.
- Quatsch ihm keine Opern vor. Du verstehst eine Fremdsprache auch nicht von heute auf morgen. Zudem können Hunde nur Wörter „verstehen", keine ganzen Sätze.

Das Thema Stubenreinheit ist schnell vom Tisch und du wirst binnen kurzer Zeit die Nächte wieder wohlbehalten in deinem Bett schlummern.

WARUM MELDET ER SICH NICHT?

Hier ist nicht die Rede von Verflossenen, sondern von deinem Hund. Erfahrungsgemäß melden Hunde sich irgendwann, wenn auch nicht immer sofort. Das kann ein Blick sein, seine Körpersprache oder ein Winseln. Oder aber er geht verdächtig oft zur Tür. Manche wedeln auch einfach nur mit dem Schwanz. Achte auf seine Stimmungslage oder die Hektik, die er dabei verbreitet. Bei Dünnpfiff heißt es, nur noch raus. Dann zählt wirklich jede Sekunde. Hunde sind wie schon erwähnt keine Revierbeschmutzer, dennoch kann mal etwas danebengehen. Da heißt es auch verzeihen können. Er hat es nicht mit Absicht gemacht, halte dir das immer vor Augen. Verwechsle das nicht mit kleinen Kindern, die durchaus mal über die Stränge schlagen. Dein Welpe ist instinktgesteuert und immer geradeheraus.

Dann nochmal in der Kurzfassung. Ist dein Hund unruhig, winselt oder steht vor der Tür, dann kommt es auf deine Schnelligkeit an. Bedenke bitte, dass ein unkontrolliertes Urinabsetzen auch etwas mit Angst oder gar einer Blaseninfektion zu tun haben kann. Ein Gewitter mit Blitz und Donner, da kann schnell mal der Blasenschließmuskel versagen. Jammert der Welpe beim Urinabsetzen, dann bitte nichts wie ab zum Tierarzt.

DER ERSTE TIERARZTBESUCH

Hier sind wir sogleich beim Thema. Sie müssen nicht Freunde fürs Leben werden, aber er wird ihr Leben dennoch begleiten. So sollte die Chemie stimmen. Ein Kennenlernen ohne Behandlung ist schon mal ein guter Weg dahin. Dabei kann der kleine Welpe eine Bestandsaufnahme vornehmen und das Team auf Herz und Nieren prüfen. Immerhin sollten sie seiner würdig sein, denn sie stellen seine Gesundheitsfürsorge dar und werden oft zum Retter in der Not.

Lasse ihn in der Praxis frei laufen und jedes der Zimmer in Augenschein nehmen. Hat er Vertrauen geschöpft, kann der Tierarzt oder die Tierärztin ihn so rein zufällig abhören und seinen Gesundheitszustand prüfen. Eine Impfung oder dergleichen werden an diesem Tag nicht vollzogen. Der erste Besuch soll ja in guter Erinnerung bleiben und nicht gleich Aua machen. Zu guter Letzt ein feuchter Händedruck und ein paar Leckerli ins Mäulchen. Heißt, Essen passt, sind alle nett, hier komm ich wieder her. Schon war der Tierarzttermin ein rein positiver Akt.

LEINENFÜHRIGKEIT

Nach Hundeart schränkt eine Leine die Bewegungsfreiheit ein. Dennoch ist sie unentbehrlich und auch mal lebensrettend. Erst das doofe Hundegeschirr oder Halsband und jetzt noch dieses Unikum. Ein langer Strick, der verbinden soll. Ja die Leine stellt tatsächlich eine Verbindung her, lenkt und leitet deinen Hund. Ruckartiges Ziehen und Zerren ist von deiner Seite zu unterlassen, das macht dein Hund schon. Bedenke, dass ein starkes Ziehen Haltungsschäden wie auch eine Kehlkopferkrankung hervorrufen kann. Dennoch sieht man erstaunlich oft, wie Hunde ihre Besitzer durch die Straßen ziehen. Doch zu der Fraktion möchtest du sicher nicht gehören. Also timen wir deinen Welpen von Anfang an auf Entspannung pur. Lernt er das Zerren nicht, macht er es auch künftig nicht.

Im Prinzip trainieren wir sie darauf. Immerhin will der kleine Hund die Welt erkunden und wir dackeln brav hinterher. Er lernt, super, mein Personal folgt mir auf Schritt und Tritt. Wird die Leine straffer, gleichen wir uns sofort dem Tempo an. Immerhin möchten wir nicht negativ in der Gruppe auffallen. Wir bleiben artig, laufen mit und stoppen abrupt. Natürlich rein unbewusst, aber dennoch sehr gelehrig. Was lernen wir daraus? Der Welpe will wohin, schleift dich hinterher und oder zieht und setzt schön und brav seinen Sturschädel durch. Tja, dann viel Spaß mit deinem 50 Kilogramm schweren Hund.

Die Leinenführigkeit beinhaltet ein lockeres Gehen an der Leine. Klappt es nicht, richte die Aufmerksamkeit auf dich. „Schau mal" klappt immer, ein Spielzeug reicht dafür völlig aus. So ist er nicht mehr so auf die Umwelt und das Umfeld fixiert. Gehe auf und ab, hin und her und gib eine leichte Führung durch die Leine an. Das fordert seine vollste Konzentration. Baue zugleich Sitz und Platz mit ein. Gehe mal langsam, dann wieder schnell. Er muss sich dir angleichen und nicht du ihm.

Zieht er wie verrückt, bleibe stehen und warte, bis er sich wieder beruhigt hat. Dann starte einen neuen Versuch, die Welpen sind schlauer als gedacht. Einmal bist du konsequent und einmal nicht und genau das machen sie zu ihrem Vorteil. Sie nutzen unsere Schwächen aus. Ist er hartnäckig, gibt es Tage, an denen du nachgibst. Genau darin liegt der Fehler, einmal nein heißt auch für immer nein. Das ist übrigens bei jeder Anordnung so. Ziehe dein Vorhaben mit Liebe und Disziplin durch, dann lernt er auch besser zu verstehen. Merke dir, zerrt und zieht dein Hund, bleibe stehen und unterbinde es. Warte, bis er sich beruhigt hat, und gehe dann an der lockeren Leine weiter. Zu empfehlen ist ein Hundegeschirr, das den Kehlkopf nicht malträtiert. Übe täglich, auch wenn dein Hund später wenig an der Leine geht. Es gehört zur Mensch-Hund-Kommunikation einfach dazu. In unserer heutigen Zeit herrscht in vielen Städten schon Leinenpflicht, daher ist diese Übung ein Muss.

Übe mit deinem Hund auch an der Straße. Eine Bordsteinkante heißt Sitz und die Leine ist an der Straße immer am Hund. In der Welt des Straßenverkehrs hast du sehr wohl mal das Recht zu ziehen. Ein herannahendes Fahrrad, ein Auto oder ein Kinderwagen. Gerade hier muss sich dein Vierbeiner voll und ganz auf dich konzentrieren. Dabei wird der Welpe einfach und schnell straßentauglich. So kannst du auch mit den öffentlichen Verkehrsmitteln fahren und dein Hund fährt sicher an der Leine mit.

ÖFFENTLICHE VERKEHRSMITTEL

Auweia, das große laute Ding macht jetzt schon Angst. Doch es fährt den Welpen nur von A nach B. Die vielen Menschen, der Lärm, der Kinderwagen, Mama, ich will raus. Bevor du so eine Aktion startest, suche dir ruhige und entspannte Fahrzeiten aus und nur etwa zwei bis drei Stationen. Also nicht bei Schulbeginn und

Schulschuss und genauso wenig, wenn alle Menschen in die Arbeit fahren. Somit lasse die Rushhour außen vor. Da es aufregend werden könnte, nimm am besten Wischtücher mit, falls die Fahrt gleich mal auf die Blase drückt. Steige langsam ein und suche dir am besten einen ruhigen Platz aus. Erzähle ihm nicht, wie schlimm du das schon als Kind gefunden hast und dabei in den Bus gespuckt hast. Er will es nicht wissen. Lobe ihn beim Ablegen und starre ihn nicht an. Beim Aussteigen wieder loben und schon sieht er die Fahrt als angenehm an.

AUTOFAHRT

Diese kennt er sicher schon davon, als er seiner Hundemama entrissen wurde. Je nach Größc ist eine Hundebox ideal. Sein Reich, seine Fluchtburg und ein sicherer Käfig. Ein Hund kann bei einem Unfall zum tödlichen Geschoss werden. Ebenso bewahrt sie vor Schmutz und Dreck sowie vor einer eventuellen Zerstörungswut. Eine Decke, seine Spielsachen und schon wird die Fahrt bequem.

HOCHSPRINGEN

Wie ein Känguru und kaum zu bremsen hüpft der Welpe wie ein Gummiball. Besucher, Freunde, Fremde und die Familie selbst werden ständig angesprungen. Der menschliche Nachwuchs kommt ins Wanken und die Oma ergreift mit dem Rollator die Flucht. Schon beim Einzug sollte der kleine Kerl lernen, ich spiele nicht die erste Geige. Klingelt es an der Tür, steht er jaulend und schwanzwedelnd in Hüpfposition da. Und zack hat man ihn am Knie oder beim Bücken gleich noch im Gesicht. Bevor der Besucher eintritt, kommt erstmal „Tschuldigung" und dann das Hallo. Der kleine Hund übermannt mit seinem Temperament wirklich jeden.

Somit muss die ganze Familie an einem Strang ziehen. Nimmt er von weitem Anlauf, gleich mal abwehren und ruhig unsanft zur Seite schieben. Suche dir dafür ein bestimmtes Wort wie „unten" aus, oder was dir selbst gerade einfällt. Ziehe ihn am Halsband oder Geschirr nach unten. Lobe ihn, wenn er unten bleibt, auch wenn Leute auf ihn zukommen. Was in diesem Alter so niedlich erscheint, wirkt bei einem großen Hund sehr bedrohlich. Schnell können Personen auf dem Rücken liegen oder dadurch stürzen. Auch ist nicht jeder deinem Hund wohlgesonnen. Ihr seid keine „Pfotenabstreifer", denn bei Schmuddelwetter ist dem wirklich so.

BEIßHEMMUNG

Deine ganze Familie sieht schon aus, als wäre sie einem Stacheldraht zum Opfer gefallen. Die Möbel, als wäre wären sie von Ratten befallen und die Leine ist kurz vor durch. Die Beißhemmung ist nicht angeboren und sollte bis zur 16. Woche antrainiert werden. Auch das ist ein wichtiger und nicht zu unterschätzender Teil in der Welpen-Erziehung. Von Natur aus dient es ihm zur Verteidigung, denn man weiß ja nie. In freier Wildbahn nagen Wolfswelpen zudem an Knochen und Ästen. Ein Grund dafür kann sein, dass das Zahnfleisch juckt.

Im Rudel selbst werden schon fleißig Abwehr und Kehlbiss geübt. Taucht hier ein verzweifeltes Fiepen auf, lässt der Welpe im Normalfall wieder ab. Meist erschrickt der „Übeltäter" sogleich und das Spiel geht wieder weiter.

Es war nicht wirklich böse gemeint, aber Aua macht es schon. Die kleinen Zähnchen haben es nämlich in sich. Sie sind spitz, scharf und tun höllisch weh. Bitte bei Kleinkindern die Vorsicht walten lassen und niemals unbeaufsichtigt oder gar alleine Kind und Hund sich selbst überlassen. Menschen sind keine Hunde und artikulieren nicht mit deren Laute und Körpersprache. Wird der Welpe im Spiel sehr massiv, sollte dieses einfach kurz unterbrochen werden. Dreht der Vierbeiner nicht mehr so auf und kommt zur Ruhe, den nächsten Versuch starten. Aber niemals sein Beißen und Zwicken gutheißen. Bevor er in die Hände, Füße und Waden beißt, sofort ein Spielzeug anbieten. Wir sind ja keine lebenden Kaustangen.

Kinder bleiben bei solchen Spielen am Anfang außen vor, denn der kleine Engel kann schnell zum Piranha mutieren. Dreht der Welpe jedoch mehr und mehr auf, sollte das Spiel ganz beendet werden. Wenn es sein muss, auch mal kurz anleinen. Jeder Hund weist eine andere Toleranzgrenze auf und somit kann aus einem wilden Spiel eine ernsthafte Rangelei werden. Manche Welpen beißen sich regelrecht durchs Leben, ob aus Frust, Angst oder dem Spieltrieb heraus. Einen Grund gibt es ja immer. Grundsätzlich stets aus jeder Situation gehen, wenn der Welpe meint, er muss den weißen Hai spielen. Sonst lernt er, wenn ich beiße, pfeifen alle nach meiner Pfeife.

DIE BEIẞHEMMUNG IST SEHR WICHTIG!

Hunde müssen lernen, nicht oder nur gehemmt zuzubeißen. Anders bei dem Wort „Fass". Bissverletzungen können üble Spuren hinterlassen. Wird aus dem süßen Hündchen einmal ein Kangal, dann weißt du, was Sache ist. Hier hat der Mensch eindeutig verloren. Also früh übt sich, wer Meister werden will, und du willst ja einen alltagstauglichen und menschenbezogenen Hund. Mit zunehmendem Alter werden die Kiefer immer kräftiger und manche Rassen lassen sodann auch nicht mehr los. Somit heißt es beim Besitzer, Zähne zusammenbeißen und durch. Ab der sechsten Woche beginnt der Zahnwechsel und die spitzen Zähnchen verabschieden sich. Doch bis dahin muss die Beißhemmung gut trainiert sein. Ein Knochen oder Ast stellt für einen Hund keine große Herausforderung dar. Somit lass ihn seine Beißwut nicht ausleben und unterbinde dies vehement.

Sorge für genügend Abwechslungsmöglichkeit, wie z. B. eine Tongawurzel oder das Chewies-Kaffeeholz. Beides aus 100 % Natur pur.

TIPPS UND TRICKS:

- Die Hand, die einen füttert, beißt man nicht. Beißt dein Welpe beim Spielen in die Hände, sofort das Spielen stoppen und mit einem „Aus" quittieren. Hört er auf, sogleich ein Alternativ-Spielzeug anbieten.
- Geht er an Möbel und Gegenstände ran, nimm eine Sprühflasche mit Wasser, ziele auf ihn mit dem Wort „Aus". Da staunt der kleine Kerl erst mal nicht schlecht. Zumal er zu dir auch keine Verbindung herstellen kann. Ja, wer war denn das bloß?
- Beißt sich der Welpe in der Leine fest, wieder das berühmte Wort „Aus" und mal zu einem Leckerli greifen.

WO IST MEIN PLATZ?

Die Hundedecke liegt parat und der Welpe düst beim Einzug gleich mal schnurstracks vorbei Richtung Couch. Echt nicht so einfach mit den kurzen Beinchen, diese zu erklimmen. Doch mit etwas Anlauf ist es geschafft. Im Normalfall würde man nun hingehen und ihn auf seine Hundedecke verweisen, mit dem vorherigen Pfui. So, jetzt hat er ja die Trennung und die lange Autofahrt hinter sich und dann ihn noch von der Couch vertreiben. Niemals! Zudem hat er von dieser Warte aus auch eine bessere Sicht. Der Welpe lernt, was ich einmal darf, darf ich immer, und so ist als Nächstes dann das Schlafzimmer dran. Hunde brauchen wie Menschen Regeln und Rituale und nicht mal Hü und mal Hot. Der Hundekorb oder die Hundedecke ist sein neues und bequemes Schlaflager.

ICH STEHLE NICHT, ICH HOLE ES MIR NUR!

Zunächst einmal gibt es nichts vom Tisch, denn unser Essen ist nicht für den Hundemagen bestimmt. Zu heiß, zu kalt, zu scharf, zu sauer und zu süß. Das richtet mehr Schaden wie Nutzen an. Ebenso bringst du ihm damit bei, sitzen alle bei Tisch, bettle ich mich einmal durch. Sein Futter ist im Napf und nicht auf dem Teller.

Genau hier liegt das Problem. Man glaubt nicht, wie erfinderisch Hunde sind. Plötzlich fehlen die Pausenbrote, das Steak oder er klettert vom Stuhl auf den Tisch. Mahlzeit schon mal und guten Appetit. Zeige ihm, hier ist mein Futter und auch das ist nicht jederzeit zugänglich. Lasse Nass- oder Rohfutter nur kurz stehen. Auch Trockenfutter muss nicht immer zugänglich sein. Er muss sich an seine Essenszeiten halten, wie wir Menschen auch. Frisches kaltes Wasser dagegen ist ein Muss. Füttere ihn auch nicht unterwegs mit einer Leberkäsesemmel, das ist alles andere als artgerecht.

WIE HEIẞE ICH EIGENTLICH?

Gute Frage, denn oftmals haben die Welpen aus der Zucht so hochtrabende Namen wie „Yuma Yuman vom Egelhof". Der Besitzer nennt ihn nur Fritz oder Luna. Demnach muss dein Welpe auf seinen neuen Namen gut hören. Luna und Fritz, dem kann er noch keine Bedeutung beimessen. Bitte rufe nicht ständig diesen Namen, dann verfliegt der Effekt. Ist er aufmerksam, rufe Luna oder Fritz und schau, wie er reagiert. Geh in die Hocke und rufe nochmals seinen Namen. Kommt der Hund angerauscht, ein dickes Lob und tu so, als hättest du im Lotto gewonnen. Kommt er nicht, gehe weg und drehe dich keinesfalls um. Soll das Hundchen mal sehen, wo es bleibt.

Siehst du ihn kommen, rufe zugleich seinen Namen und vergiss das Loben nicht. So konditionierst du ihn Schritt für Schritt auf seinen Namen. Demzufolge ist ab heute sein Name Programm. Bitte vermeide auch Verniedlichungen. Heißt der Hund Fritz, dann nicht gleich Fritziiii. Die Betonung „i" kennt der Wirbelwind ja nicht. Auch am Klang deiner Stimme wird er bald merken, mein Herrchen oder Frauchen ist grade gut gelaunt, oder nicht.

Die größten Fehler in der Welpen-Erziehung

Nicht alles läuft nach Plan und somit versuche diese Fehler von vorneherein zu vermeiden.

ZU VIELE WIEDERHOLUNGEN!

Hunde sind generell nicht schwerhörig und sie mögen auch nicht ununterbrochen dieselbe Laier. Sprichst du zu oft seinen Namen aus, entscheidet er irgendwann selbst, wann er kommt, denn er schaltet dann auf stur oder überhört dich schlicht und ergreifend. Es kommt auf die Stimmlage wie auch Ausdrucksweise an. Rufe nicht gleich öfters seinen Namen, vielleicht führt er den Befehl auch erst verspätet aus. Also abwarten, Tee trinken und deinen Hund wortlos holen und nicht meckern. Lasse ihn und dich zur Ruhe kommen, beginne die Übung neu und rufe zunächst nur einmal seinen Namen. Er weiß schon, wie er heißt.

VERMENSCHLICHUNG!

Es sind Familienmitglieder, der Kinderersatz, der Lebensabschnittspartner und der beste Freund der Welt. So weit, so gut. Dennoch vermenschliche ihn nicht, oder möchtest du wie ein Hund behandelt werden? Hunde nehmen ihre Umwelt anders wahr und können deine nett gemeinte Verhaltensweise auch mal falsch interpretieren. Umarmen kann einengen, ihn im Ehebett schlafen lassen auch einzwängen. Gib ihm den Freiraum, den er braucht, und richte dich nach seinen Bedürfnissen. Ebenso brauchen Hunde keine Kleidchen und Haarspangen. Gerade die kleinen Rassen verleiten dazu. Oder hast du schon mal einen Bernhardiner mit rosa Haarspange gesehen? Komisch, da sieht es wieder lächerlich aus. Bei kleinen Hunden aber auch. Hundemäntel dagegen sind bei bestimmten Rassen wie auch Krankheiten und im Alter ein Muss. Sie schützen den Bewegungsapparat und die Nässe und Kälte kriecht dem Hund nicht in die Knochen.

WENN ER DAS MAL NICHT MIT ABSICHT GEMACHT HAT!

Schauen Hunde schuldbewusst, ist ihnen ihre Schuld nicht bewusst. Sie zeigen ein Vermeideverhalten auf. Es tut ihnen nicht leid, wenn die sündhaft teure Vase zu Bruch gegangen ist. Sie lesen nur deine Körpersprache und reagieren darauf. Sie möchten dich freundlich stimmen, aber sind sich dennoch keiner Schuld bewusst. Das interpretieren wir nur so.

FALSCHE SIGNALE!

Deine Körpersprache wie auch Stimme sind eine Einheit. Hunde kommunizieren hauptsächlich mit Gestik und Mimik. Stampfst du mit dem Bein auf den Boden und wedelst wild mit der Leine und rufst freundlich? Tja, dann wird er eines schon mal sicher nicht tun, kommen. Er kann all deine Signale nicht deuten und bleibt dir lieber fern. Dann wundere dich auch nicht und ärgere dich über dich selbst. Anweisungen sind immer klar und deutlich und der Hund ist im Blickfeld zu halten.

MANGELNDE KONSEQUENZ!

Nur durch Konsequenz bahnt sich eine vernünftige Erziehung an. Heute darf der Welpe dies und morgen wieder nicht. Einmal darf er aufs Bett, ist er nass, lieber nicht. Ausnahmen bestätigen die Regel und so soll es nicht sein. Deine Inkonsequenz bringt ihn zum Verzweifeln. Konsequenz kann liebevoll sein und stellt keine Strafe dar.

GASSI GEHEN REICHT!

Es gibt Menschen, die legen sich einen Hund zu und finden zweimal Gassigehen am Tag reicht aus. Doch wo bleiben die Schnüffelspiele, Suchaktionen und die schönen spannenden Wanderungen? Ein unterforderter Hund stellt Unfug an und kann zur Aggression neigen.

GROBE BEHANDLUNG!

Grobe Menschen können sich bei Hunden zu wahren Beziehungskillern entwickeln. Der Hund hat Angst, Stress und beißt auch mal zu. Hunde lernen nicht mit Druck, Gewalt und Härte, sondern mit Liebe und Vertrauen. Somit schenke ihm positive Erfahrungen und laste ihn stets sinnvoll aus.

Welpe - Fütterung

Sicher wirst du dich wundern, wenn der Welpe dasselbe Futter bekommt und Durchfall hat. Das Hundebaby ist gerade mit einer Menge Stresshormonen belastet. Leider kann zu viel Stress auch zu Verdauungsstörungen wie auch Infektionen führen. Der Umzug ins neue Zuhause stellt eine große psychische Belastung dar. Daher bitte nie das Futter wechseln. Der Züchter hat Erfahrung und weiß, was für die kleinen Racker gut ist.

Im Junghundalter kannst du einen Wechsel vornehmen. Aber bitte nicht von jetzt auf gleich. Gib deinem Welpen anfangs etwas weniger in der Eingewöhnungszeit und erhöhe dann die Mengc. Hat ein Welpe drei Tage lang Durchfall, ab zum Tierarzt. Das kann lebensbedrohlich werden, da er viel an Flüssigkeit verliert. Verabreiche ihm vorsorgend Elektrolyte, von diesen kannst du dir einen Vorrat beim Tierarzt besorgen. Verwende keine Präparate aus der Hausapotheke und wenn, dann nur Kohletabletten oder Heilerde. Nux Vomica wirkt in der Regel gut. Trotzdem, ein Tierarztbesuch bringt Klärung und hilft dem Welpen, schnell wieder auf die Beine zu kommen. Bedenke auch, ihr Immunsystem ist bei weitem noch nicht ausgereift.

Welpen benötigen drei- bis viermal Futter am Tag. Bei einem Junghund reicht zweimal täglich aus. Einmal am Tag belastet den Organismus und die Gefahr einer Magendrehung steigt. Was auch bedeutet, nach dem Fressen und Trinken sollte der Hund gute zwei Stunden ruhen. Ist das Futter gut 30 Minuten im Napf, wird es wieder wegstellt und später erneut angeboten. Die Futterquelle sollte nämlich nicht selbstverständlich erreichbar sein. Auch hier gibt es schlechte wie auch gute Futterverwerter, wie bei Menschen auch. Eine hohe Energiezufuhr kann zu schweren Skelettschäden in der Wachstumsphase führen. Somit ist die Zusammensetzung das A und 0. Züchter wie auch Tierärzte wissen da am besten Bescheid. Phosphor und auch Kalzium sind demnach ein Muss. Die Ernährungsphilosophie ist ein undurchdringbarer Dschungel, somit lasse dich nicht von Hochglanzverpackungen blenden.

Hunde sollen nicht schnell in die Höhe schießen, sondern langsam und beständig wachsen. Somit braucht es einen guten Nährstoffkomplex. Kleine Rassen haben eine Wachstumsphase von gut einem Jahr. Große Rassen haben mehr als zwei Jahre Wachstumszeit. Du erkennst sehr schnell, ob dein Hund rundum gesund ist. Spielt und tobt er gerne, hat er Freude an Bewegung? Ist sein Fell glänzend und sein Zahnfleisch schön rosarot? Und sind seine Augen klar und steht er gut im Futter, dann ist er wohl gesund.

Welpe – Fellpflege und Schlafen

Natürlich soll dein Welpe durch seine Schönheit glänzen. Dabei ist die Fellpflege im Allgemeinen ein Muss. Sie verhindert Hautkrankheiten, Verfilzungen und stellt zugleich eine Bindung zum Besitzer her. Ebenso können sich im Fell Flöhe wie auch Milben und Zecken einnisten. Pflege ist deswegen äußerst wichtig. Dafür bieten sich folgende Kämme wie auch Bürsten an:

- Flohkamm
- Fellkamm
- Unterwollbürste
- Entfilzungsharke
- Furminator
- Fellschere
- Schermaschine
- Shampoo und Fellpflegeprodukte

Wirf immer ein Auge auf die Fellpflege, sie verhindert nachstehende Beschwerden wie auch Krankheiten.

- Das Fell juckt, wird schuppig und verknotet sich.
- Es kommt zu einem Parasitenbefall.
- Bakterielle Hautentzündungen entstehen.
- Verfilzungen sind an der Tagesordnung.
- Der Hund fängt zu riechen an.
- Pilzinfektionen entwickeln sich.
- Das Immunsystem wird geschwächt.
- Der Hund wird krankheitsanfällig.
- Flöhe, Milben, Läuse und Zecken nisten sich ein.
- Es findet keine Belüftung mehr im Fell statt.
- Räude entsteht.

Nur mit einer entsprechenden Fellpflege fühlt sich dein Hund rundum pudelwohl.

WELPE – SCHLAFEN

Schlaf, Kindlein, schlaf. Genau das benötigen die kleinen Fellnasen auch. Kleine Trainingseinheiten und keine großen Spaziergänge. Der Rest ist seine Traumwelt. Suche dafür einen kuscheligen, ruhigen Schlafplatz in deinem Zuhause aus. Kein Durchgangszimmer und auch ohne Durchzug und kaltem Boden.

Das Welpen-Training

Das eigentliche Training ist nicht nur Sitz, Platz und Fuß, es beinhaltet viel mehr. Die Vertrauensbasis, das Gemeinsame und der Spaß stehen im Vordergrund und der Chef dabei bist du und nicht dein Welpe. Sie wickeln einen schnell um den Finger, doch Erziehung muss sein. Das bietet wiederum einen Mehrwert an Sicherheit. Also bleib stark und halte durch. Dein Welpe muss bereit sein und Übungen nachvollziehen können. Somit ran an den Start, es ist noch kein Meister vom Himmel gefallen. Bedenke auch, ab der zwölften Woche bauen Welpen eine feste Bindung zu ihrem Menschen auf. Und der bist du! Demzufolge bist du sein „Leitwolf", der ihm liebevoll den Weg aufzeigt.

VERHALTEN VERSTEHEN

Menschen, die nicht dieselbe Sprache sprechen, verwenden ihre Mimik wie auch Körpersprache. Messe dabei auch nicht ein hundliches Verhalten mit dem eines Menschen. Um zu versehen, muss man auch verstanden werden. Hunde haben viel Zeit, ihre Menschen zu lesen, wir Menschen übersehen diesen Vorzug meist. Wichtig ist, seine Körpersprache und Ausdrucksweise nachzuvollziehen und begreifen zu können.

Ein Beispiel:
Der Welpe steht auf einer Wiese und du möchtest ihm eine Übung beibringen und gehst gleich mal in Position. Doof ist nur, dass gerade ein Hund von weitem kommt. Die Aufmerksamkeit richtet sich wohl oder übel nicht auf dich. Nun versuchst du zwanghaft mit all deinem Charme, seinem Ball und den mitgebrachten Leckerlis die Situation noch zu retten. In solchen Situationen gleich vorher abbrechen, sonst wirst du unglaubwürdig für ihn. In diesem Alter macht es wenig Sinn, eine Übung einzufordern, später schon. Auf seinem Plan stehen jetzt noch Spaß und Spiel.

Du wirst somit relativ schnell merken, ob die Aufmerksamkeit ungeteilt ist oder nicht. Meist ist der Vierbeiner schon auf deinen Ball oder den nächsten Übungsschritt fixiert. Kannst du deinen Hund nicht lesen, kannst du ihn auch nicht verstehen.

KÖRPERSPRACHE – HUND IN STICHPUNKTEN:

Aufforderung zum Spiel:
- schwenkende Bewegungen
- wedelt mit der nach der Seite gerichteten Rute

- Auffoderungsbellen
- das Hinterteil wird in die Höhe gereckt, das Vorderteil gesenkt
- die Augen werden gerollt

Angst und Unsicherheit:

- Blickkontakt wird vermieden
- er macht sich starr
- der Welpe entfernt sich von dem Gefahrenpunkt
- gesenkter Kopf
- ängstlicher Gesichtsausdruck
- vergrößerte Pupillen
- Beine leicht eingeknickt
- Rute zwischen die Hinterbeine geklemmt
- schreiende wie auch winselnde Laute
- Hecheln und Zittern
- liegt zur Unterwerfung auf dem Rücken
- geduckte Körperhaltung
- kratzt sich, leckt sich das Maul und gähnt
- unkontrollierter Urin- wie auch Kotabsatz

Aggression/Dominanz:

- anrempeln
- aufreiten (kann auch sexuell sein, bei einer läufigen Hündin)
- Imponierverhalten
- macht sich steif
- fixiert
- häufiges Markieren

Viele Merkmale, die bei der Hundeerziehung mit einfließen und auch beachtet werden sollen.

ALLEIN DAHEIM

Es bricht einem das Herz, die Nachbarschaft läuft Amok und das Hundchen ist ganz außer Rand und Band. Niemand sollte sich einen Welpen anschaffen und tags darauf in die Arbeit gehen. Dabei gehst du schrittweise vor. Der Welpe hat schon eine schwere Trennung hinter sich. Die von Mama und die tut jetzt noch weh. Oft träumt er noch von ihr und seinen lieben Geschwistern. Nun bist du als Besitzer gefragt. Auch hier gilt es, es gibt Welpen, die lassen sich nicht sonderlich beeindrucken und andere sind das geborene Mamakind. Somit die obligatorischen Rituale. Müll, Keller, Briefkasten. Alles kurze und knappe Ausflüge und du kannst einschätzen, wie der Kleine reagiert.

Jault er und kratzt an der Tür, gehe zurück und sage laut und deutlich „Nein" und gehe gleich wieder raus. Jault er wieder, dann verrichte eine kurze Tätigkeit. Kommst du zurück und er winselt, fiept und jault und springt dich an, ignoriere ihn oder schicke ihn auf seine Hundedecke. Wiederhole die Übungen mehrmals am Tag, aber nicht hundertmal hintereinander. Ist er brav und legt sich ab und du kommst und er ist still, dann ist aber ein dickes Lob fällig. Und bitte, wenn du gehst, dann gehst du. Kein „Ich gehe jetzt zum Bäcker und in die Reinigung. Nein, einfach ein Herrli oder Frauli geht. Dann weiß er nach und nach Bescheid." Einige Erstbesitzer bleiben beim Rausgehen außen an der Eingangstür stehen, um zu hören, ob er noch atmet. Er weiß, dass du da stehst, er kann dich riechen. Er soll nur die Schritte hören und du kommst ja wieder.

Es gibt auch Hunde, die jaulen nicht aus Kummer und Schmerz, sie finden es einfach unverschämt, nicht mitkommen zu dürfen, denn sie unterliegen einem sehr strengen Kontrollzwang. Das fällt auf, wenn der Besitzer aufsteht und der Hund gleich mitkommen will. Geht er in die Küche, der Hund wacht davor. Will er jemanden begrüßen, geht der Hund erstmal dazwischen. Bitte, lass dich nicht von deinem Hund gängeln. Er könnte mal zum Tyrann mutieren.

WELPEN-SPIELSTUNDE

Einige Hundeschulen bieten Welpenspielstunden an. Da solltest du gleich mal zugreifen. Hier findet sich alles, was Rang und Namen hat, und jede Rasse dazu. Dein Welpe lernt somit sich durchzusetzen wie auch zu unterwerfen.

Ebenso findet ein Spielen und Kräftemessen statt. Man lernt Gleichgesinnte kennen und kann sich sinnvoll austauschen. Tipps und Tricks von Hundetrainern gibt es dazu. Merke dir bitte eines, Welpen haben keinen Welpenschutz. Das ist nur auf ihr eigenes Rudel bezogen. Somit muss auch nicht jeder erwachsene Hund welpenfreundlich sein. Das kann eine lebenslange schlechte Erfahrung darstellen und auch mal ins Auge gehen. Deswegen sind die Spielstunden mit „Freunden" so perfekt. In einem eingezäunten Terrain und mit Gleichaltrigen spielen, bis einen der Schlaf übermannt. So sieht dann ein richtig zufriedener und glücklicher Welpe aus.

GEHORSAM LERNEN

Ein Welpe kann sich maximal zehn Minuten konzentrieren, dann ist aber Schluss. Alles was danach folgt, nimmt er nicht mehr auf. Der Welpe ist keineswegs bockig, sondern heillos überfordert. Er zeigt das Verhalten durch Gähnen, Ablegen und Winseln. Also lass es für heute auch gut sein, zwei Übungseinheiten am Tag reichen völlig aus, morgens und abends oder einmal am Tag. Ein Gehorsam wird durch Übungen gelernt und nicht nur ein strenges Konzept. Immerhin solltet ihr beide Spaß an der Freude haben. Lernen ist kein Zwang, sondern stellt ein positives Erlebnis dar. Mit gut sechs Monaten kannst du die Übungen dann auf 30 Minuten ausweiten.

AUFFORDERUNG „HIER"

„Hier" wird in Verbindung mit seinem Namen gerufen. Also Fritz oder Luna hier und auch gleich in die Hocke gehen. Warum? Dann siehst du um einiges kleiner aus und bist für ihn weiter weg. Dann mit einem dicken Lob bestätigen. Wiederhole täglich, denn von einmal alleine merkt sich das Hundekind diese Übung sicher nicht.

Handzeichen: Auf den Schenkel klopfen (nicht zu feste, das gibt wiederum geplatzte Äderchen).
Sitz: Stell dich über deinen Hund aufrecht hin und bewege deine Hand über seinen Kopf. Klappt es nicht, nimm ein Leckerli zur Hand. Durch das Aufschauen macht er automatisch Sitz. Als Lob erhält er sogleich seine Belohnung dafür.

Handzeichen: Erhobener Zeigefinger
Platz: Die Ausgangsposition ist anfangs das Sitz, dann bücke dich zu ihm runter und lege das Leckerli auf den Boden. Dabei begibt er sich gleich in die Position Platz. Wird er älter, reicht deine Aufforderung ohne das Leckerli aus. Konditioniere ihn mehr auf die Übung als das Leckerli in der Hand oder versuche es gänzlich ohne. Wird er zu sehr darauf fixiert, zeigt er dir die Mittelkralle, wenn du einmal ohne antrittst.

Handzeichen: Die Handfläche dabei nach unten führen.
Bleib: Könnte bei „Mamakindern" schwierig werden. Gehe demnach wie folgt vor. Ein artiges Sitz und gehe nicht weg, als hättest du einen wichtigen Termin. Gehe langsam rückwärts und sag einmal „Bleib". Klar, jetzt steigt die Panik auf und er dackelt brav hinterher. Immerhin entfernt sich seine Futterquelle wie auch Bezugsperson von ihm. Gehe wieder zurück mit ihm an seinen Platz, „Bleib" und das Ganze wieder von vorne. Ein paar Schritte reichen völlig aus. Dann heißt es „Komm" oder „Zu mir". Aber bitte, funktioniert es nicht, lass ihn im Sitz, belohne den Welpen und breche ab. Jede Übung sollte daher immer mit einer positiven Übung beendet werden.

Handzeichen: Die innere Handfläche nach oben zum Hund gezeigt.
Aus: „Aus" kann in vielen Bereichen genutzt werden. Ob der Ball, das Spielzeug oder auch das fremde Hosenbein. Hierbei ist der Ton etwas schärfer.

Pfui: Wer einen Garten hat, kann ein Lied davon singen. Welpen sind wahre Müllsammler und schleppen alles mit heim. Kaputte Bälle, gut, vorher waren sie noch ganz, Tempos, Stöckchen, Plastikflaschen, eben alles was so in der Welt rumliegt. Und da wir in einer Wegwerfgesellschaft leben, tut sich ein wahres Paradies für den kleinen Racker auf. Ein energisches Pfui und das von Anfang an, denn es ist eine sehr gute Lebensversicherung bei Giftködern, und daran ist in der heutigen Zeit auch immer zu denken. Arbeite unbedingt mit von dir ausgelegten Ködern und gehe ganz bewusst daran vorbei. Hier musst du auch mit einer Belohnung arbeiten, denn so umsonst geht der Welpe nicht an den Leckereien vorbei. Lobe ihn für dieses Verhalten und bedenke, es kann dauern, bis er diesen Prozess verinnerlicht hat. Es gibt wählerische Rassen, aber auch den Labrador, eine wandelnde Biomülltonne auf vier Pfoten. Trainiere täglich, so schützt du auch sein Leben.

Bei Fuß:
Erstmal muss dein Hund tadellos an der Leine gehen. Bei Fuß wird auch anfangs so geübt. Die Leine ist niemals ein Folterinstrument, sondern eine Kommunikationsstrippe. Sie verbindet euch und gibt Richtungshinweise. Auch wird sie keineswegs zum Bestrafen benutzt. Sie ist im Prinzip dein verlängerter Arm. Nehme nun ein Leckerli oder sein Lieblingsspielzeug und halte es nah an deinen Oberschenkel ran, so dass er es sieht und nicht hin kann. Er schaut auf und geht automatisch bei Fuß. Diese Übung muss mit einer lockeren und nicht gespannten Leine vollzogen werden. So kannst du nach und nach auch den Richtungswechsel üben.

Klare Anforderungen und eindeutige Signale

Versetzte dich bitte mal in deinen Hund. Du fuchtelst wild herum und dein Welpe soll inklusive Stimmengewirr von weitem den Hieroglyphendeuter spielen? Jagst du Mücken, machst du Kickboxen oder was? Von weitem kann er aber dein Mienenspiel sehr gut deuten und das verheißt nichts Gutes. Demzufolge machen komplizierte Sätze wenig Sinn und eine einfache Handbewegung weist klare Signale auf. Sätze wie, Fritz oder Luna, brav vor dem Laden warten. Ich hole nur ein paar Dinkelsemmeln und die Schlange ist lang. Das ist nicht notwendig, ein Bleib reicht auch schon aus.

Definiere dich daher immer klar und deutlich und arbeite auch du mit deiner Körpersprache. Du drehst dich mit deinem Körper weg und schaust nur mit dem Kopf zu ihm. Wie soll er denn so wissen, was Sache ist? Arbeite immer mit dem vollen Körpereinsatz und nimm deine Stimme dazu. So weiß der Welpe, was du meinst, und tappt nicht im Dunklen herum. Übungen und Anweisungen müssen immer eindeutig sein, ansonsten liegt der Fehler bei dir. Gedankenlesen kann das Hundchen leider nicht. Arbeite auch entspannt und nicht unter Anspannung. Bist du nicht voll und ganz beim Thema, dann übe auch nicht mit ihm, da du ihn sonst nur verwirrst.

LERNMOTIVATION DURCH LOB UND LECKERLI?

Leckerlis sind eine Gratwanderung an sich. Zum einen sehr hilfreich, zum anderen machen sie dich von deinem Hund abhängig. Zur Not und bei bestimmten Übungen können sie sehr hilfreich sein, dennoch sollten sie niemals die Regel darstellen. Ein Lob wie Streicheln oder sein Lieblingsspielzeug tun es auch. Diensthundeführer schleppen auch nicht tonnenwese Hundegutti mit sich rum, die Belohnung stellt sein Spielzeug dar. Denn hätte er mal keines der leckeren Hundeguttis dabei, könnte dies zu einer Arbeitsverweigerung führen. So nach dem Motto „Such selbst Täter, ich bin leider futtermäßig unterversorgt und quittiere den Dienst“. Genau das ist nicht Sinn und Zweck der Sache. Somit kannst du ihn von Anfang auf sein Lieblingsspielzeug und deine Streicheleinheiten konditionieren.

SOZIALISIERUNG:

In der Sozialisierungsphase macht es der Mix an guten Eigenschaften aus, sie ist sozusagen das Salz in der Suppe. Der Welpe muss alles in und um sein Umfeld kennenlernen. Schreiende Babys, Rollstuhlfahrer, Autos, fremde Menschen, laute Geräusche und vieles mehr. Auch ein Urlaub auf dem Bauernhof ist gleich mal nicht schlecht, so lernt er Tiere und neue Orte kennen. Aber auch im Haushalt stellen eine Waschmaschine, der Geschirrspüler und der Staubsauger eine Herausforderung dar.

Achte auf sein Wesen und Temperament und überfordere ihn nicht. Er soll die Sachen gutheißen und nicht in Panik verfallen, denn du weißt ja, er merkt sich alles ein Leben lang. Arbeite mit einem Regenschirm, dem Geräusch der Kaffeemaschine und bringe ihm bei, dass dies alles keine Bedrohung darstellt. Er wird sich nach deiner Stimmung und Ausstrahlung orientieren, also weg mit jeglicher Hektik und Aufregung. Biete ihm jederzeit Rückzugmöglichkeiten an, er hat das Recht, sich zu verkriechen, wenn ihm etwas zu viel wird.

Üben, üben und nochmal üben

Viele Tipps bezieht man aus Ratgebern von anderen Hundebesitzern, aus dem Internet und von guten Freunden. Nicht jeder Welpe ist gleich schnell in den Entwicklungsphasen, überfordere ihn also nicht. Üben muss dennoch sein und am Anfang mehr denn je. Nur muss er nicht zum Zirkushund mutieren, er soll die Regel des Alltags kennenlernen, mehr nicht. Arbeite stets auf positiver Basis mit ihm und motiviere ihn. Routine ist dabei ein wahrlicher Pluspunkt, so prägt sich alles gut im Welpengedächtnis ein. Welpen müssen nicht nur die Grundregeln, sondern auch die Alltagsregeln beherrschen und wie immer braucht es eine große Portion an Kuscheleinheiten.

Wann und was muss ein Welpe können?

Da du und dein Hund ja beide Anfänger seid, übe mit einem **5-Wochen-plan**. So hast du einen roten Faden und guten Erfolg.

ERSTE WOCHE –

Stubenreinheit, auf den Namen hören und Beginn der Leinenführigkeit.

ZWEITE WOCHE –

Leinenführigkeit vertiefen, das Wort „Komm“ und „Hier“ üben. Lass ihn einige Minuten alleine und alles immer mit Ruhe und Geduld.

DRITTE WOCHE –

Sitzen die obenstehenden Übungen, dann wieder vertiefen und mit „Bleib“ fortfahren.

VIERTE WOCHE –

Ganz nebenbei sollte er „Aus, „Pfui“ und „Nein“ so langsam aber sicher akzeptieren.

FÜNFTE WOCHE –

„Fuß“ ist zwar noch nicht Pflicht, aber fange langsam damit an.

Welche Spiele sind hundegerecht?

Welpen spielen für ihr Leben gerne und beziehen den Menschen voll und ganz mit ein. Viele verwenden einen Ball und genau darin liegt das Problem. Ab und an und hin und wieder ja, aber manche Hunde mutieren zu wahren Balljunkies und der Mensch unterstützt das durch seine Bequemlichkeit. Der Hund wird schnell ausgepowert und ist müde dazu. Dennoch geht es um den abrupten Stopp, der zu einer Gelenküberbelastung führt. Der Hund läuft schnell und stoppt wiederum im Lauf. Grundsätzlich sollte der Ball nicht das Mittel der Wahl sein, aber für ab und zu ein abwechslungsreicher Spaß. Ebenso die Frisbee-Scheiben, mit denen sich der Hund in der Luft dreht und wendet.

Optimal sind Such- und Versteckspiele und ab einem guten Jahr das Laufen neben dem Rad. Aber nicht bei Hitze und eisiger Kälte und im adäquaten Tempo. Ebenso sollten die Strecken gut und hundegerecht definiert sein, an der Straße macht das zum Beispiel wenig Sinn. Am liebsten spielen Hunde mit ihren Artgenossen und das nach Lust und Laune. Als Mensch kannst du ihm Hundesport wie Agility oder Opedience anbieten. Einige Besitzer bilden ihre Hunde auch zu Such- und Rettungshunden aus, oder lassen ihn jagdlich weiterbilden. Die Fährtensuche ist dabei ein Highlight, denn die Nase des Hundes ist mit mehr als 125 Millionen Riechzellen bestückt. Dennoch ist der Start bei jedem Welpen gleich, er muss erst einmal die Grundkommandos lernen und in den Alltag integriert sein.

Was fressen Hunde?

Hunde sind prinzipiell Karnivoren und somit Fleischfresser. Teilweise mutieren sie auch zu Omnivoren, Allesfressern. Sie stammen vom Wolf ab und diese sind sogenannte Selbstversorger. Wölfe fressen nicht nur Fleisch, sondern auch Innereien und somit den Mageninhalt der Beutetiere.

Demzufolge nehmen sie Gräser, Wurzeln, Enzyme und Nährstoffe auf. Heute machen wir es uns relativ einfach und bieten Industriefutter an. Dieses wird in Dosen, Gläsern wie auch als Trockenfutter angeboten. Bei diesem Thema scheiden sich die Geister, denn die Hochglanzverpackungen versprechen mehr, als der Inhalt aufweist. Andere wiederum haben das Kochen für sich entdeckt und ganz andere, die füttern ihren Hund artgerecht. Sie barfen, die biologisch artgerechte Rohfütterung. Hier erhält der Hund frisches Fleisch, Knochen sowie Pansen. Dazu püriertes Gemüse, Obst und einige Zusatzstoffe. Dies scheint die gesündeste Art der Ernährung für Hunde zu sein, da sie so deutlich weniger Krankheiten und Zahnstein aufweisen. Aber wie schon erwähnt, diese Entscheidung liegt beim Besitzer.

Die gesunde Entwicklung steht im Vordergrund, daher muss ein Welpenfutter auch die Voraussetzungen erfüllen. Es ist der Grundstein für die Hundegesundheit und ein langes Leben. Anfangs steht die Muttermilch auf dem Plan, doch was dann? Die Züchter sorgen meist vor, und wenn nicht, die Welt der Hundenahrung ist groß und meist auch sehr unübersichtlich, dabei darf der Welpe auch nicht überfüttert werden. Jedes Gramm zu viel schadet der Knochengesundheit und nicht nur dieser.

Es kann schnell zu Bauchschmerzen sowie Blähungen kommen und letztendlich zu Durchfall führen. Sorge für ein ausgewogenes Futter mit reichlich Eiweiß, Mineralstoffen und Energie. Gewöhne den Welpen langsam daran, wenn eine Futterumstellung erfolgt. Feuchtes Futter ist besser als Trockenfutter, da es verdauungsfreundlicher ist. Und bitte das Futter niemals aus dem Kühlschrank entnehmen und direkt füttern, das bringt ganz schlimme Bauchschmerzen mit sich. Verabreiche das Futter auch nach den jeweiligen Lebensphasen. Fütterst du immer energiereiches Futter, was zu Anfang auch sehr sinnvoll ist, schleicht sich im späteren Leben die Ellbogen-Dysplasie (ED) wie auch die Hüftgelenk-Dysplasie ein, auch HD genannt. Diesen Krankheiten liegt ein zu schnelles Wachstum zu Grunde. Hilfreich sind bei diesem Thema der Züchter wie auch der Tierarzt, mit deren fachkundiger Beratung kannst du viele Fehler vermeiden und dem Tier viel Leid ersparen.

Rasse ist nicht gleich Rasse

Die Auswahl ist groß, bei weit über 800 Rassen und deren Unterarten. Lass dich nicht nur vom Äußeren blenden. Ein Windhund ist schön und elegant, nur kannst du ihm seine „Freiheiten“ bieten? Für Anfänger sind genügsame Rassen bestens geeignet. Das Paradebeispiel bietet dabei der Elo, ein Gesellschaftshund mit Familiensinn. Er fordert nicht wie ein Schäferhund und hat nicht die Schärfe des Rottweilers. Prinzipiell teilen sich alle Rassen in folgende Gruppen auf: die

- Gebrauchshunde
- Gesellschaftshunde
- Jagd- und Vorstehhunde
- Wach- und Schutzhunde
- Hütehunde
- Kampfhunde
- Windhunde

Suche den Hund nach deinem Umfeld und auch deinem Temperament aus. Immerhin wollt ihr gemeinsam durchs Leben gehen. Es gibt Rassen, die fordern, und andere sind eher genügsam. Aber auch innerhalb einer Rasse selbst gibt es Unterschiede, was von den züchterischen Vorstellungen abhängt. Dabei werden etliche Merkmale mehr und andere wieder weniger in der Zucht veranlagt. Informiere dich vorher bei Zuchtvereinen, Hundeschulen wie auch Hundetrainern und im Tierheim. Kaufe niemals einen Hund, den du dir nicht vorher anschauen konntest. Meist sind die Verkäufer Welpenvermehrer und dubiose Gestalten. Die Rechnung geht auf Kosten der Tiere, welche oft unsagbarem Leid ausgesetzt waren.

Beschäftige dich lange vor der Anschaffung mit dem Thema „Hund“ und suche für dich die geeignete Rasse aus. So findest Du deinen Traumhund, der sich nicht zum Alptraum entwickelt.

Hilfsmittel in der Welpen-Erziehung sind erlaubt

Es gibt viele Hilfsmittel, von denen nicht alle ihren Sinn und Zweck erfüllen, aber einige von ihnen schon. Genau die zeigen sich in ihrer Vielfalt und Präsenz und das mit bestem Erfolg. Baue mit diesen Hilfsmitteln mehr Bindung auf und du weißt, nur deine Gesetze und Regeln gelten. Übe somit die Verlässlichkeit und Konsequenz.

DIE STIMME

Manchmal unser wichtigstes Organ und ein effektiver Helfer dazu. Außerdem kostet dich deine Stimme im Training keinen Cent. Dennoch muss sie mit deinem Körper schlüssig sein. Säuselst du, aber dein Körper signalisiert Stopp, dann gerät dein Welpe in einen Konflikt. Demzufolge entscheidet er für sich und das auch demonstrativ.

ACHTE AUF FOLGENDE MERKMALE:

- eine tiefe und harsche Stimme wirkt bedrohlich
- lieblicher klingt eine höhere Stimme, sie ist Musik für die Hundeohren
- die Aufmerksamkeit wird erhöht, desto leiser man spricht
- wer laut brüllt, wird schnell unglaubwürdig

Schlage daher sanfte und nette Töne an und arbeite nicht mit Gebrüll. Wenn du ihn mal tadelst, kann der Ton kurz schärfer sein.

Der Vorteil: Deine Stimme ist für ihn unverwechselbar. Er erkennt sie am Klang, Ton und an der Klangfarbe.

Der Nachteil: Die Emotionen sind in der Stimme für einen Hund spürbar und genau die verunsichern ihn. Bewahre deshalb immer die Kontenance.

DIE KÖRPERSPRACHE

Deine Körpersprache sagt mehr aus, als du denkst. So kannst du dich ohne Worte optimal ausdrücken und musst nicht laut werden. Dein Hund versteht deine Mimik und Gestik, so könnt ihr ein gemeinsames Fundament aufbauen.

- wenige und gezielte Bewegungen machen für den Hund Sinn
- entspannte Körperhaltung und Mimik
- einstimmiger Körperausdruck
- dominanter Gang wirkt abweisend und macht Angst

- Körperhaltung unter Kontrolle halten, das wirkt souverän
- daran denken, Hunde können Menschen sehr gut lesen, ihnen entgeht nichts, auch keine Unsicherheiten

Vorteil: Die Körpersprache ist bereits aus der Entfernung für den Hund sehr gut erkennbar. Daher immer klare und deutliche Signale geben und kein wirres Durcheinander vermitteln.

Nachteil: Man muss sich gut in der Körpersprache ausdrücken können, sonst kommt es zu Missverständnissen. Ein wildes Herumfuchteln wirkt eher unproduktiv und der Hund kann den wahren Sinn nicht deuten.

DER CLICKER

Ein kleines Knackinstrument, das sehr hilfreich und neutral ist. Es lässt sich mit einem Finger bedienen und ist einfach und schnell griffbereit. Ohne Worte und Gesten kann der Hund darauf trainiert werden. Gerade für Welpen ideal, da sie auf den Clicker von Anfang an reagieren können. Man kann den Hund darauf konditionieren, dass das Klicken Lob bedeutet. Er weiß, dass er alles richtig gemacht hat, und du musst ihn nicht streicheln oder mit Leckerli vollstopfen.

Viele denken, Hunde arbeiten nur nach dem Belohnungssystem. Das ist zum Teil auch richtig, doch schau dir die Hütehunde beim Treiben von Schafen an. Sie werden mit wenigen Hilfestellungen angewiesen und die Hunde arbeiten mit Freude und Begeisterung. Es wurde sicher noch kein Schäfer auf der Welt gesehen, der mit dem Futterbeutel die Hunde verfolgt, um sie zu loben. Somit sind Leckerlis in einigen Bereichen ein guter Start, aber nicht ein ganzes Hundeleben lang. Auch wenn wir es als nicht nett ansehen, Hunde denken nicht wie Menschen, das musst du dir immer vor Augen halten.

Mit einem Finger kannst du mit dem Clicker mehr erreichen, als du denkst. Der Vorteil: ein Hund kann in deiner Körperhaltung wie auch Stimme nichts mehr lesen, denn du benutzt sie ja nicht. Somit ist er voll konzentriert und achtet auf jedes Klicken mit Bedacht. Damit wurden Hunde schon zu Höchstleistungen angespornt. Aber bitte nicht übertreiben und nur klicken, wenn es auch Sinn macht. Der Clicker muss von Mensch wie Hund erstmal verstanden werden und das kann gut eine Woche andauern. Bestätige ein Lob durch das Klicken, so weiß er, dass er alles perfekt und richtig gemacht hat. Der Clicker kostet nicht die Welt und ist ein ideales Hilfsmittel und ein Anreiz für mehr.

Vorteil: Ein neutrales Hilfsmittel zum Loben und um Handlungen aufzuzeigen.

Nachteil: Klicken mehr Menschen auf der Hundewiese, verwirrt es und der Hund kann das Klicken nicht mehr zuordnen.

CLICKER-TRAINING

Ohne Worte und durch eine Art „Fremdsprache" versteht der Welpe die Signale nach und nach genau. Dafür braucht es viele Trainingseinheiten und positive Erlebnisse. Biologisch gesehen sinnvoll und ursprünglich für Delfine entwickelt. Ein Verständigungsprinzip, welches immer gleichbleibend und ohne Emotionen abläuft. Es hilft bei Ungehorsam, Problemverhalten wie auch bei der Grunderziehung. Ferner macht es Spaß und es motiviert. Nachfolgend wird dir kurz aufgezeigt, wie ein Clicker-Training funktioniert.

DIE FUNKTION –

Erstmal muss der Welpe auf den Clicker konditioniert werden. Also ein Klick und darauffolgend eine Belohnung. So kann er das Geräusch verbinden und assoziieren.

SCHRITT 1 -

Kleine hochwertige Leckerchen verwenden. Wenn du klickst und er dich anschaut, dann bekommt er was Feines.

SCHRITT 2 -

Nun wiederholen, bis er das System so langsam verinnerlicht.

SCHRITT 3 -

Der Welpe sieht weg, du klickst und er sieht dich an. Genau in diesem Moment gibst du ihm ein Leckerli. Diese sind nur für den Anfang gedacht und werden später durch das Klicken als Belohnung ersetzt. Aber jetzt muss er erstmal eine Verknüpfung hergestellt werden.

SCHRITT 4 -

Nun kannst du ihn auf bestimmte Sachen konditionieren, denn der Welpe hat den Sinn des Clickers schon mal verstanden.

DER ANFANG IST EINFACH

Fange doch gleich mal mit „Sitz" an. Sagst du dem Hund Sitz und er macht dies, erfolgt als Bestätigung der Klick. Bei „Komm" kann ein Klicken auch schon erfolgen, wenn der Hund zu dir schaut und in deine Richtung geht. Dann weiß er, ich bin auf dem richtigen Weg. Somit kannst du ihn auch auf „Hier", „Bleib" usw. konditionieren. So weiß er, der Clicker ist die Bestätigung, ich bin einfach toll.

Achte beim Üben auf eine reizarme Umgebung, oder trainiere zuhause. Zudem sollte der Welpe nicht gezwungen werden, sondern das Clicker-Training freiwillig absolvieren. Nur so macht es auch wirklich Spaß. Kleine Einheiten am Tag reichen völlig aus und klicke nicht sinnlos herum, das verunsichert nur. Mit dem Klicken möchtest du dich doch vermitteln. Daher sollte die Clickerrate auch recht hoch sein. Machst du eine Übung fünf Mal, so sollte dein Welpe auch drei bis vier Mal einen Erfolg haben und nicht umgekehrt. Das Training soll motivieren und nicht demotivieren.

AUFBAU EINES SIGNALES

Nehmen wir als Beispiel das Umrunden eines Gegenstandes:

- Stelle einen Gegenstand wie eine Schachtel oder Kübel auf eine freie Fläche.
- Der Welpe sieht den Gegenstand und klick.
- Er bewegt sich darauf zu und klick.
- Der Welpe beginnt um den Gegenstand zu gehen und klick.
- Nun kannst du mit dem Wort „Herum" arbeiten, führe deine Hand einmal um den Gegenstand herum, wenn nötig mit einem Hundegutti, und wenn es funktioniert, gleich ein Klick hinterher.

MUSS MAN EIN LECKERLI BEI DEM CLICKER-TRAINING GEBEN?

Anfangs würde es in jedem Fall die Motivation steigern. Später ist das „Klick" die Belohnung und der Erfolg für eine gute Leistung. Die Leckerlis müssen mit Bedacht eingesetzt werden, da der Hund sonst das Klicken mit Leckerli in Verbindung setzt. Gib ihm doch nach Abschluss einer erfolgreichen Trainingseinheit einen Kauknochen oder Ähnliches.

DAS CLICKER-TRAINING IN 10 SCHRITTEN:

- Welche Übung möchte ich machen?
- Die Übung in kleine Schritte unterteilen.
- In einer reizarmen Umgebung beginnen.
- Einzelne Schritte ausarbeiten und definieren.
- Langsam und mit Bedacht vorgehen und nichts übereilen.
- Nur bei zuverlässigem Arbeiten klicken.
- Ablenkungen langsam steigern.

- Wiederholen und einprägen.
- Variables Belohnungssystem einsetzen.
- Nicht zu lange klickern, sonst entsteht eher ein Desinteresse.

Nimm somit für dich das richtige Hilfsmittel und mache deine Entscheidung nicht abhängig davon, was andere toll finden, denn du und dein Welpe müssen es für gutheißen.

DIE PFEIFE

Sie kann viele Worte ersetzen und es gibt die Pfeife im Ultraschallbereich. Für den Hund hörbar, für den Menschen nicht. Andere Varianten sind auch für den Menschen wie auch das Umfeld hörbar. Dennoch muss der Hund die Bedeutung des Pfeifens erst mal lernen. Einfach am Wegesrand stehen und pfeifen, macht keinen Sinn. Dein Körper ist nun gefragt, die Stimme wird wiederum durch die Pfeife ersetzt. Bei „Komm" die Arme ausladend ausbreiten und pfeifen, dann kommt der kleine Racker auch schon angerauscht. Der Welpe muss immer eine Verbindung zur Pfeife herstellen können. Also pfeife nicht einfach nur so, da blickt er nicht mehr durch.

Vorteil: Du kannst mit dem langen wie auch kurzen Pfeifen einen guten Kontakt zum Hund herstellen. Ebenso aus weiter Entfernung.

Nachteil: Es kann passieren, dass er auch auf andere „Pfeifen" hört.

DIE LECKERLIS

Keine Frage, sie kommen bei den meisten Hunden gut an, sie animieren geradezu und lösen eine hundliche Begeisterung aus. Die anderen sagen, warum soll ich meinen Hund sinnlos vollstopfen, er macht es auch so. Leckerlis in der Gürteltasche sind für den Fall „Wenn" niemals schlecht. Sie dienen der Ablenkung, beim Folgen und bei Übungen. Dennoch gibt es Besitzer, die ganz darauf verzichten und das von Anfang an. Die gute Mischung macht es, denn zu viele Hundeguttis machen auf Dauer dick. Ist kein leckerer Happen dabei, neigen Hunde zur Widerspenstigkeit und ganz schlaue drehen den Spieß gleich mal um. Hast du nix dabei, haste eben Pech, er übt nämlich nur gegen Naturalien. Ebenso entstehen beim Training falsche Verknüpfungen und der Hund wird unpassend belohnt. Somit eher kontraproduktiv.

Vorteil: Leckerlis erwecken immer Aufmerksamkeit.

Nachteil: Manche Hunde fordern diese zu energisch ein.

DER FUTTERBEUTEL

Er dient als Apportierspielzeug wie auch als Leckerbissen. Der Hund lernt, finde ich den Beutel, gibt es Brotzeit. Doch ist der Beutel mal nicht befüllt, minimiert dies auch das Interesse und die Lernlust, somit wird man fast zum Sklaven vom Futterbeutel.

Vorteil: Es entspricht dem Wesen des Hundes. Beute suchen und Beute machen.

Nachteil: Die Motivation fehlt, ist der Futterbeutel mal leer und oder nicht dabei.

Geschirr und Halsband

Sie dienen als Erziehungshelfer und sind das Mittel in der Not. Man kann die Welpen anleinen und so hat er seinen sicheren Begrenzungsraum. Dennoch greift man direkt auf den Hundekörper ein. Daher immer mit Bedacht vorgehen und nicht sinnlos am Hund ziehen. Es gibt die wahren Leinenzerrer und hier braucht es ein gutes Spezial-Geschirr, das sich nicht punktuell auf den Hund versteift, sondern eben auf dessen ganzen Körper.

Ein Halsband kann auf den Kehlkopf drücken und daher sollte man Vorsicht walten lassen. Wenn du unsicher bist, kaufe gleich ein gutes angepasstes Erziehungsgeschirr, da bist du auf der sicheren Seite. Norwegergeschirre sind optisch schön, aber schränken im Laufen den Hund wiederum ein. Zudem soll das Geschirr auch eher rassetypisch sein, nicht einengen oder viel zu groß und klobig sein.

Vorteil: Bei einem hoffnungslosen Fall ist ein Erziehungsgeschirr perfekt.

Nachteil: Ein Halti, das sogenannte Kopfgeschirr, verunsichert Hunde, sicher nicht auf Dauer zu empfehlen und es könnte dem Hund schaden.

SCHLEPPLEINE UND LEINE

Sie ist die unmittelbare Einwirkung auf den Hund und das in jeglicher Form. Somit ist auch eine Leine immer mit Bedacht anzuwenden. Als Erziehungshilfe ist eine Zweimeterleine perfekt. Sie kann in prekären Situationen schnell eingeholt werden, ohne groß aufwickeln zu müssen. Zum Üben sind Schleppleinen auf offenem und übersichtlichem Gelände ideal. Einerseits fühlt sich der Hund frei, andererseits der Mensch sicher, denn er hat seinen Hund gut im Griff. Bei Übungen, die noch nicht stimmig sind, kann sanft eingewirkt werden. Dennoch ist eine Schleppleine ein Hilfsmittel und keine „Allzweckwaffe". Der Hund sollte sich nicht daran gewöhnen, genauso wie der Mensch auch.

Vorteil: Eine gefahrlose Bewegungsfreiheit ist bei notorischen Jägern gegeben und dient zu Übungszwecken.

Nachteil: Teilweise führen Hunde mit Schleppleine die Menschen an der Nase herum. Der Mensch folgt dem Hund und nicht umgekehrt.

DUMMY UND SPIELZEUG

Dummies motivieren schnell und lassen den Hund vor Begeisterung sprühen. Oft genügt ein Spielzeug und der Hund ist hin und weg. So sind Hunde teilweise zu außerordentlichen Leistungen bereit. Ebenfalls kann es auch dem Grundgehorsam dienen und bietet sich zum Apportieren an. Dennoch kann ein Suchtrisiko entstehen, indem der Hund nicht mehr auf den Menschen, sondern nur noch auf sein „Mitgebrachtes" fixiert und konditioniert ist.

Vorteil: Es ersetzt das Leckerli.

Nachteil: Es kann süchtig machen.

DAS TARGETTRAINING

Ein schlanker Stab mit einem Plastik- oder auch Gummikopf. Somit der verlängerte Arm des Menschen und als Kurzzeithilfe ideal. Perfekt für den Hundesport und zu Lernzwecken geeignet. Stupst der Hund den Targetkopf an, wird er belohnt. Es ist jedoch eher für kleine, wendige als für große und schwere Hunderassen gedacht.

Vorteil: Hunde lassen sich damit gut ablenken und begreifen schnell, was es mit dem Target auf sich hat.

Nachteil: Irgendwann verliert der Target seinen Reiz, wenn nicht ein zeitgleiches Lob passiert.

WASSERPISTOLE, DISC, KLAPPERDOSE UND WURFKETTE

Gleich vorweg, wir weisen den Hund auf etwas hin, wenn wir werfen und bewerfen ihn nicht einfach damit. Die Hilfsmittel sollen Hunde vor unerwünschten Verhaltensweisen bewahren. Liegt ein Brötchen auf dem Boden, in die Richtung werfen und Pfui. Der Hund staunt nicht schlecht und ist erstmal etwas verwirrt. Es ist laut, fliegt auf den Boden, aber ein Ufo ist es nicht. Na, dann gehen wir lieber mal weiter, bevor es unangenehm wird. Der Hund soll lernen, dass seine Untat nicht belohnt und sofort darauf eingewirkt wird. Somit dienen die Helfer als Abbruchsignal, ohne körperlich auf den Hund einzuwirken. Auch ein Wasserstrahl ist ideal. In Verbindung mit Pfui sogar sehr wirkungsvoll. Und keine Panik, er erschrickt nur und bekommt keinen Atemstillstand. Demzufolge sind diese Hilfsmittel hilfreich und zerstören sicher nicht die Bindung zum Menschen. Dennoch sollte auch hier immer mit Bedacht trainiert werden, um den Hund nicht zu verunsichern.

Vorteil: Es kann Leben retten, gerade wenn der Hund etwas vom Weg aufnehmen will, und es zeigt an, ich kann jederzeit auf dich einwirken.

Nachteil: Genau auf das Objekt zielen und nicht auf den Hund. Das kann mal ins Auge gehen. Der Hund soll erschrecken und nicht vor lauter Panik das Weite suchen.

Die Lernfähigkeit von Welpen

Erstaunlich ist, wie Tiere im Gegensatz zu Menschen in der Lernentwicklung ihre Vielfalt erweisen. Bei unseren Hunden läuft vieles im Zeitraffer ab. Gestern noch Welpe, morgen Junghund, der sogleich zu einem erwachsenen Hund heranwächst.

Die Jahre sind wie immer gezählt, denn mit bereits sieben Jahren ist ein Hund je nach Rasse schon wieder alt. Den Anfang macht dabei die turbulente Welpenzeit. Ein Highlight mit Hindernissen, eine Zeit, die in Erinnerung bleibt und aufregend ist dazu. Die Lernfähigkeit und Neugier sind gerade am Anfang phänomenal. Wäre da nicht das äußerst putzige Aussehen, das im Wege steht. Der Welpe wäre bereit zu lernen, nur der Besitzer nicht. Manche Hundebesitzer finden es gar schlimm, auf den kleinen Welpen einzuwirken. Lernen kann er ja immer noch. Eben nicht, denn vom ersten Tag des Einzugs fängt auch das Lernen an. Schritt für Schritt und mit sehr viel Geduld.

Wissbegierig und voller Tatendrang werden die Vorstellungen des Welpen in die Tat umgesetzt. Die vom Besitzer leider nicht. Viele von uns reagieren erstmal, ohne gleich zu walten. Bedenke, dass ein Welpe nur lernen kann, wenn man ihm etwas beibringt. Bringt er deine Lieblingssocken um, so hat er instinktiv gehandelt, mehr nicht. Du siehst es hingegen als blanke Zerstörungswut an. Fördern und fordern und nicht ständig belohnen und bestrafen, das wäre gleich von Anfang an der richtige Weg. Nutze die Lernfähigkeit des Welpen, bevor sich dieser seine eigenen Gedanken macht, und gehe wie immer charakterbezogen auf den Welpen ein.

Ab der achten Woche sind die Grundtendenzen sehr gut erkennbar. Das äußert sich im mutigen, vorsichtigen oder auch ängstlichen Verhalten. Angst solltest du aber nie unterstützen, den Mut dagegen schon. Ein Welpe verfügt lediglich über zehn Prozent seines eigentlichen Gehirns bei der Geburt, daher ist ein Welpe stark unterentwickelt. Der Rest der Entwicklung baut sich in den nächsten drei Monaten auf, wobei gerade im Gehirn viel passiert. Danach ist die große Entwicklung abgeschlossen und für das spätere Verhalten in die Bahnen gelenkt. So kann man die Lernfähigkeit von einem drei bis vier Monate alten Welpen mit der von einem sieben bis zehn Jahre alten Kindes vergleichen.

Bei Welpen ist die Grundentwicklung nun abgeschlossen, beim Kind noch lange nicht. Was nicht heißt, dass die Welpen nicht mehr dazulernen. Denn nun beginnt die Reifungsphase. Und in dieser vernetzen sich die einzelnen Synapsen. Das wiederum bedeutet, dass es jetzt zu der eigentlichen Lernphase übergehen kann. Aber auch schon beim Züchter und der Hundemama kann die Anfangsphase zu Lernzwecken genutzt werden. Denn der Welpe nimmt in dieser Zeit

Gerüche, Geräusche, Eindrücke und seine Umgebung wahr.

Daraus lernt er und sammelt so seine Erfahrungen. Die guten wie auch die schlechten. Vieles nehmen sie sicher noch unbewusst wahr und im Rudel fühlen sie sich stark. Der Züchter kann aber so einiges in die Hand nehmen und die Weichen für später stellen. Ob Autofahren, Halsband, Leine, Stubenreinheit und auch kleine Menschenmengen stehen als Aufgaben bereit. Dennoch soll der kleine Welpe nicht überfordert und übermäßig beeindruckt werden. Er muss an alles in dieser Zeit gewöhnt werden.

Für Welpen ist jeder Ort ein Abenteuerspielplatz. Da wo sie sind, tobt das Leben und da sind der Spaß und Aktion zuhause. Auch wenn Welpen viel entdecken sollen, brauchen sie ebenso viel Zeit für sich. Zieht der Welpe ein, kann sogleich eine Welpenschule sehr hilfreich sein. Das fördert die Lernfähigkeit wie auch das Sozialverhalten. So besagen einige Studien, dass sich die Docosahexaen, die Omega-3-Fettsäuren optimal auf die Lernfähigkeit auswirken. So sollte gleich von Anfang ein gewisser Anteil an Fischöl im Futter zu finden sein.

Beginne nicht mit einer Reizüberflutung, wenn dein Welpe bei dir einzieht. Lass ihn den Anfang bei der Hausbesichtigung machen und ziehe ihn nicht einfach so herum. Denn eines steht mit Gewissheit fest, ein Welpe benötigt viel Ruhe. Neues ist wichtig, aber nicht alles auf einmal. Das überfordert ihn nur und das kann Spuren im Haus hinterlassen. Denn bei einer Überforderung vergessen die Welpen die Stubenreinheit schnell.

Auf jeden frisch gebackenen Welpenbesitzer kommen eine große Verantwortung und auch Herausforderung zu. So auch auf dich. Nutze die Lernfähigkeit und Neugier deines neuen Familienmitglieds. Denn diese Eigenschaften prägen sein späteres Leben. Hunde können übrigens nur situationsbedingt handeln und somit eine Verknüpfung herstellen. Situationsbedingte Zusammenhänge können sie demzufolge nicht bilden. So musst auch du umdenken und dich in dein Hundekind gut reindenken. Er kann es umgekehrt nicht. Beziehe somit deinen Welpen ganz selbstverständlich in dein Leben mit ein. Immerhin ist er ein Teil davon.

Beachte bei all seiner Lernfähigkeit die Hundebegegnungen. Gehe somit dominanten und aggressiven Hunden aus dem Weg, wenn du mit dem kleinen Welpen Gassi gehst. Denn der Spaziergang soll nicht zum Spießrutenlauf werden und auch sollte kein Mobbing stattfinden. Das wäre dem Kleinen nicht gerecht. Und man kann es nicht häufig genug wiederholen. Einen Welpenschutz gibt es nicht, nur innerhalb des Rudels, sonst nirgendwo. Als gefährlich hat sich auch der Satz „Das machen die Hunde schon unter sich aus“ erwiesen. Denn in diesem Stadium zieht dein Welpe immer den Kürzeren. Du bist der Rudelführer und du entscheidest und wägst ab und nicht andere. Merke dir das für ein ganzes Hundeleben lang.

Checkliste - Die Überlegungen rund um den Hundekauf

Viele Menschen überlegen beim Kauf eines Staubsaugers mehr als bei der Anschaffung eines Hundes. Doch es gibt im Vorfeld genug zu beachten.

DARF ICH EINEN HUND HALTEN?

Das sollte zumindest die Grundvoraussetzung sein, denn ohne eine Haltegenehmigung, das Einverständnis des Vermieters, geht nichts. Demzufolge den Mietvertrag studieren, sich erkundigen und, wenn erforderlich, schriftlich fixieren. Auch sollten die Gegebenheiten für den Hund passen. Grünanlagen, Freilaufflächen und keine kleine Wohnung für einen großen Hund.

KANN ICH MICH DIE NÄCHSTEN 15 JAHRE UM MEINEN VIERBEINER KÜMMERN?

Nun sitzen wir nicht alle vor der Glaskugel und können in die Zukunft sehen. Dennoch sind heute die Gegebenheiten nicht da, wie soll es dann mal später sein? Habe ich Familie, wenn mal was ist? Kann ich alle Kosten stemmen und bin ich bereit, einen Teil meiner Freizeit zu opfern? Hunde kosten Zeit, Geld und manches Mal auch Nerven. Wenn ich alleinstehend bin, wer kümmert sich im Krankheitsfall und kann ich ihm insgesamt ein hundegerechtes Leben bieten?

BIN ICH FIT GENUG, EINEM HUND GERECHT ZU WERDEN?

Je nach Rasse brauchen Hunde zwischen zwei und vier Stunden Auslauf. Wandern, Spazierengehen, Hundesport, Schwimmen, all das steht auf dem Programm und das fast sein ganzes Leben lang. Es gibt Hunde, die joggen gerne, laufen am Rad und sind gerne in der freien Natur. Auch bei Wind und Wetter, das muss man im Vorfeld wissen.

HABE ICH AUCH DIE NÖTIGE ZEIT?

Zeit ist heute Geld und für den Hund die Freizeit schlechthin. Hunde sollten nie länger als vier bis fünf Stunden alleine sein. Vielleicht kann er mit ins Büro. Aber wohin in den Urlaubsreisen? Wer nicht fliegt, kann seinen Hund in hundefreundliche Ferienhäuser mitnehmen. Die Toskana, Dänemark oder Kroatien wie auch

Österreich und Schweiz bieten sich an. Flugreisen, ob klein oder groß, sollte man jedem Hund ersparen. Auch wer arbeitet, muss umdenken, denn die Couch rückt noch in weite Ferne nach einem anstrengenden Arbeitstag. Jetzt ist erst einmal Gassi angesagt. Hunde müssen auch mal nachts raus, bei Regen und Schnee und nicht nur bei Sonnenschein.

URLAUB UND HUND

Wie schön, es gibt Urlaubsparadiese, in denen Hunde willkommen sind. Ferienhäuser und Wohnungen eigenen sich perfekt dazu. Hotels und Pensionen eher nicht. Muss das Familienmitglied dennoch zuhause bleiben, sollte man weit vorher planen. Wer hat Zeit und wo habe ich auch ein sicheres und gutes Gefühl? Eltern, Freunde, Verwandte, Bekannte oder ein Tiersitter? Einfach mal ausprobieren, der Hund muss sich ja letztlich auch wohlfühlen.

WER KÜMMERT SICH GENERELL, WENN ETWAS IST?

Wie schnell wird man krank, muss länger arbeiten oder geht auf Geschäftsreise oder gar ins Krankenhaus. Oftmals springen liebe und nette Nachbarn ein. Dies kann zur Dauerlösung werden, oder man bezieht gute Tierpensionen mit ein. Eine Schnupperstunde ist gewährt und wenn es passt, warum nicht. Doch diese Unterbringung ist nicht aus reiner Tierliebe heraus bezahlt, sie kostet richtig Geld. Also vor der Anschaffung Gedanken darüber machen.

KANN ICH EINEN HUND SEIN LEBEN LANG HALTEN?

Sicher gehen wir immer vom „Ist-Zustand" aus und jetzt ist es nun mal so. Niemand weiß, ob man sich trennt, man die Miete weiterzahlen kann, oder morgen schon arbeitslos ist. Ist genügend Geld auf der hohen Kante? Aus genau diesen Gründen werden Hunde wieder abgegeben und landen dann im Tierheim. Auch wenn eine Familienplanung ansteht und der Hund einem lästig wird, oder er einfach nicht kinderfreundlich ist. Natürlich geht die Sicherheit eines Kindes vor, nur all das muss man sich vorher überlegen. Hinterher ist es leider für den armen Hund zu spät, die Konsequenzen trägt er ganz alleine.

WIE SIEHT ES MIT ALLERGIEN AUS?

Eine Tierhaarallergie ist eigentlich keine Tierhaarallergie. Im Prinzip löst der Speichel diesen Prozess aus. Hunde wie auch Katzen reinigen sich durch Lecken. Im Speichel sind bestimmte Stoffe enthalten, die bei einigen Menschen Allergien auslösen. Die Haare spielen dabei keine Rolle. Kläre dies mit all deinen

Familienmitgliedern im Vorfeld. Sonst musst du dich schweren Herzens wieder von ihm trennen.

HABE ICH DAS KNOW-HOW FÜR EINEN HUND?

Du musst weder Manager noch Personalchef sein, du brauchst nur Führungsqualitäten. Bin ich bereit zu üben, mit ihm zu lernen und auf den Hundeplatz oder in die Welpenschule zu gehen? Halte ich meine Wochenenden für seine Bedürfnisse und Anforderungen frei? Kann ich ihm eine gute Erziehung und ein schönes Hundeleben bieten? Denk einfach mal darüber nach. Bin ich bereit, einen großen Teil meiner Freizeit zu opfern, und will ich mit ihm alt werden? Nehme ich professionelle Hilfe in Anspruch, wenn ich mit meinem Latein am Ende bin und kann und will ich mir das leisten?

BIN ICH FINANZIELL BEREIT DAZU?

Hunde kosten Geld:

- Haftpflichtversicherung
- Hundesteuer
- Futter
- Leckerli
- Spielsachen
- Hundezubehör (Decke, Näpfe, Leinen, Halsband, Geschirr)
- Pflegeprodukte (Kamm, Schermaschine, Hundefriseur usw.)
- Laufende Tierarztkosten
- OP-Kosten
- Medikamente
- Tierheilpraktiker
- Physiotherapie (bei Bedarf)
- Hund kostet im Urlaub zusätzlich

Sofern ein Welpe ins Haus kommt, lege dir eine OP-Versicherung zu. Die ist wirklich Gold wert, und schaffe dir eine Hundekrankenversicherung an. Etliche Schlachthöfe bieten gutes und günstiges Fleisch an. Somit sparst du hier schon mal ein. Ein Hund kann gut und gerne 200 € im Monat kosten. Das ist somit die nächsten Jahre ein fester Ausgabenpunkt.

PASST MEIN LEBEN ZU IHM?

Wie sieht dein Alltag aus? Arbeit, Freizeit, Freunde, Urlaub? Schnell sagt man, ach, da integriere ich ihn mit ein oder mache Abstriche. Machst du es auch wirklich und engst dich dann nicht selbst mit ein? Nimmst du diese Einschränkungen gut und gerne 15 Jahre in Kauf? Verzichtest du auf Golf und Tennis und die Stammtischreisen? Die Überstunden und das damit verbundene Geld? Stell dir vorher die Fragen und nicht erst, wenn dich treue Hundeaugen fragend anblicken.

Dein Welpe hat nur dich und ist dir somit auf Gedeih und Verderb ausgeliefert. Er möchte Teil deines Lebens sein und nicht ein ungeliebtes Spielzeug auf Zeit. Hunde schränken in gewisser Weise ein und legen uns doch ihre Welt zu Füßen. Somit bist du der Mensch und hast das Hirn, dir Gedanken zu machen. Und du suchst ihn aus und nicht er dich. Siehst du diese Zeilen jetzt schon als Einschränkung an, dann sei so ehrlich und lass es auch bleiben.

HUNDE MACHEN DRECK

Schlamm, Regen, Sturm und der Welpe fühlt sich in seiner Rolle als kleiner „Schweinehund" sichtlich wohl. Das Fell wird dunkler, die Pfoten schön mit Erde einbalsamiert und nun geht's ab nach Hause. Am Eingang schütteln und die erdigen Pfotenabdrücke auf weißen Fliesen haben doch was. Der Kombi kann schon ein Lied davon singen.

Sicher, es gibt Hundeboxen für die Fahrt, ein Shampoo für schmutziges Fell und ein paar Handtücher, um wieder sauber aus der Wäsche zu schauen. Im Klartext, du brauchst bei der Reinigung der Räume mehr Zeit und für das Saubermachen des Hundes auch. Also denk darüber nach, es ist nicht immer nur Friede, Freude und Eierkuchen und der Sonnenschein bleibt oft aus. Ebenso verfangen sich auch bei trockenem Wetter Schmutzpartikel, Blätter und Dreck. Bis du dafür wirklich bereit? Auch dein Kleidungsstil wird durch Jeans, Gummistiefel und praktische Hundeklamotten ersetzt. Übrigens sabbern Hunde beim Fressen wie auch beim Trinken. Du wirst es an den Spuren in deinen Wohnräumen sehen. All das macht einen Hund und seine tierischen Eigenschaften aus.

HUNDE SIND EIN FULLTIME-JOB

Hunde sind keine Wegwerfartikel! Sieh nicht nur den niedlichen kleinen Welpen, sondern das, was dahintersteht. Du musst mit ihm lernen, ihn erziehen und ihn bis zu seinem letzten Atemzug begleiten. Noch läuft er vorne weg, im Alter läuft er nicht mehr voraus. Jeder Lebensabschnitt wird dich vor neue Herausforderungen stellen und dich am Ende seines Lebens in Tränen auflösen.

Kannst du dich zeitlich immer so einteilen, dass es für ihn passt? Sicher, Hunde schlafen auch viel und sind nicht 24 Stunden am Stück wach. Dennoch möchten sie an deinem Leben teilhaben. Sind Freunde da, legt er sich gerne unter den Tisch. Sitzt du gerne im Café, tut er es auch. Du bist dann nicht mehr alleine und kannst durch einen Hund auch keine Hau-Ruck-Entscheidungen mehr treffen. Passt der Fulltime-Job für dich, dann ist ein Hund bei dir herzlich willkommen.

IST MEIN UMFELD BEREIT FÜR EINEN HUND?

Manches Mal kann man sein Vorhaben nicht alleine entscheiden. Familie, Ehemann oder Ehefrau, der Mietvertrag, eventuell auch die Nachbarn und Freunde sind auch davon betroffen. Es sollte in gewisser Hinsicht das Gesamtkonzept stimmen. Will nur einer in der Familie einen Hund, kommt es auch schnell mal zu Reibereien und der Leidtragende ist immer der Vierbeiner.

BIN ICH EINFÜHLSAM, LIEBEVOLL UND VOR ALLEM GEDULDIG UND STARK GENUG?

Die eigenständigen Lebewesen haben auch ihren eigenen Kopf. Auch ein gut erzogener Hund läuft mal über die Straße, wühlt im Müll und geht einem so richtig schön auf die Nerven. Zudem kann er auch einmal beratungsresistent wirken. Hast du die Nerven dafür, cool zu bleiben und dich dennoch gut durchzusetzen?

KANN ICH MEINEN HUND IN GUTEN WIE IN SCHLECHTEN ZEITEN BEGLEITEN?

Hunde spüren schnell, wenn es uns nicht gut geht. Sie wirken ebenfalls traurig und unglücklich. Leider werden auch Hunde wie wir Menschen krank und auch sie müssen einmal sterben. Das Regenbogenland wartet dann auf sie. Im Klartext, kannst du ihn bedingungslos lieben und auch loslassen, wenn es soweit ist? Diese Frage stellt man sich beim Welpenkauf natürlich nicht und dennoch steht sie im Raum. Somit bist du verpflichtet, all diese Wege mit ihm zu gehen. Mach dir das schon beim Kauf klar.

Gut zu wissen

Nicht alles läuft glatt wie am Schnürchen und das muss es auch nicht. Zieht ein Welpe ins Haus, ist es eine Art Kennenlernphase und das Austesten von sich selbst und dem neuen Rudel. Hier ein paar Beispiele, was ein Welpe braucht, was passieren kann, aber auch welche Bedürfnisse der Welpe hat. Denn es steht nicht nur Spiel und Spaß auf dem Programm.

RECHNE MIT UNFÄLLEN

Die Rede ist nicht von einem Verkehrsunfall, es geht um die kleinen Unfälle im trauten Heim. Handle nur, wenn du ihn in flagranti erwischt und auch dann nur mit einem strengen Pfui, Nein oder Aus. Ansonsten läuft das Malheur unter selbstverschuldeter Elendsfall. Aufwischen und die Nerven bewahren.

SCHLAFZEITEN EINHALTEN?

Ein wichtiges Thema, das gerade die Welpen betrifft. Nun lebt er in einem Menschenrudel, das sich seinen Ruhephasen nicht anpassen kann. In Spanien und Italien haben verwilderte Haushunde einen gesunden Ruhe-Rhythmus. Das Ruhebedürfnis ist angeboren, das Beharren darauf leider nicht mehr. Unsere Haushunde wurden abgerichtet, um jederzeit einsatzbereit zu sein.

So bleibt auch die Ruhe über kurz oder lang auf der Strecke. Gerade Gebrauchshunde können davon ein Lied singen. Dennoch sind Ruhe und Schlaf lebenswichtig. So werden die Geschehnisse des Tages verarbeitet und Kraft und Energie getankt. Schlafzeiten sind insofern dem Tag-Nacht-Rhythmus angepasst. Aber ein Welpe muss nicht um Punkt 14.00 Uhr sein Nickerchen halten. Wenn er möchte, schon, denn Hunde mit Schlafentzug wirken schnell überdreht, nervös und reizbar. Sie können im weiteren Verlauf auch fahrig, grobmotorisch und unkonzentriert wirken. Aber auch aggressiv und kränklich sein und zudem chronisch erkranken. Welpen benötigen wie die Senioren auch bis zu 22 Stunden Schlaf am Tag. Demnach ist der Schlaf das oberste Gebot.

Zu wenig Schlaf macht einen Hund infolgedessen krank und schwächt auf Dauer sein Immunsystem. Das kann sich auch in Hautkrankheiten und einer schlechten Fellqualität äußern. Wie man sieht, sollte ein Hund egal welchen Alters immer zur Ruhe kommen. Ist der Hund bei Schlafentzug wiederum aggressiv, wird es sogleich auf ein schlechtes Benehmen zurückgeführt. Dennoch ist es ein sehr deutliches Zeichen, dass der Hund überfordert ist. Hier heißt es jetzt auch für den Hundebesitzer, Finger weg vom eigenen Hund, denn das kann zu körperlichen Schäden führen. Genau in solchen Momenten kann es passieren, dass Hunde zuschnappen, und das ohne Vorwarnung. Welpen leben nach bestimmten Ritualen und Instinkten. Diese sagen ihnen, sie benötigen ausreichend Schlaf. Im Schlaf treten auch die Erholungsphasen ein und manchmal sieht es so aus, als würden sie nicht schlafen. Wie beim Menschen auch kann Schlafentzug letztendlich zu Organversagen, Allergien und Krebs führen. Daher benötigt der Welpe von Anfang an einen ruhigen und zugfreien wie auch kuscheligen Schlafplatz, an dem ihn keiner stört. Bedenke auch, dass gerade den Gebrauchshunden das Ruhebedürfnis buchstäblich abtrainiert wurde. Das wurde bereits erwähnt und so musst du für die nötige Ruhe sorgen. Es kann durchaus sein, dass du dich am Anfang mit dazulegst. Ein Stück weit Geborgenheit für den Welpen, das ihm Halt und Sicherheit gibt. Sein zugedachter Platz ist sein Reich und sollte stets ungestört sein. Und es gibt einen sehr wahren Spruch dazu. „Schlafende Hunde sollte man nicht wecken." Das kann schnell mal ins Auge gehen und der Hund beißt in letzter Konsequenz zu.

GEWOHNHEIT IST DIE HALBE MIETE

Menschen und Hunde sind Gewohnheitstiere. Hat sich der Welpe erstmal eingelebt, so nimmt er die Gewohnheiten an. Das kann das frühe Aufstehen sein, pünktliche wie auch unpünktliche Essenszeiten oder auch die lange Autofahrt. Hunde sind sehr anpassungsfähig und haben eine innere Uhr. So formst du deinen Welpen und er wird zum Gewohnheitstier, wie du auch.

SPIELEN

Spielen ist nicht nur ein Zeitvertreib, es stellt auch eine gewisse Belohnung dar. Du musst deinen Welpen nicht ausschließlich nur mit Leckerlis vollstopfen, denn das wird bald zu Gewichtsproblemen führen. Trainiere ihn auf ein Spielzeug, das kann ein Ball, Quietschi oder ein Dummy sein. Genau dieses bekommt er nur zu bestimmten Anlässen und Zeiten und dient als Belohnung.

WIE LANGE GASSI?

Nimm dir die Faustregel zu Herzen und gehe pro Lebensmonat zehn Minuten am Stück. Das hört sich sehr wenig an, aber das hat auch seinen Grund. Wir sprechen hier aber von einem Hundekind, das noch voll und ganz in der körperlichen Entwicklung steckt. Nun kommt sicher, damit ist er doch nie und nimmer ausgelastet. Es geht nicht um den Aufbau eines Konditionstrainings, sondern um kurze Spaziergänge, denn eine Überbelastung ist Gift für die noch wachsenden Knochen und Gelenke. Somit wird ihm viel abverlangt, denn er wird egal, wie weit du gehst, immer versuchen Schritt zu halten. Gassigehen ist bei Hunden das

Nonplusultra. Welpen erkunden die Welt und es geht ihnen nicht darum, ihr Geschäft zu machen, und sie müssen auch nicht ausgelastet sein. Dann erzieht man sich sehr schnell einen sehr ausdauernden Hund. Nimm die Faustregel zur Hand und gehe mit einem zehn Wochen alten Welpen auch nur jeweils zehn Minuten lang. Er wird nicht auf die Uhr schauen, denn er weiß auch nicht, wie lange er schon unterwegs war. Hab bloß kein schlechtes Gewissen, Welpen müssen am Tag noch oft genug raus.

MUSS MAN AN UNTERSCHIEDLICHEN ORTEN GASSI GEHEN?

Mal anders gefragt, du magst sicher auch nicht jeden Tag dieselben Orte sehen, oder? Auch er möchte Abwechslung und neue Erfahrungen sammeln. Den Weg vor dem Haus kennt er ja nun schon. Fahre ein Stück mit dem Auto und präsentiere ihm eine neue Welt, er wird begeistert sein. Wie immer, ohne Leine darf er laufen, wenn keine Gefahrenquellen wie Straßen, Lärm oder andere Hunde, die ihm gefährlich werden könnten, in der Umgebung sind. Führe ihn an der Schleppleine, das bietet ihm mehr Sicherheit und trotzdem Bewegungsfreiheit. Bedenke immer, es ist ein Hundekind und voll und ganz auf dich angewiesen. Für alles, was er macht, trägst du die volle Verantwortung. Schaffe dir daher sofort eine Hundehaftpflichtversicherung an.

Erkrankungen bei Welpen – Da ist guter Rat teuer

Es ist ungemein wichtig, nicht nur das Verhalten des Vierbeiners im Auge zu behalten, sondern auch seinen Gesundheitszustand. Auch die kleinen Welpen sind nicht vor Krankheiten gefeit, deswegen hier ein paar gängige Krankheitsbilder.

GIARDIEN UND SPULWÜRMER SIND KEINE SELTENHEIT

Die Giardiose ist die zweithäufigste durch Parasiten hervorgerufene Darmerkrankung bei Hunden. Bereits 70 Prozent aller Welpen wie auch Junghunde sind von Giardien befallen. Es handelt sich dabei um Einzeller, die sich explosionsartig vermehren. So können sie in feuchter und kühler Umgebung monatelang überleben. Die Welpen aus Zuchten mit Zwingerhaltung, und wir reden hier von Ostimporten, sind daher besonders gefährdet. Giardien sind fies und gemein und verursachen heftige Darmentzündungen mit monatelang anhaltendem Durchfall. Für einen Welpen kann das unbehandelt das Todesurteil sein. Der faulig riechende Durchfall kann wässrig-schleimig sein und auch schon mit Blutbeimengungen oder hellpastös infolge der Fettausscheidung in Erscheinung treten.

Durch die schlechte Nahrungsverwertung werden die Tiere fast schon apathisch. Sie magern ab, wachsen wenig und bleiben unterentwickelt. Zudem ist das Fell glanzlos und struppig. Hier muss sehr schnell gehandelt werden und der Gang zum Tierarzt ist unabdingbar. Die Diagnose erfolgt durch einen Nachweis von Parasitenstadien im Kot. Dem nicht genug, es müssen mehrere Kotproben abgegeben werden, da nicht bei jedem Kotabsatz Parasiten ausgeschieden werden.

Erst drei oder mehr negative Befunde schließen dann einen Giardienbefall aus. Kinder sind hier besonders gefährdet, da sie sich durch die Kontaktaufnahme zum Welpen leicht anstecken. Die Welpen werden von schweren Durchfällen und Erbrechen geplagt. In Extremfällen können die Welpen daran sterben. Schon beim Züchter müssen die Welpen bereits mehrmals entwurmt werden. Ab dem Wechsel zum neuen Besitzer bis zum Ende des ersten Lebensjahres noch mindestens dreimal. Das hört sich sicher viel an, doch es ist zum Wohle des Welpen. Der Tierarzt steht mit Rat und Tat zur Seite.

LEBENSGEFÄHRLICHES PARVOVIRUS

Bei illegalen Importen steht der lebensgefährliche Parvovirus hoch im Kurs. Die Zeit von der Ansteckung bis zum Ausbruch der Krankheit beträgt dabei drei bis sieben Tage. Ein scheinbar gesunder Welpe wird gekauft und die Krankheit bricht erst im neuen Zuhause aus. Aber auch seriöse Züchter sind nicht davor gefeit. Wenn die Grundimmunisierung durch Impfungen noch nicht abgeschlossen ist und der Stress, die Umstellung und Empfänglichkeit für Viren erhöht wird. Daher finden sich die meisten Parvovirosefälle im Alter von acht bis zwölf Wochen.

Die Erkrankung verläuft rasant und heftig und der Welpe neigt zu massivem Durchfall. Das lässt die Welpen schnell austrocknen. So ein Zustand ist immer als sehr kritisch anzusehen, denn der Welpe kann keine großen Reserven vorweisen. Dabei empfehlen sich Elektrolyte in der Heimanwendung, die ins Maul geflößt werden, um alle Nährstoffe bereitzuhalten. Ebenso ist die rasche Hilfe des Tierarztes nötig, manchmal geht es um Leben und Tod. Lebensrettend sind eine künstliche Ernährung über zehn Tage sowie Blut- und Eiweißtransfusionen. Trotzdem liegt die Sterblichkeitsrate noch immer bei zehn Prozent.

STAUPE, ANSTECKENDE LEBERENTZÜNDUNG UND LEPTOSPIROSE

Früher galt sie als die typische Junghunderkrankung und zum Glück ist sie nur noch selten anzutreffen. Nach einer überstandenen Staupe bleiben die betroffenen Hunde sehr empfindlich. Sie kränkeln schnell, da ihr Immunsystem durch die Staupe lebenslang geschädigt ist.

BESCHWERDEN IMMER ERNST NEHMEN

Hunde simulieren nicht, daher sind Beschwerden immer ernst zu nehmen, gerade wenn man noch keine Erfahrung mit Vierbeinern hat. Lieber einmal zu viel als zu wenig beim Tierarzt vorstellig werden. Es kann lebensrettend sein, denn die kleinen Welpen kommen schnell an ihre körperlichen Reserven.

WAS MACHT EINEN GESUNDEN WELPEN AUS?

Seriöse Züchter geben einen Welpen nicht vor der 10. Woche ab, eher noch später. Ein gesunder Welpe ist lebhaft, neugierig und aufgeweckt und hat klare Augen und ein flauschiges oder seidiges Fell. Die Nase ist trocken, sauber und es ist auch kein Ausfluss zu sehen. Beim Abgabetermin ist der Welpe geimpft, entwurmt und gechipt und der Züchter überreicht dem Käufer den internationalen

Heimtierausweis. Achte auch auf den Bauch des Welpen, dieser sollte keinesfalls aufgebläht sein, denn das kann auf Würmer hindeuten. Die normale **Temperatur** bei Hunden wie auch bei Welpen liegt bei ca. 37,5 bis 39 Grad Celsius. Ab 40 Grad Celsius wird von Fieber gesprochen und ab 42 Grad Celsius besteht akute Lebensgefahr.

DAS RICHTIGE GEWICHT

In Bezug auf das Alter und Gewicht sind die Wachstumskurven von Bedeutung. Daher beginnt die richtige Ernährung bereits im Welpenalter. Bis zum anschließenden Erwachsenenalter durchlaufen die kleinen Hundewelpen je nach Rasse und Standard die verschiedenen Wachstumsmuster. Die tägliche Gewichtszunahme wird im Laufe der Zeit immer größer. So kann man pauschal keine Angaben zum Gewicht eines Welpen geben. Dabei gilt: Kleinere Rassen haben eine geringere Wachstumsgeschwindigkeit als mittlere bis größere und große Rassen.

Hier können Züchter mit Tabellen und Vorgaben helfen, wie der Tierarzt auch. Anhand der Werte der sogenannten „Wachstumskurve" kann man ablesen, ob der Welpe seinem „Standard" entspricht. Am einfachsten ist es an den Rippen festzustellen, sind diese links und rechts beim Abtasten fühlbar, ist alles im grünen Bereich. Daher ist eine monatliche Gewichtskontrolle beim Tierarzt wünschenswert. So können schnell und einfach Unregelmäßigkeiten festgestellt werden. Ebenso wird die gesundheitliche Entwicklung des Welpen gut im Auge behalten.

Welpenspielstunde und Welpenprägestunde

Nun ist es ja so, dass nicht nur unsere Kinder in den Kindergarten gehen, sondern auch die Hunde in die Welpenspielstunde. So beginnt für beide ein guter Start ins Leben, denn auf dieses muss man vorbereitet werden und lernt auch die ersten Lektionen. Viele Hundeschulen bieten beide Varianten an, die Welpenspielstunde wie auch die Welpenprägestunde. So finden sich seinesgleichen und nicht nur das. Sie lernen sich zu verstehen und auch mal kleine Streitigkeiten beizulegen. Das Sozialverhalten wird gefördert und der Welpe etwas gefordert.

DIE WELPENSPIELSTUNDE

Hier kann man nicht nur Kraft und Größe zeigen, hier lernt man sich auch einzuschätzen. Der Welpe bewegt sich auf neuem Terrain und muss sich erstmal in der Welpenspielstunde beweisen. Was nicht heißt, dass er es hier gleich mal krachen lässt. Auch die Unterordnung steht auf dem Lehrplan. So lernen die Welpen die Hundesprache und auch den Umgang miteinander. Das bedeutet auch jede Menge Spaß und Neues lernen und vielleicht auch Freunde fürs Leben finden. Hier geht es auch um die Verteidigung, sich ergeben und einen Angriff starten. Aber auch toben, rennen und spielen kommen in der Welpenstunde nicht zu kurz.

DIE WELPENPRÄGESTUNDE

Hier wird den Hundekindern die Angst vor dem Alltäglichen genommen, auf rein spielerische Art. Andere Menschen und Orte, Lärm und technische Geräte werden inspiziert und entdeckt. Einiges macht Angst, anderes wiederum neugierig, gemeinsame Erlebnisse sind inklusive. Bleibe in jeder Situation souverän, dann wird es auch dein Hund sein. Er orientiert sich an dir und als Team habt dann eure erste Welpenprägestunde geschafft. Darauf könnt ihr sehr stolz sein.

NUR UNTER DER AUFSICHT VON ERFAHRENEN HUNDETRAINERN

Nimm nur daran teil, wenn beide Angebote von einem erfahrenen Hundetrainer geführt und geleitet werden. Hier sollten die Welpen von Anfang an ihr Sozialverhalten lernen und es weiterentwickeln. Es stellt sich schnell heraus, wer schüchtern ist und wer nicht. Eines gibt es gratis dazu, die Welpen sind überglücklich und hundemüde von dem anstrengenden Tag. Was kann es für einen Welpenbesitzer Schöneres geben?

WANN IST EINE WELPENERZIEHUNG ZU VIEL?

Schon nach der Geburt beginnen die ersten Erziehungsmaßnahmen durch die Hundemutter. Für den Besitzer ist es wichtig, die besten Lernphasen auszunutzen, und dazwischen gibt der Züchter auch noch sein Bestes.

Das Wichtige fürs Leben, wie stubenrein zu sein, die Grundkommandos zu kennen und sich ordentlich zu benehmen. Ein strammes Programm, wenn man bedenkt, dass der Welpe auf noch recht wackeligen Beinen steht. So durchlaufen die Welpen aufregende Entwicklungsphasen. Doch wie viel darf man von einem Welpen erwarten, oder erwarten wir von Anfang an zu viel? Im Wolfsrudel haben Welpen ein geordnetes und untergeordnetes Leben und erhalten dafür Schutz, Fürsorge, Geborgenheit und Futter. Kein Wolfswelpe muss Sitz und Platz können, er wird aber im Laufe seines Lebens auf die Jagd vorbereitet. Er muss nicht artig sein und ist dem Menschen nicht auf Gedeih und Verderb ausgesetzt.

Welpen haben im Allgemeinen eine sehr begrenzte Aufmerksamkeit, wie Menschenkinder auch. Was darüber hinausgeht, ist einfach zu viel des Guten. So entwickelt der Welpe Frust statt Lust. Nimmst du dir für den Welpenalltag viel vor, so kann das schnell mal in die Hose gehen. Denn der Welpe schläft über seinem Erlernten buchstäblich ein. Würde man dich zu etwas zwingen, führt das meist zu Ablehnung, gelernt hast du daraus aber nichts. Der Welpe versucht zu begreifen, doch irgendwann entsteht ein Defizit und er bekommt statt dem erhofften Lob nur noch Kritik. Das hat nichts mit einer fürsorglichen Welpenerziehung zu tun. Schritt für Schritt zum Hundeglück und Etappensiege feiern. Dann kommt ihr beide als Team ans Ziel und der Welpe bleibt nicht auf der Strecke.

GROẞES BEGINNT IM KLEINEN

Ist der Welpe gerade erst eingezogen, beginnen die Trainingseinheiten mit einer Minute. Das hört sich so wenig an und kann für den Welpen schon ganz viel sein. Du musst es mit anderen Maßstäben sehen.

WARNZEICHEN, DIE DER WELPE SIGNALISIERT:

- ständiges Gähnen wegen Aufregung und Erschöpfung
- leichte Ablenkbarkeit
- Müdigkeit
- langsames und verzögertes Reagieren

- Reaktion auf alles, was sich im Umfeld bemerkbar macht

Auch wirst du eine Überforderung an seiner Körperhaltung feststellen. Welpen ziehen sich zurück, legen sich hin und möchten einfach nur noch ihre Ruhe haben. Sie schlafen dann einfach ein, daher solltest du ihm in der Anfangsphase viele Auszeiten gönnen. Was nicht heißt, dass der Welpe nichts lernen soll, jedoch immer mit Bedacht und ohne ihn falsch zu prägen. Denn lernt er unter Druck und Zwang, wird er anschließend nervös und unsicher. Außerdem lernt er somit aus Angst und nicht mehr aus Liebe zu dir.

Zum Schluss kann es passieren, dass die Welpen durch das ständige Trainieren überhaupt nicht mehr gehorchen. Sie sind unmotiviert und zeigen keine Reaktion auf Kommandos und verkriechen sich. Der Welpe läuft mit eingezogener Rute umher. Hier kann man sagen, man hat als Hundehalter versagt, doch soweit soll es erst gar nicht kommen.

PAUSENBEDARF ODER UNGEHORSAM?

Das ist nun genau abzuwägen, will er oder will er nicht. Bedarf es vielleicht einfach nur einer kleinen Pause? Bei wiederholten Übungen hat der Welpe einfach mal genug. Das kann man auch aus menschlicher Sicht gut verstehen. Damit ist eine Pauseneinheit für ihn reserviert. Am besten nach einer erfolgreichen Übung, die nimmt er positiv in die Pause mit. Dann soll es hier und da mal für heute gut sein.

Kleine Trainingseinheiten erreichen mehr als das große Training an sich, das kommt im Junghundalter noch. Sei immer megastolz auf ihn, wenn er etwas richtig gemacht hat, das ist die größte Bestätigung für ihn. Nichts sitzt am Anfang perfekt, das muss es auch nicht. Aber der Weg dorthin ist schon mal in die richtigen Bahnen geleitet. Der Welpe weiß nun, was du von ihm willst.

Überfordere den kleinen Welpen nicht, er weiß noch nicht, wie ihm geschieht. Gehe immer mit der nötigen Freude, Lust und dem Interesse heran, genau das vermittelst du auch.

Der Paul und die Vermenschlichung

Paul, wie sollte es anderes sein, ist ein schokofarbener Labrador und der ganze Stolz von Herrchen und Frauchen. Alle schon etwas betagt und Herrchen könnte Bücher über ihn schreiben. Denn Paul versteht auch jedes Wort, wie Herrchen meint. Manchmal sogar besser als seine Frau und Paul spricht ohne Worte zu ihm. Somit sind sie auch immer einer Meinung. Paul ist gemütlich, etwas dick und zu allem und jedem freundlich. Immer in der Hoffnung, dass es etwas zwischen die Zähne gibt. Dafür setzt er sein schönstes Lächeln auf. Herrchen diskutiert oft auf der Parkbank mit Paul, das lässt er mit seiner Frau lieber sein. Paul ist ein stiller und guter Zuhörer und keine Petze, sonst wäre die Ehe seit langem schon geschieden. Somit ist Paul ein Menschenversteher und das Bindeglied zwischen Herrchen und Frauchen. Ein Vermittler, wenn man so will.

Paul dagegen sieht sich selbst als Hund an. Pflegt gerne seine hundlichen Kontakte und Herrchen interpretiert dort alles mit rein. Schau mal, Paul, die Emma, wie die sich freut, und jetzt kommt sie auch. Nicht ganz, Emma hat gerade etwas sehr Leckeres im Gebüsch entdeckt und Paul auch mal gleich hinterher. Paul, hier, hier, Paul, du weißt ganz genau, die legen immer Giftköder aus. Was Herrchen dennoch nicht veranlasst, die Pobacken von der Parkbank zu heben. Emma, sofort hier, aber sofort, die Stimme von Emmas Frauchen. Hunderte Male haben wir darüber gesprochen und ich habe es ihr erklärt, das kann ihren sicheren Tod bedeuten. Aber nein, beide hören nicht. Paul ist bequem und nimmt neben seinem Herrchen wieder Platz. Guter und braver Paul, du folgst eben aufs Wort. Wobei Paul eher rein zufällig kam. Emma ist mit Frauchen im Gebüsch und Frauchen ist nur am Reden und Emma nur am Suchen und die Frauen langsam aber sicher am Fluchen. Das war das letzte Mal, Emma, du gehst künftig nur noch an der Leine und keine Widerworte. Paul lässt das kalt und Herrchen sinniert mit Paul, der zwischenzeitlich Sorgenfalten auf der Stirn trägt. Denn Herrchen redet wie Frauchen ohne Punkt und Komma. Nur bei Frauchen weniger, da kommt Herrchen eher selten zu Wort. Paul ist ein Seelentröster und eine Seele von Hund und Herrchen ein wahrer Hundeversteher. Er weiß, was seinen Paul bedrückt und kennt ihn doch in- und auswendig. Herrchen hat Paul vermenschlicht und das ist im Grunde genommen nicht schlimm, denn das Dreiergespann hat Seltenheitswert. Dennoch sind Hunde immer Hunde, nur der Paul halt nicht. Aber er weiß gut damit umzugehen und nimmt als „Mensch" eine wichtige Rolle in der Mensch-Hund-Beziehung ein. Der Paul, ein Unikat und der beste Freund, der keine dummen Fragen stellt. Denn Paul weiß eben, was sich gehört.

Zum guten Schluss

Nun ist dein Sonnenschein bei dir eingezogen und hin und wieder ziehen ein paar Gewitterwolken auf. Dein ausgesuchter Welpe ist sein Hundeleben lang dein treuer Wegbegleiter. Er begleitet dich in guten wie in schlechten Zeiten, so sei auch du ihm treu. Die Welpen-Erziehung ist ein spannendes wie auch lehrreiches Kapitel. Ein Abenteuer und dein Hund, ein Geschenk auf Zeit.

Heute erfolgt die Erziehung aus einer Portion Liebe, einem Klacks Gehorsam und einer Schnitte Disziplin. Ein Puzzle guter Eigenschaften, für einen äußerst alltagstauglichen Hund. Dieser muss sein Leben lang gefördert wie auch gefordert sein, um ausgeglichen, ruhig und friedlich seinen Besitzern Freude zu machen. Das Buch ist eine kleine Hilfestellung im Welpenalltag und bezieht alles rund um den Hund mit ein.

Somit ist die Erziehung ein wesentlicher Bestandteil, die Ernährung und Pflege wie auch seine Familie sein Lebensmittelpunkt. Danke für den Kauf des Buches und mit dem richtigen Händchen und dem gewissen Hundeverstand erhältst du den perfekten Begleiter an deiner Seite. Nichts passiert von heute auf morgen, aber dafür ein ganzes Leben lang. Er wird Spuren in deinem Herzen hinterlassen und dich später als Seelenhund auf all deinen Wegen begleiten. Wer einen Hund sein Eigen nennt, ist niemals allein. Nutze und genieße die Welpenzeit, denn sie werden so schnell groß und erwachsen.

Beginne das Abenteuer Hund und du wirst den besten Freund der Welt gewinnen. Geht mal etwas schief, er hat es niemals mit Absicht gemacht, daran sind seine Instinkte schuld. Freu dich auf eine spannende wie auch lehrreiche Zeit und alles Gute für die Fellnase und dich.

HUNDESPIELE 123

Die 123 besten Spiele für deinen Hund & Welpen für mehr Agility und Intelligenz! Interaktive Beschäftigungen mit und ohne Spielzeug für eine optimale Welpenerziehung & Hundetraining

Das heutige Zusammenleben mit dem Hund

Ein Hund ist von Natur aus darauf ausgelegt, sich viel zu bewegen. Die Vorfahren unserer Hunde waren den ganzen Tag damit beschäftigt, Beute aufzuspüren, Fährten zu verfolgen (weswegen auch heute noch der Geruchssinn der wichtigste Sinn unserer Vierbeiner ist), zu jagen und Beute zu erlegen. Dieser Bewegungs- und Beschäftigungsdrang ist auch noch heute in unseren Hunden verankert (in manchen mehr, in manchen weniger). Darum ist kaum ein Hund nur mit einfachem Gassi gehen zufrieden zu stellen. Die meisten Hunde stellen demnach also auch noch ganz andere Anfo rderungen an ihre Halter.

Damit du weißt, wie du deinen Hund artgerecht, abwechslungsreich und unterhaltsam auslasten und beschäftigen kannst, hältst du hier ein Sammelwerk mit 123 verschiedenen Spielen und Tricks in der Hand. In diesem Buch wird außerdem aufgezeigt, welche Fähigkeiten welches Spiel verbessert oder fördert, worauf du achten musst, wenn du mit deinem Hund spielst und ob es Spiele gibt, die ggf. für manche Hunde nicht geeignet sind. Du findest in diesem Buch jede Menge Schritt-für-Schritt Anleitungen, die dir zeigen, wie auch du mit deinem Hund viel Spaß haben kannst und ihn richtig beschäftigst. Beachte jedoch, dass viele der Spiele aus den fortführenden Kapiteln (Spiele für Fortgeschrittene und Spiele für Profis) oftmals auf vorangegangenen Spielen und Kommandos aufbauen, weswegen du dir die Reihenfolge der Spiele anschauen solltest und schauen solltest, welches vorangegangene Spiel oder Kommando für ein anspruchsvolleres Spiel notwendig ist und bereits sicher sitzen sollte, bevor du dich an den nächsten Schritt wagst.

Ganz nebenbei fördert das Spielen mit deinem Hund sowohl eure Beziehung zueinander als auch euer Vertrauen ineinander. Außerdem stärkst Du mit den verschiedenen Spielen sowohl die Sinne deines Hundes als auch sein Selbstbewusstsein, denn Dinge zu erschnüffeln, sich sein Futter zu verdienen und vermeintliche Probleme selbst zu lösen ist das, was ein Hund braucht, um glücklich zu sein. Denn dieses Verhalten entspricht dem seiner Vorfahren. Wenn du ihm dann auch noch dabei hilfst und zusammen mit deinem Vierbeiner Spaß hast, hat das viele positive Effekte auf euer Zusammenleben. Und nun viel Freude beim Ausprobieren, Trainieren und Spaß haben!

Warum spielen mit dem Hund so wichtig ist

Bereits Welpen verbringen einen Großteil ihrer Zeit mit Spielen. Es gehört quasi zu ihren Grundbedürfnissen und wird in nahezu jeder freien Minute ausgeübt. Diesen Spieltrieb behalten unsere Hunde in der Regel und dementsprechend groß ist ihre Motivation, sowohl mit anderen Hunden, aber eben auch mit uns Menschen zu spielen und neue Dinge zu lernen. Dieser gemeinsame Zeitvertreib mit deinem Vierbeiner stärkt dabei sowohl eure Bindung als auch das Vertrauen deines Hundes in dich. Außerdem werden die verschiedensten Fähigkeiten deines Hundes gefördert, wie zum Beispiel:

- Konzentrationsfähigkeit
- Problemlösungsfähigkeit
- Körperwahrnehmung
- Koordination
- Spieltrieb
- Selbstbewusstsein
- uvm.

Damit das Spielen euch beiden Spaß macht, solltest du in jedem Fall darauf achten, dass du Spiele wählst, die dein Hund mag und die er auch körperlich wie geistig umsetzen kann. Außerdem darfst du beim Spielen und dem Beibringen neuer Tricks nicht vergessen, deinen Hund zu belohnen, wenn er etwas richtig macht. So lernt dein Hund schneller, was du von ihm möchtest und spielt lieber mit dir, als wenn du ihn bestrafst, wenn er etwas nicht versteht oder falsch macht. Welche Belohnung für deinen Hund die richtige ist, erfährst du im Kapitel „Die richtige Belohnung“.

Und wenn du dir immer genügend Zeit nimmst und deinen Hund durch das Spielen sowohl körperlich als auch geistig auslastest, wirst du merken, wie glücklich und zufrieden dein Vierbeiner wird.

Worauf du jedoch beim Spielen mit deinem Hund achten solltest, erfährst du im nächsten Kapitel. Lies dir diese Liste aufmerksam durch und verinnerliche sie, damit das gemeinsame Spiel mit deinem Vierbeiner auch wirklich Spaß bringt und am Ende nicht in einer Katastrophe endet oder nur zu Frust führt.

WORAUF MUSS MAN BEIM SPIELEN ALS HUNDEHALTER ACHTEN?

- Die meisten Spiele in diesem Buch sind ausschließlich für erwachsene Hunde geeignet
- Mit Welpen solltest du weniger und vor allem wenig körperbetont spielen, da ihre Knochen und Gelenke noch im Wachstum sind und eine zu hohe Belastung zu Schäden führen kann
- Nutze an Spielzeugen nur solche Spielzeuge, die auch wirklich für Hunde geeignet sind
- Verzichte auf die Verwendung von Tennisbällen, da diese die Zähne beschädigen und sogar zerstören können!
- Das Spiel sollte euch beiden Spaß machen! Es nützt also nichts, mit deinem Hund zu schimpfen, wenn er etwas nicht gleich versteht
- Nicht jedes Spiel ist für jeden Hund geeignet! Achte also darauf, dass du deinen Hund nicht überforderst und dass du Spiele auswählst, die dein Hund auch durchführen kann
- Zu keinem Zeitpunkt sollte Verletzungsgefahr bestehen. Achte also darauf, dass die verwendeten Utensilien nicht kaputt gehen können und alle Dinge, die du nutzt, für deinen Hund ungefährlich sind
- Nutze niemals Stöcke oder Steine zum Spielen, da diese zu schweren Verletzungen führen können oder verschluckt werden können
- Wärme deinen Hund vor körperlich anstrengenden Spielen auf, zum Beispiel durch Laufen, leichtes Bällchen werfen oder herumtollen
- Achte auch auf die Umgebungstemperatur! Spiele mit deinem Hund nicht in der Mittagshitze und lasse ihn bei gefrorenem Boden nicht zu lange sitzen oder liegen
- Habe genügend Wasser parat, damit dein Hund nach anstrengenden Spielen trinken kann
- Ziehe die gegebenen Leckerchen von der restlichen Tagesportion Futter ab, da dein Hund sonst zu dick werden könnte
- Füttere deinen Hund nicht vor dem Spielen, da er sonst zum einen keinen Appetit auf die Leckerchen haben könnte und zum anderen Gefahr läuft, sich eine Magendrehung einzuhandeln, die unbehandelt zum Tod führen kann!
- Gehe mit einem guten Gefühl in eine Trainings- und Spieleinheit. Hast du schlechte Laune, überträgt sich das auch auf deinen Hund
- Wenn du einen schlechten Tag hattest, lass deine (schlechte) Laune nicht an deinem Vierbeiner aus. Er hat sich den ganzen Tag auf dich gefreut und möchte jetzt eine schöne Zeit mit dir verbringen
- Wenn du zu ungeduldig bist, oder schnell genervt reagierst, solltest du

an diesem Tag nicht mit deinem Hund spielen

- Manche Hunde besitzen gewisse genetisch veranlagte Triebe, wie zum Beispiel den Hüte- oder den Jagdtrieb
- Achte beim Spielen mit deinem Hund darauf, diese Triebe entweder nicht weiter zu fördern, oder sie zumindest in die richtige Bahn zu lenken
- Das heißt zum Beispiel, dass du deinen Hund, der einen stark ausgeprägten Jagdtrieb besitzt, nicht einfach nur mit „Bällchenwerfen" versuchst zu beschäftigen und müde zu bekommen
- Spielen kann somit auch helfen, deinen Hund zu trainieren und so ein angenehmeres Zusammenleben zu ermöglichen
- Nimm dir Zeit für die Spieleinheiten. Wenn du Termindruck hast und nur mal eben schnell 10 Minuten mit deinem Hund spielen willst, damit er danach (hoffentlich) müde ist und du ihn wieder allein lassen kannst, dann wird das wahrscheinlich nicht klappen
- Lasse deinen Hund bei direkten Interaktionsspielen (wie dem Zerren) auch öfters mal gewinnen
- Du musst beim Spielen (und auch im sonstigen Zusammenleben mit deinem Hund) kein „Alpha" oder „Rudelführer" sein! Sei einfach ein Freund, ein Partner und in einer Partnerschaft sollte jeder mal gewinnen, damit der Spaß erhalten bleibt, denn auch dein Hund verliert nicht gern
- Beende das Spiel nach Möglichkeit immer dann, wenn es am meisten Spaß macht
- Beende ein Spiel möglichst nie dann, wenn es überhaupt nicht klappt und du frustriert bist, denn das merkt sich dein Hund und hat ggf. bei der nächsten Spieleinheit weniger Lust, mitzumachen
- Sollte etwas überhaupt nicht klappen, brich die Übung ab und fordere lieber etwas, was dein Hund sicher beherrscht und belohne ihn dann dafür
- So geht dein Hund dennoch mit einem guten Gefühl aus der Spielzeit raus und freut sich schon auf das nächste Mal
- Gönne deinem Hund nach einem anstrengenden Spiel Ruhe, damit er sich erholen kann

Eignen sich alle Spiele für alle Hunde?

Es gibt heutzutage mehrere hundert verschiedene Rassen, vom winzig kleinen Chihuahua bis zum riesigen Irish Wolfhound. Dabei unterscheiden sich die verschiedenen Rassen nicht nur durch diese physischen Merkmale, sondern auch durch ihre verschiedenen Charakterzüge. Ein Jack Russel Terrier ist quasi nie wirklich ausgelastet, während ein Leonberger auch nichts dagegen hat, den einen oder anderen Abend einfach nur dösend auf der Couch zu verbringen. Insbesondere Arbeitsrassen, zu denen zum Beispiel der Deutsche Schäferhund, der Australian Shepherd oder auch der American Staffordshire Terrier gehört, haben bereits aufgrund ihrer genetischen Veranlagung ein größeres Bedürfnis, beschäftigt zu werden und ihren Kopf anzustrengen. Sie sind sehr schlau und lernen neue Tricks quasi in „Nullkommanichts".

Gerade bei diesen Rassen bist du als Halter gefragt und gefordert. Ebenfalls gibt es Rassen, die einen ausgeprägten Jagd- oder Hütetrieb besitzen. Ist dies der Fall, solltest du beim Spielen immer darauf achten, diesen Trieb nicht weiter (heraus-) zu fordern, oder aber das Spielen dazu zu nutzen, ihn in die richtige Bahn zu lenken, damit dein Hund auch weiterhin kontrollierbar bleibt und du nicht beim nächsten Spaziergang nur noch die Staubwolke deines Jagdhundes siehst, weil er durch das Spielen so heiß aufs Jagen wurde, dass er jede sich bietende Gelegenheit nutzt um Beute zu machen.

Es gibt aber natürlich auch andere Dinge, die man beim Spielen und Trainieren mit dem Hund beachten sollte. Dazu zählen vor allem die gesundheitlichen Einschränkungen. Hat dein Hund zum Beispiel Arthrose oder HD, so sind besonders körperlich betonte Spiele eher weniger geeignet. Dazu zählen sowohl Übungen, bei denen dein Hund zum Beispiel kriechen oder springen muss. Aber auch konditionell anspruchsvolle Aufgaben können für alte, geschwächte oder kranke Hunde schnell zu einer Herausforderung werden. Achte darum immer darauf, ob dein Hund überhaupt in der Lage ist, ein Spiel oder ein Kommando durchzuführen, oder ob er sich dabei zum Beispiel schmerzbedingt nicht wohlfühlt. Du solltest deinen Hund bei den Spielen auch niemals überfordern. Bleibe also immer unter dem Limit. Ebenso zu beachten ist die psychische Leistungsfähigkeit deines Hundes. Hast du einen Angsthund, so können manche Spiele für eben jenen Hund überfordernd sein, da er sich mit seinen Ängsten konfrontiert sieht, und der Spaß am Spiel geht verloren. Du kennst deinen Hund am besten, also kannst du auch am ehesten entscheiden, welche Spiele und Tricks du mit deinem Hund ausprobieren kannst und welche nicht.

Die richtige Belohnung

Die richtige Belohnung für deinen Hund zu finden ist wichtig, damit er auch Spaß an der Sache hat und sich das Ausführen der Tricks für ihn lohnt. Probiere also aus, was für deinen Hund die richtige Belohnung ist und worüber er sich besonders freut. Dabei muss es sich nicht immer um Leckerchen handeln. Manche Hunde bevorzugen körperliche Bestätigung, zum Beispiel in Form von Streicheleinheiten. In den meisten Fällen macht jedoch Futter das Rennen.

Wenn du dich, bzw. dein Hund sich, für Futter als Belohnung entschieden hat, solltest du darauf achten, dass die Stückchen nicht zu groß sind, damit dein Hund nicht schon nach wenigen Belohnungen satt ist. Die Stückchen sollten aber auch nicht zu klein sein. Immerhin soll dein Hund ja auch das Gefühl bekommen, dass er sich gerade etwas Tolles verdient hat. Wichtig: Ziehe die beim Spielen gefütterten Leckerchen von der Futterration deines Hundes ab, damit er nicht dick wird. Als Leckerchen eignen sich besonders Dinge, die dein Hund sonst nicht bekommt, wie zum Beispiel Fleischwurst, Harzer Roller, bzw. generell Käse, oder getrocknetes Fleisch.

Du kannst das Fleisch fürs Training auch selbst trocknen. Dazu benötigst du nur mageres Fleisch, welches du in kleine Stücke schneiden und danach im Backofen bei niedriger Temperatur mehrere Stunden lang trocknen kannst. Falls du einen Dörrautomaten besitzt, kannst du das Fleisch auch darin trocknen (das spart Energiekosten gegenüber dem Backofen). Natürlich bietet auch der Fachhandel mehr als genug Auswahl an fertigen Leckerchen. Achte bei der Auswahl jedoch möglichst darauf, hochwertige Leckerchen zu kaufen, die bestenfalls weder Getreide noch Zucker enthalten. Es gibt auch leere Tuben, die du zum Beispiel mit Leberwurst selbst befüllen kannst. Das Füttern aus der Tube hält außerdem die Finger sauber. Eine weitere Variante wäre das selber backen von Hundekeksen. Rezepte dazu findest du im Internet. Sehr verfressene Hunde sind aber auch schlichtweg mit ihrem normalen Trockenfutter zufrieden und würden auch dafür alles tun. Darum heißt es: Ausprobieren worüber sich dein Hund am meisten freut.

Belohne deinen Hund nach jeder korrekt ausgeführten Übung, damit er weiterhin Lust hat, am Ball zu bleiben und weiter mitzumachen. Übe dein Timing! Beim Training mit deinem Hund ist Timing sehr wichtig, damit du auch das richtige Verhalten belohnst, und nicht erst dann fütterst, wenn dein Hund schon wieder etwas anderes tut! Wenn du mit dem Clicker arbeiten möchtest, denke daran ihn vorher erst zu konditionieren! Das heißt, dass du deinem Hund erst beibringen musst, dass der Click bedeutet dass er etwas richtig gemacht hat und gleich eine Belohnung erhält. Hat dein Hund das verstanden, kannst du mit dem Clicker quasi punktgenau belohnen. Ebenfalls von Vorteil ist die Verwendung eines sogenannten „Targetsticks". Dieser wird häufig in den Spielanleitungen erwähnt und erleichtert deinem Hund das Erlernen vieler Spiele und Tricks.

CLICKER

Der Clicker ist ein wunderbares Werkzeug in der Hundeerziehung, da er dir ermöglicht, punktgenau zu belohnen. Außerdem ist das Geräusch des Clickers immer gleichbleibend, das heißt, dass sich das Geräusch nicht verändert. Anders als bei deiner Stimme, die sich mal fröhlicher, mal genervter oder wütender anhören kann, hat das Clickgeräusch keine Emotion und kann deinen Hund somit auch nicht verunsichern oder verwirren. Damit das Belohnen mit dem Clicker funktioniert, musst du deinem Hund beibringen, dass das Geräusch eine Belohnung ankündigt, bzw. dass das Erklingen des Clicks die Bestätigung dafür ist, dass er gerade etwas richtig gemacht hat. Hunde lernen situativ.

Belohnst oder lobst du ihn zu spät (also nachdem er das eigentlich verlangte Verhalten bereits gezeigt und beendet hat), belohnst du ihn nicht mehr für das richtige Verhalten, sondern für das, was er gerade in dem Moment getan hat, als du geklickt hast. Darum ist auch beim Clickertraining das Timing immens wichtig. Du kannst dein Timing im Übrigen auch selbst trainieren. Bitte jemanden darum, in unterschiedlichen Abständen einen Ball auf dem Boden aufprallen zu lassen. Übe nun immer genau dann zu clicken, wenn der Ball den Boden berührt. Lasse von deinem Gegenüber kontrollieren, ob du punktgenau clickst.

Danach geht es darum, deinem Hund zu vermitteln, dass das Clickgeräusch etwas Positives ist und ihn in seinem Verhalten bestätigt. Das gelingt ganz einfach, indem zu Beginn lediglich clickst und ihm sofort ein Leckerchen gibst oder zuwirfst. Diesen Schritt wiederholst du. Um eine solche Verknüpfung im Hirn des Hundes zu „generalisieren", bedarf es im Übrigen gut 400 Wiederholungen. Nun weißt du also, wie lange du allein diese „Übung" wiederholen musst. Dabei kannst du jedoch nach einigen dutzenden Wiederholungen beginnen, die Zeitspanne zwischen dem Click und dem Leckerchen LANGSAM zu steigern, damit dein Hund weiß, dass das Click eine Belohnung ist, bzw. andeutet, auch wenn das Leckerchen nicht sofort hinterher folgt, denn nicht immer wirst du eine Hand frei haben, in der du das Leckerchen bereits bereithalten kannst.

Übe also Schritt für Schritt, Sekunde für Sekunde, den Abstand zwischen dem Click und der Belohnung zu verlängern. Hat dein Hund verstanden, dass der Click etwas Positives ist, kannst du den Clicker hervorragend im Training nutzen. Wenn du außerdem den Targetstick nutzen möchtest, kannst du auch ein Kombigerät kaufen, in dem Clicker und Target vereint sind.

TARGETSTICK

Der Targetstick ist ein Werkzeug in der Hundeerziehung, mit dem es besonders einfach ist, deinen Hund dazu zu animieren etwas mit der Nase zu berühren. Dies wird bei vielen Spielen und Tricks notwendig sein, weswegen die Verwendung des Targetsticks eine große Erleichterung darstellt. Hierbei kommt auch wieder der Clicker zum Einsatz, da er punktgenau das Verhalten bestärkt, welches du von deinem Hund erwartest. Nimm also den Targetstick zur Hand (im Idealfall das Kombigerät aus Clicker und Targetstick) und halte es deinem Hund vor die Nase.

Berührt er es (zu Beginn meist aus Neugier), clicke sofort und gib ihm ein Leckerchen. Wiederhole auch diesen Schritt dutzende Male, bis dein Hund die Kombination aus Targetstick und das Berühren mit seiner Nase verinnerlicht hat. Übe hierbei auch, den Targetstick weiter weg zu halten und deinen Hund so zu animieren zu dem Stick hinzugehen und ihn zu berühren, da auch dies in vielen Spielen notwendig sein wird. Vergiss beim Berühren nicht die punktgenaue Bestätigung mittels des Clicks.

Die Basics

Zu den Basics zählen jene Kommandos, die so gut wie jeder Hund beherrscht, bzw. beherrschen sollte. Aber auch hier gibt es Möglichkeiten, den Schwierigkeitsgrad zu erhöhen und so aus den standardmäßigen Kommandos eine Art Spiel zu machen. So ist ein einfaches „Sitz" sicher schnell gemacht, aber bleibt dein Hund auch unter Ablenkung sitzen? Und wie sicher bist du, dass dein Hund liegen bleibt, wenn du ihm „Bleib" sagst, auch wenn um ihn herum viel passiert?

In diesem Kapitel werden daher noch einmal die grundlegenden Kommandos aufgegriffen und vertieft. Zusätzlich erhältst du Anleitungen zur Steigerung der Schwierigkeit bei jedem Kommando.

SITZ (UNTER ABLENKUNG)

Schwierigkeit: Leicht bis mittel
Ausübungsort: Drinnen und draußen
Du benötigst: Leckerchen, deine Hand (zum Sichtzeichen geben), Geduld, ggf. jemanden, der ablenkt
Vorbereitung: sicheres „Sitz"

- dieses Spiel fördert die Geduld und Konzentration deines Hundes
- kombiniere das gesprochene Kommando mit einem Handzeichen und lasse deinen Hund Sitz machen
- übe die Kombination mit dem Handzeichen mehrfach, bis dein Hund auch ohne gesprochenes Kommando „Sitz" macht
- bringe deinem Hund bei, dass er erst wieder aufstehen darf, wenn du ein Auflösungskommando (zum Beispiel „OK") gibst
- trainiere das beenden des „Sitz" mit dem Auflösungskommando mehrfach
- erhöhe die Zeitspanne, über die dein Hund sitzen bleiben muss, nur langsam und strapaziere dabei seine Geduld nicht über
- dann kannst du die Schwierigkeit steigern, indem du zum Beispiel den Abstand zu deinem Hund vergrößerst und ihm dann entweder nur das Handzeichen, oder auch das gesprochene Kommando gibst
- sobald das sicher klappt und dein Hund verstanden hat, dass er erst nach dem Auflösungskommando aufstehen darf, kannst du die Schwierigkeit weiter steigern
- rolle zum Beispiel einen Ball herum, während dein Hund weiter sitzen bleiben muss

- du kannst auch eine Person dazu holen, die zum Beispiel mit einem Spielzeug spielt, während dein Hund sitzen bleiben muss
- übe aber auch hier in kleinen Schritten und fahre nicht sofort die größtmögliche Ablenkung auf
- steht dein Hund auf, bevor du das Auflösungskommando gegeben hast, hinterfrage zum einen, ob du gerade die Geduld deines Hundes überstrapaziert hast, oder ob du schlicht noch nicht genügend trainiert hast und dein Hund noch nicht begriffen hat, was du von ihm willst
- du solltest in diesem Moment nicht mit ihm schimpfen, sondern ihn wortlos zurück an die Stelle bringen, an der er vorher saß und ihm erneut das Kommando (gesprochen oder per Handzeichen) geben
- danach wiederholst du die Übung
- klappt es dabei wieder nicht, gehe zum vorherigen Schritt zurück und festige erst diesen Schritt, bis er sicher sitzt und versuche dann erneut, ob das längere Sitzenbleiben oder das Sitzenbleiben unter Ablenkung funktioniert

PLATZ (UNTER ABLENKUNG)

Schwierigkeit: Leicht bis mittel
Ausübungsort: Drinnen und draußen
Du benötigst: Leckerchen, deine Hand (zum Sichtzeichen geben), Geduld, ggf. jemanden, der ablenkt
Vorbereitung: sicheres „Platz“

- dieses Spiel fördert die Geduld und Konzentration deines Hundes
- kombiniere das gesprochene Kommando mit einem Handzeichen und lasse deinen Hund Platz machen
- übe die Kombination mit dem Handzeichen mehrfach, bis dein Hund auch ohne gesprochenes Kommando „Platz“ macht
- bringe deinem Hund bei, dass er erst wieder aufstehen darf, wenn du ein Auflösungskommando (zum Beispiel „OK“) gibst
- trainiere das beenden des „Platz“ mit dem Auflösungskommando mehrfach
- erhöhe die Zeitspanne, über die dein Hund liegen bleiben muss, nur langsam und strapaziere dabei seine Geduld nicht über
- dann kannst du die Schwierigkeit steigern, indem du zum Beispiel den Abstand zu deinem Hund vergrößerst und ihm dann entweder nur das Handzeichen oder auch das gesprochene Kommando gibst
- sobald das sicher klappt und dein Hund verstanden hat, dass er erst nach dem Auflösungskommando aufstehen darf, kannst du die Schwierigkeit weiter steigern

- rolle zum Beispiel einen Ball herum, während dein Hund weiter liegen bleiben muss
- du kannst auch eine Person dazu holen, die zum Beispiel mit einem Spielzeug spielt, während dein Hund liegen bleiben muss
- übe aber auch hier in kleineren Schritten und fahre nicht sofort die größtmögliche Ablenkung auf
- steht dein Hund auf, bevor du das Auflösungskommando gegeben hast, hinterfrage zum einen, ob du gerade die Geduld deines Hundes überstrapaziert hast, oder ob du schlicht noch nicht genügend trainiert hast und dein Hund noch nicht begriffen hat, was du von ihm willst
- du solltest in diesem Moment nicht mit ihm schimpfen, sondern ihn wortlos zurück an die Stelle bringen, an der er vorher lag und ihm erneut das Kommando (gesprochen oder per Handzeichen) geben
- danach wiederholst du die Übung
- klappt es dabei wieder nicht, gehe zum vorherigen Schritt zurück und festige erst diesen Schritt, bis er sicher sitzt und versuche dann erneut, ob das längere liegen bleiben oder das liegen bleiben unter Ablenkung funktioniert

HIER (UNTER ABLENKUNG)

Schwierigkeit: Leicht bis mittel
Ausübungsort: Drinnen und draußen
Du benötigst: Leckerchen, Geduld, ggf. jemanden, der ablenkt
Vorbereitung: sicheres Abrufkommando

- dieses Spiel fördert den Gehorsam deines Hundes und vereinfacht das Zusammenleben mit deinem Hund
- dass dein Hund abrufbar ist, ist unerlässlich
- dass dein Hund auch dann zu dir kommt, wenn es eigentlich spannendere Dinge zu entdecken gibt, ist quasi die hohe Kunst des Abrufens
- starte daher das Training mit einer Schleppleine, um notfalls eingreifen zu können
- als Ablenkung kann auf dem Weg zwischen dir und deinem Hund ein Napf mit Futter dienen
- eine weitere Ablenkung ist jemand, der ein Stück von dir entfernt steht und zum Beispiel mit einem Spielzeug oder einem Ball spielt
- wenn das alles funktioniert, kann auch ein anderer Hund (in größerer Entfernung) als Ablenkung dienen
- lobe deinen Hund bereits dann, wenn er sich dir zuwendet und sich auf den Weg zu dir macht

- hat er den Weg zu dir gefunden, trotz (großer) Ablenkung, muss eine Belohnung her, die alles andere bisher toppt
- höre nicht auf, deinen Hund zu loben, wenn er trotz Ablenkung (oder auch ohne Ablenkung) zu dir gekommen ist!
- Das Wichtigste ist aber: Rufst du deinen Hund, den du nicht mit der Schleppleine gesichert hast, und es dauert gefühlt eine Ewigkeit bis er endlich bei dir angekommen ist, schluck deinen Ärger herunter! Bestrafst du ihn dann oder meckerst ihn an, wird er sich nur merken, dass er ein schlechtes Gefühl bekommt, wenn er zu dir kommt

AUS / GIB HER / TAUSCHEN

Schwierigkeit: Leicht bis mittel
Ausübungsort: Drinnen und draußen
Du benötigst: Leckerchen / Kauartikel, etwas sehr Tolles zum Tauschen, Geduld
Vorbereitung: keine

- dieses Spiel ist sehr wichtig im Zusammenleben mit deinem Hund und verhindert schlimme Zwischenfälle, wie zum Beispiel das Verschlucken von Gegenständen
- das Verbieten oder energische Abnehmen einer vermeintlichen „Beute" führt oft dazu, dass der Hund das Gefundene schnell auffrisst und herunterschluckt
- um das zu vermeiden, sollte stattdessen getauscht werden
- das erreicht man mit wiederholtem Training, bei dem etwas Gutes gegen etwas (viel) Besseres getauscht wird
- dem Hund sollte vom Welpenalter an beigebracht werden, dass der Mensch alles wegnehmen darf
- wichtig: Wenn man dem Hund etwas wegnimmt, sollte er stattdessen etwas anderes erhalten, damit nicht der Lerneffekt eintritt, dass der Hund glaubt alles zu verlieren, wenn der Mensch sich nähert
- tausche darum immer wieder gute Sachen gegen viel bessere Dinge / Leckerchen ein und bring dem Hund so bei, dass es nicht schlimm ist, wenn man ihm etwas wegnimmt

„TOUCH"

Schwierigkeit: Leicht
Ausübungsort: Drinnen und draußen
Du benötigst: Leckerchen, Geduld, deine Hand
Vorbereitung: keine

- dieses Spiel fördert die Konzentration deines Hundes
- dieses Kommando wird so aufgebaut, wie du auch den Targetstick verknüpft hast
- nutze deine Handinnenfläche anstatt des Targets
- am einfachsten lässt sich dieses Kommando mit dem Clicker trainieren
- halte deinem Hund deine Hand nah vor die Nase und clicke (oder lobe) genau in dem Moment, wo dein Hund (zu Beginn aus Neugier) deine Hand berührt
- wiederhole diesen Vorgang viele Male
- erweitere den Abstand zwischen Hund und Hand, auch um zu testen, ob dein Hund den Ablauf bereits verstanden hat
- kombiniere das Ganze mit einem Kommando (zum Beispiel „Touch")
- du kannst die Schwierigkeit erhöhen, indem du auch auf größere Entfernung deine Hand hinhältst und das Kommando zum Berühren gibst, oder indem du, während dein Hund bereits vor dir steht, deine Hand in schneller Abfolge an verschiedene Positionen hältst und immer wieder das Berühren abforderst

APPORTIEREN (UNTER ABLENKUNG)

Schwierigkeit: Leicht bis mittel
Ausübungsort: Drinnen und draußen
Du benötigst: Leckerchen, Apportiergegenstand, Geduld, deine Hand, eine Ablenkung, bzw. eine weitere Person, die die Ablenkung darstellt
Vorbereitung: sicheres Apportieren

- dieses Spiel eignet sich sowohl für die geistige als auch die körperliche Auslastung deines Hundes
- das Apportieren sollte bereits sicher klappen
- Ablenkung beim Apportieren kann zum Beispiel durch jemanden geschehen, der auf dem Weg zwischen dem Apportiergegenstand und dir einen Ball durchrollen lässt
- eine weitere Ablenkung könnte Futter auf dem Weg sein, an dem dein Hund vorbeilaufen muss
- für Profis wäre auch das Apportieren in einem belebten Park eine Möglichkeit,

die Ablenkung (massiv) zu steigern, allerdings birgt dies die Gefahr, dass dein Hund sich am Ende doch, zum Beispiel durch andere freilaufende Hunde, ablenken lässt und seine Aufgabe nicht ausführt. Somit führt die Ablenkung dazu, dass er das Kommando falsch verknüpft und du mit dem Training (fast) von vorn beginnen musst, da dein Hund verinnerlicht hat, dass er das Kommando auch von selbst unterbrechen kann

MAULKORB TRAINING

Schwierigkeit: Leicht bis mittel
Ausübungsort: Drinnen und draußen
Du benötigst: einen gutsitzenden Maulkorb, Leckerchen, Geduld
Vorbereitung: keine

- dieses Spiel vereinfacht dir das Zusammenleben mit deinem Hund, da in manchen Situationen ein Maulkorb zwingend notwendig ist und dein Hund diesen dadurch positiv verknüpft
- besorge einen Maulkorb, der gut sitzt, nicht drückt und groß genug ist, damit dein Hund damit auch hecheln und ggf. trinken kann
- nutze niemals eine Maulschlaufe oder einen Maulkorb, der so eng ist, dass dein Hund sein Maul nicht mehr öffnen kann!
- nimm den Korb des Maulkorbs in deine Handfläche und lasse ein Leckerchen hineinfallen
- zeig deinem Hund den Maulkorb mit dem Leckerchen darin
- belohne zunächst jede Annäherung an den Maulkorb
- sollte dein Hund seine Nase direkt in den Maulkorb stecken, lass ihn das Leckerchen fressen
- er darf seinen Kopf danach direkt wieder herausnehmen
- wiederhole diesen Vorgang mehrmals
- übe dann Schritt für Schritt das Verschließen des Maulkorbs
- dafür legst du mehrere Leckerchen in das Ende des Maulkorbs und drückst sie ein wenig im „Gitter“ des Maulkorbs fest, sodass dein Hund ein bisschen arbeiten muss, um sie herauszukriegen
- währenddessen legst du zuerst nur die Seitenriemen an seinen Kopf und lobst ihn, wenn er ruhig bleibt
- erst wenn das sicher klappt, kannst du den Riemen hinter dem Kopf kurz schließen, öffnest ihn aber danach direkt wieder
- erweitere nun schrittweise die Zeitspanne, über die der Riemen am Kopf geschlossen bleibt
- lobe deinen Hund weiterhin und füttere ihm Leckerchen durch den Maulkorb

hindurch

HALSBAND / GESCHIRR ANZIEHEN

Schwierigkeit: Leicht bis mittel
Ausübungsort: Drinnen und draußen
Du benötigst: ein Halsband oder ein Geschirr, Leckerchen, Geduld
Vorbereitung: keine

- dieses Spiel hilft dir im Alltag mit deinem Hund und nimmt den Stress aus der Situation
- stelle das Halsband oder den Bereich für den Kopf am Geschirr möglichst weit
- halte Deinem Hund das Halsband oder Geschirr vor die Nase und halte dahinter ein Leckerchen
- sobald der Hund mit dem Kopf in die Nähe des Halsbands oder Geschirrs kommt, lobe ihn und gib ihm das Leckerchen
- locke deinen Hund schrittweise weiter, bis er komplett in das Halsband oder Geschirr geschlüpft ist und belohne diesen Vorgang jedes Mal
- füge ein Kommando hinzu, zum Beispiel „Anziehen“ und übe das einige Male in Kombination mit dem Kommando
- schon bald wird dein Hund von selbst in sein Halsband oder Geschirr schlüpfen, wenn du es ihm hinhältst und dein gewähltes Kommando sagst

Spiele für Anfänger

Diese Spiele sind für „Spiel-Anfänger" geeignet und werden von den meisten Hunden sehr schnell verstanden. Es sind einfache Übungen, die du mit deinem Vierbeiner leicht nachmachen kannst. Beachte, dass manche Spiele und Tricks auf vorherigen Spielen und Tricks aufbauen!

LAUF DRUM HERUM

Schwierigkeit: Leicht bis mittel
Ausübungsort: Drinnen und draußen
Du benötigst: Ein Hindernis, Leckerchen, Geduld
Vorbereitung: keine

- dieses Spiel fördert die Konzentration deines Hundes
- stelle ein Hindernis bereit (z.B. eine gefüllte PET Flasche, einen Kegel oder ähnliches)
- positioniere deinen Hund hinter dem Hindernis
- positioniere dich selbst vor dem Hindernis und rufe deinen Hund zu dir
- gib in dem Moment, in dem er auf Höhe des Hindernisses ist, das von dir gewählte Kommando (z.B. „drum rum")
- wiederhole den Vorgang mehrfach und belohne deinen Hund jedes Mal, wenn er um das Hindernis herum gelaufen ist

APPORTIERE UM EIN HINDERNIS HERUM

Schwierigkeit: Leicht bis mittel
Ausübungsort: Drinnen und draußen
Du benötigst: Ein Hindernis, Leckerchen, einen Apportiergegenstand, Geduld
Vorbereitung: sicheres apportieren

- dieses Spiel fordert deinen Hund sowohl geistig als auch körperlich
- stelle wieder ein Hindernis bereit
- wirf den Apportiergegenstand hinter das Hindernis, sodass es sich genau zwischen dir und dem Apportiergegenstand befindet und gib deinem Hund das Kommando zum apportieren
- apportiert dein Hund den Gegenstand und läuft brav um das Hindernis herum, dann lobe ihn und gib ihm ein Leckerchen
- du kannst auch hier das Kommando zum drum herum laufen verwenden und es

ggf. mit dem Kommando für das Apportieren verbinden, damit dein Hund auch das Apportieren, trotz Umrunden des Hindernisses, zu Ende ausführt

KRIECHEN

Schwierigkeit: Leicht bis mittel
Ausübungsort: Drinnen und draußen
Du benötigst: Leckerchen, dein Bein, ggf. jemanden der hilft, Geduld
Vorbereitung: keine

- dieses Spiel fördert das Körperbewusstsein deines Hundes und stärkt seine Koordination
- dieses Spiel funktioniert nicht unbedingt mit jedem Hund, da zum Beispiel Doggen schlicht zu groß sind und sich schwer tun, mit ihren sehr langen Beinen zu kriechen
- schätze also deine Beinhöhe im angewinkelten Zustand und die Höhe deines kriechenden Hundes gut ab
- knie dich hin und winkle ein Bein an
- nimm ein Leckerchen in die Hand und locke damit deinen Hund unter deinem Bein hindurch
- wenn er sich hinlegt und anfängt zu kriechen, gib dein gewähltes Kommando (z.B. „kriechen")
- wiederhole diesen Vorgang mehrmals, bis dein Hund begriffen hat was er tun soll und du kein Leckerchen mehr benötigst und ihn zu locken
- dann kannst du dein Bein weglassen und nur noch das Kommando fürs Kriechen geben

KRIECH DRUNTER DURCH

Schwierigkeit: Leicht bis mittel
Ausübungsort: Drinnen und draußen
Du benötigst: Ein Hindernis, Leckerchen, Geduld
Vorbereitung: keine

- dieses Spiel fördert das Körperbewusstsein deines Hundes und stärkt seine Koordination
- baue ein Hindernis, unter dem dein Hund drunter durch laufen kann (z.B. zwei Stühle mit einer Stange dazwischen, oder ein paar gestapelte Bücher mit einem Brett oben drauf)
- positioniere dich vor und deinen Hund hinter dem Hindernis

- rufe deinen Hund zu dir und sorge dafür, dass er unter dem Hindernis durchläuft
- kombiniere es mit deinem gewählten Kommando (z.B. „drunter durch“ oder „kriechen“)
- übe diesen Schritt mehrfach, bis er sicher klappt
- dann lege die Stange Stück für Stück tiefer, bis dein Hund darunter durchkriechen muss
- alternativ, wenn dein Hund bereits kriechen kann: Nutze das Kommando „kriechen“ und locke deinen Hund so direkt unter dem Hindernis durch

SPRING DRÜBER

Schwierigkeit: Leicht bis mittel
Ausübungsort: Drinnen und draußen
Du benötigst: Ein Hindernis, Leckerchen, Geduld
Vorbereitung: keine

- dieses Spiel ist körperlich anstrengend und fördert die Koordination deines Hundes
- fange mit einem niedrigen Hindernis an (zum Beispiel jeweils 2 Bücher übereinander gestapelt mit etwas Abstand und einem Stab darauf, oder einfach eine Stange, die du festhältst)
- locke deinen Hund darüber und lobe ihn, sobald er darüber gesprungen ist
- kombiniere den Sprung deines Hundes mit einem Kommando (zum Beispiel „Hopp“ oder „Spring“)
- lege das Hindernis Stück für Stück höher, aber gehe nicht über die Leistungsgrenze deines Hundes
- sorge dafür, dass er nicht gegen die Stange springt oder sich in irgendeiner Form verletzen kann

SPRING DRAUF

Schwierigkeit: Leicht bis mittel
Ausübungsort: Drinnen und draußen
Du benötigst: Eine Plattform oder Ähnliches, Leckerchen, Geduld
Vorbereitung: keine

- dieses Spiel ist körperlich anstrengend und fördert die Koordination deines Hundes
- suche etwas, was groß genug ist, damit dein Hund mit allen 4 Pfoten bequem

darauf stehen kann (z.B. ein Hocker, ein Stuhl, ein niedriger Tisch, oder Ähnliches)
- locke ihn mit einem Leckerchen an den Gegenstand und locke ihn dann Stück für Stück weiter darauf
- bei manchen Hunden hilft es, sie Anlauf nehmen zu lassen (sorge dann aber dafür, dass die Oberfläche nicht rutschig ist!)
- kombiniere dann jeden Sprung mit einem Kommando (z.B. „Hopp")
- wiederhole diesen Vorgang mehrfach
- du kannst die Schwierigkeit steigern, indem du lediglich auf den Gegenstand zeigst und aus der Entfernung das Kommando zum Springen gibst

UMRUNDE ES (MEHRFACH)

Schwierigkeit: Leicht bis mittel
Ausübungsort: Drinnen und draußen
Du benötigst: Ein Hindernis, Leckerchen, Geduld
Vorbereitung: keine

- dieses Spiel fördert den Gehorsam deines Hundes
- stelle ein Hindernis bereit, um das dein Hund herumlaufen soll (z.B. Hütchen, eine volle PET Flasche, oder Ähnliches)
- nimm ein Leckerchen in die Hand und locke damit deinen Hund um den Gegenstand herum
- wenn dein Hund folgt, kombiniere das Umrunden mit einem Kommando (z.B. „drum rum)
- nenne das Kommando entweder mehrfach, oder trainiere mit deinem Hund, dass er so lange weiter umrunden soll, bis du das Auflösungskommando gibst
- du kannst das Kommando auch mit einer Richtungsangabe kombinieren und führst beim Training dann deinen Hund entweder links oder rechts herum

DREH DICH UM DICH SELBST

Schwierigkeit: Leicht bis mittel
Ausübungsort: Drinnen und draußen
Du benötigst: Leckerchen, Geduld
Vorbereitung: keine

- dieses Spiel fördert die Koordination deines Hundes
- nimm ein Leckerchen in die Hand und führe es seitlich an deinem Hund vorbei, damit er dem Leckerchen folgt und sich dreht

- wenn er beginnt sich zu drehen, kombiniere sein Verhalten mit einem Kommando (z.B. „dreh dich“)
- übe diesen Schritt mehrfach, bis dein Hund sich auch dreht, wenn du kein Leckerchen vor seine Nase hältst
- auch hierbei kannst du das Kommando mit einer Richtungsangabe ergänzen und deinem Hund beibringen sich in beide Richtungen zu drehen
- denke daran: Auch Hunde können einen „Drehwurm“ bekommen!
- Dieses Kommando lässt sich ebenfalls so aufbauen, dass dein Hund sich so lange dreht, bis du das Auflösungskommando gibst

GEH RÜCKWÄRTS

Schwierigkeit: Leicht bis mittel
Ausübungsort: Drinnen und draußen
Du benötigst: Leckerchen, Geduld
Vorbereitung: keine

- mit diesem Spiel förderst du die Körperwahrnehmung und Koordination deines Hundes
- nimm ein Leckerchen in die Hand und führe es ein Stück über und hinter den Kopf deines Hundes
- gib ihm das Kommando (z.B. „zurück“) und versuche so, deinen Hund zum rückwärtsgehen zu animieren
- sollte er sich stattdessen hinsetzen, kannst du versuchen, das Leckerchen unter seinem Kopf hin Höhe seiner Brust ein wenig rückwärts zu führen /zu drücken (nicht bei ängstlichen Hunden!)
- sobald er einen Schritt rückwärts geht, belohnst du ihn
- wiederhole diesen Vorgang mehrfach, bis er auch ohne Leckerchen rückwärts läuft

IN WELCHER HAND IST ES?

Schwierigkeit: Leicht
Ausübungsort: Drinnen und draußen
Du benötigst: Leckerchen, Geduld, deine Hände
Vorbereitung: keine

- dieses Spiel fördert den Geruchssinn deines Hundes
- nimm ein Leckerchen in eine Hand und schließe beide Hände
- halte beide Hände vor deinen Hund und frage ihn, wo das Leckerchen ist

- manche Hunde probieren einfach aus, andere nutzen ihren Geruchssinn
- wenn dein Hund sich für eine Hand entschieden hat, öffne sie
- befindet sich das Leckerchen darin, darf er es haben
- ist das Leckerchen dort nicht drin, zeig deinem Hund das Leckerchen in der anderen Hand, schließe beide Hände wieder und frage erneut wo das Leckerchen ist und lass es deinen Hund noch einmal versuchen
- wenn du es ein wenig schwieriger machen möchtest, kannst du dieses Spiel auch zusammen mit mehreren Personen spielen
- setzt euch alle nebeneinander, einer von euch hat ein Leckerchen in einer Hand
- lasst dann den Hund danach suchen

LECKERCHEN UNTER DEM BECHER

Schwierigkeit: Leicht
Ausübungsort: Drinnen und draußen
Du benötigst: Becher oder Ähnliches, Leckerchen, Geduld
Vorbereitung: keine

- dieses Spiel fördert den Geruchssinn deines Hundes
- nimm mehrere Becher oder Tassen und stelle sie mit der Öffnung nach unten auf den Boden
- verstecke unter einem Becher ein Leckerchen und frage deinen Hund wieder, wo sich das Leckerchen befindet
- lass ihn ausprobieren
- sollte dein Hund nicht wissen was er machen soll, hilf ihm, indem du den Becher mit dem Leckerchen drunter kurz anhebst und deinem Hund zeigst, dass darunter etwas versteckt ist

HÜTCHENSPIELER

Schwierigkeit: Leicht
Ausübungsort: Drinnen und draußen
Du benötigst: Becher oder Ähnliches, Leckerchen, Geduld
Vorbereitung: keine

- dieses Spiel fördert den Geruchssinn deines Hundes
- das Spiel wird genauso aufgebaut wie „Leckerchen unter dem Becher"
- nur dieses Mal zeigst du deinem Hund, wo das Leckerchen ist, lässt ihn warten und verschiebst dann die Becher / mischst die Becher durch
- lass deinen Hund dann nach dem Leckerchen suchen

LECKERCHEN IN DER FLASCHE

Schwierigkeit: Leicht bis mittel
Ausübungsort: Drinnen und draußen
Du benötigst: leere PET Flasche, Leckerchen, Geduld
Vorbereitung: keine

- dieses Spiel fördert die Konzentration deines Hundes und lehrt ihn Problemlösungen
- nimm eine leere trockene Flasche und packe mehrere Leckerchen hinein
- zeig deinem Hund die Leckerchen in der Flasche und lege sie vor ihm hin
- lass ihn ausprobieren, wie er die Flasche bewegen muss, damit er an die Leckerchen kommt
- fallen die Leckerchen nicht heraus, kannst du deinem Hund helfen

LECKERCHEN IM MUFFINBLECH

Schwierigkeit: Leicht bis mittel
Ausübungsort: Drinnen und draußen
Du benötigst: Muffinblech, Bälle, Leckerchen, Geduld
Vorbereitung: keine

- dieses Spiel fordert die Intelligenz deines Hundes und lehrt ihn Problemlösungen
- Nimm ein Muffinblech und mehrere Bälle zur Hand
- verstecke in jeder Mulde im Muffinblech ein Leckerchen und lege die Bälle darüber
- nun muss dein Hund herausfinden, wie er an die Leckerchen kommt

LECKERCHEN IM EIERKARTON

Schwierigkeit: Leicht bis mittel
Ausübungsort: Drinnen und draußen
Du benötigst: leeren Eierkarton, Leckerchen, Geduld
Vorbereitung: keine

- dieses Spiel fördert die Fähigkeit deines Hundes, Probleme zu lösen
- nimm einen leeren Eierkarton zur Hand
- streue in die Mulden mehrere Leckerchen und verschließe den Eierkarton wieder

- lass deinen Hund nun ausprobieren, wie er an die Leckerchen kommt
- er sollte den Eierkarton dabei auch zerstören dürfen (achte jedoch darauf, dass er die Kartonteile nicht frisst!)

LECKERCHEN IN DER KÜCHENROLLENPAPPE

Schwierigkeit: Leicht
Ausübungsort: Drinnen und draußen
Du benötigst: leere Küchenpapierrolle, Leckerchen, Geduld
Vorbereitung: keine

- dieses Spiel fördert die Fähigkeit deines Hundes, Probleme zu lösen
- nimm eine leere Küchenrollenpapprolle und lege mehrere Leckerchen hinein
- leg die Rolle vor deinen Hund und lass ihn ausprobieren, wie er an die Leckerchen kommt

RÖHRCHENSPIEL (AUFRECHT)

Schwierigkeit: Leicht
Ausübungsort: Drinnen und draußen
Du benötigst: leere Küchenpapierrolle, Leckerchen, Geduld
Vorbereitung: keine

- dieses Spiel fördert die Fähigkeit deines Hundes, Probleme zu lösen
- nimm mehrere Küchenrollenpapprollen oder Toilettenpapierrollen zur Hand und stelle sie auf einem glatten Untergrund hochkant auf
- fülle nun in jede Rolle ein Leckerchen und lasse deinen Hund herausfinden, wie er an die Leckerchen kommt

LECKERCHENKARTON

Schwierigkeit: Leicht bis mittel
Ausübungsort: Drinnen und draußen
Du benötigst: leerer Karton, ein Spielzeug oder Leckerchen, Geduld, ggf. Klebeband
Vorbereitung: keine

- dieses Spiel fördert zum einen den Spieltrieb, ist aber körperlich auch relativ anstrengend und erfordert ein gewisses Maß an Problemlösungsfähigkeit
- nimm einen Karton (die Größe des Kartons sollte an die Größe deines Hundes

angepasst sein) und fülle zum Beispiel Leckerchen, Kau- oder anderes Spielzeug hinein und verschließe den Karton, indem du zum Beispiel die Deckelteile ineinander verkeilst
- je nachdem ob dein Hund dazu neigt, Dinge, die er kaputt macht auch zu fressen, solltest du auf das Zukleben mit Klebeband verzichten
- lass ihn nun ausprobieren, wie er den Karton öffnen kann, um an den Inhalt zu gelangen
- achte darauf, dass er keine Pappteile verschluckt!

INDOOR LECKERCHENSUCHE

Schwierigkeit: Leicht bis mittel
Ausübungsort: Drinnen
Du benötigst: Leckerchen, Geduld
Vorbereitung: keine

- dieses Spiel fördert den Geruchssinn deines Hundes
- lass deinen Hund „Sitz" machen und gehe in einen anderen Raum
- dort versteckst du mehrere Leckerchen (z.B. auf oder unter einem Kissen, auf dem Griff einer Schublade, etc.)
- gib deinem Hund dann das Auflösungskommando, damit er aufsteht und schicke ihn dann mit dem Kommando „Such" auf die Suche nach den Leckerchen

SUCH NACH MIR (INDOOR)

Schwierigkeit: Leicht bis mittel
Ausübungsort: Drinnen
Du benötigst: Leckerchen, deine Stimme, Geduld
Vorbereitung: keine

- dieses Spiel fördert die Bindung zwischen dir und deinem Hund
- lass deinen Hund „Sitz" machen und gehe in einen anderen Raum
- verstecke dich dort und rufe deinen Hund
- lass ihn dich suchen und belohne ihn, wenn er dich gefunden hat

SUCH NACH MIR (OUTDOOR)

Schwierigkeit: Leicht bis mittel
Ausübungsort: Draußen
Du benötigst: Leckerchen, deine Stimme, Geduld
Vorbereitung: keine

- dieses Spiel fördert zum einen die Bindung zwischen dir und deinem Hund und zum anderen die Aufmerksamkeit deines Hundes
- dieses Spiel funktioniert entweder, wenn du mit deinem Hund im Garten bist, dein Hund unterwegs an unbelebten Orten im Freilauf ist, oder du zusammen mit jemand anderem unterwegs bist, der deinen Hund an einer Schleppleine sichert
- wenn dein Hund abgelenkt ist oder durch die begleitende Person abgelenkt wird, verstecke dich (z.B. hinter einem Baum)
- warte dann, bis dein Hund bemerkt, dass du nicht mehr da bist und beginnt, dich zu suchen
- dieses Spiel kann auch dazu führen, dass dein Hund stärker auf dich fixiert ist, weil er dich nicht wieder „verlieren" will
- vergiss nicht ihn zu loben, wenn er dich gefunden hat

FANG DAS LECKERCHEN

Schwierigkeit: Leicht bis mittel
Ausübungsort: Drinnen und draußen
Du benötigst: Leckerchen, Geduld
Vorbereitung: keine

- dieses Spiel fördert die Koordination deines Hundes
- wirf ihm die Leckerchen zu und lass ihn das Futter fangen
- du kannst, wenn er gut fängt, auch die Entfernung erhöhen oder die Wurfhöhe verändern, um das Ganze etwas schwieriger zu machen

BALANCIEREN

Schwierigkeit: Leicht bis mittel
Ausübungsort: Drinnen und draußen
Du benötigst: Leckerchen (stapelbar), Geduld
Vorbereitung: keine

- dieses Spiel fördert die Geduld und Ruhe deines Hundes
- platziere ein Leckerchen zum Beispiel auf dem Nasenrücken oder den Pfoten

deines Hundes wenn er sitzt oder liegt und trainiere mit ihm, dass er stillhalten muss
- du kannst dieses Spiel ebenfalls mit einem Kommando wie „stillhalten“ oder „balancieren“ kombinieren
- wenn das gut klappt, kannst du mehrere Leckerchen platzieren oder stapeln
- sollte dein Hund sich mit dem Leckerchen auf seiner Nase oder seinem Kopf nicht wohlfühlen, oder es direkt fressen wollen, übe zunächst mit ihm, dass er den leichten Druck auf seinem Nasenrücken aushält und diesen mit etwas positivem verknüpft
- nutze dafür zu Beginn kein Leckerchen, sondern zum Beispiel deinen Zeigefinger
- leg ihn auf den Nasenrücken deines Hundes und lobe ihn, wenn er still hält
- dehne die Zeit, die dein Finger auf seiner Nase liegt, nur kleinschrittig aus
- klappt das gut, kannst du damit beginnen das erste Leckerchen oder den ersten Keks auf seine Nase zu legen
- lobe ihn, wenn er still hält
- übertreibe bei diesem Trick am Anfang nicht und erhöhe die Keksanzahl nur langsam
- achte immer darauf, dass sich dein Hund währenddessen nicht unwohl fühlt
- schafft er es, sich eine ganze Weile zu konzentrieren und stillzuhalten, lobe ihn überschwänglich, da das Stillsitzen für einen Hund mit die schwerste Disziplin ist

ELEFANTENTRICK

Schwierigkeit: Leicht bis mittel
Ausübungsort: Drinnen und draußen
Du benötigst: Leckerchen, ein Podest oder Ähnliches, Geduld
Vorbereitung: keine

- dieses Spiel fördert die Körperwahrnehmung deines Hundes
- der typische Trick, den Elefanten im Zirkus vollführen: Sich mit den Vorderbeinen auf einem Podest positionieren
- organisiere also ein Podest, einen niedrigen Hocker oder ähnliches
- tippe mit dem Finger auf das Podest und weise so deinen Hund dazu an, auf das Podest zu steigen
- stoppe ihn, wenn er alle Pfoten darauf stellen möchte, sodass er lernt, nur die Vorderpfoten auf das Podest zu stellen
- kombiniere das richtige Verhalten deines Hundes mit einem Kommando deiner Wahl und belohne ihn nach erfolgreicher Ausführung
- bei unsicheren Hunden kann auch jeder kleine Zwischenschritt, jede

Annäherung an das Podest, etc. belohnt werden, um sie auf ihrem Weg zu bestärken

FISCH DIR DAS LECKERCHEN HERAUS

Schwierigkeit: Leicht bis mittel
Ausübungsort: Drinnen und draußen
Du benötigst: Leckerchen (schwimmend), eine flache Schale oder Ähnliches, Geduld
Vorbereitung: keine

- dieses Spiel ist besonders für warme Sommertage geeignet
- organisiere eine flache Schale und fülle sie mit etwas Wasser
- lass nun einige schwimmende Leckerchen in die Schale fallen
- dein Hund muss das Futter nun von der Oberfläche „fischen"
- da die meisten Hunde dabei auch etwas von dem Wasser aufnehmen, ist gerade an warmen Tagen auch für eine gute Flüssigkeitszufuhr gesorgt

NACH DEM FUTTER TAUCHEN

Schwierigkeit: Leicht bis mittel
Ausübungsort: Drinnen und draußen
Du benötigst: Leckerchen (sinkend), eine Schale oder Napf oder Ähnliches, Geduld
Vorbereitung: keine

- dieses Spiel ist besonders für warme Sommertage geeignet
- organisiere zu Beginn eine Schale oder einen Napf und fülle das Gefäß etwa halb voll mit Wasser
- lass nun einige sinkende Leckerchen in die Schale fallen
- dein Hund muss nun mit dem Kopf nach dem Futter tauchen
- da die meisten Hunde dabei auch etwas von dem Wasser aufnehmen, ist gerade an warmen Tagen auch für eine gute Flüssigkeitszufuhr gesorgt

WASSERBLASEN MACHEN

Schwierigkeit: Leicht bis mittel
Ausübungsort: Drinnen und draußen
Du benötigst: Leckerchen (sinkend), eine Schale oder Napf oder Ähnliches, Geduld
Vorbereitung: keine

- dieses Spiel ist besonders für warme Sommertage geeignet
- organisiere eine Schale und fülle sie mit Wasser
- lass nun einige sinkende Leckerchen in die Schale fallen
- wenn dein Hund nach den Leckerchen „taucht", macht er meist auch ein paar Blasen (wenn er ausatmet)
- kombiniere dieses Verhalten mit einem selbstgewählten Kommando
- während er blubbert, kannst du ihn stimmlich loben
- körperliches Lob, wie zum Beispiel Streicheln, führt meist dazu, dass der Hund das Blubbern beendet

GEFRORENES FUTTER

Schwierigkeit: Leicht
Ausübungsort: Drinnen und draußen
Du benötigst: Leckerchen, Fleisch, Brühe oder Leberwurst, Gefrierbehälter oder Eiswürfelbehälter, Gefrierschrank
Vorbereitung: keine

- dieses Spiel ist besonders für warme Sommertage geeignet
- fülle einige Leckerchen, Fleisch, Leberwurst oder Brühe in ein kleines gefriergeeignetes Gefäß (z.B. kleine Dosen oder je nach Größe des Hundes auch Eiswürfelbehälter) und stelle es in den Tiefkühler (meist reichen wenige Stunden aus)
- achte darauf, dass du die „Eisbombe" nicht zu groß machst, da zu viel eiskaltes Futter im Magen zu Magenschleimhautproblemen führen kann!

GIB LAUT!

Schwierigkeit: Leicht
Ausübungsort: Drinnen und draußen
Du benötigst: Leckerchen, Geduld
Vorbereitung: keine

- dieses Spiel macht den meisten Hunden sehr viel Spaß
- bellt dein Hund oft und gern?
- dann kombiniere das Bellen mit einem Kommando (z.B. „Gib Laut“) und belohne ihn
- so stellt er eine Verbindung zwischen deinem Kommando und dem Bellen her
- alternativ kannst du ihn auch dazu animieren, zu bellen und kombinierst das Bellen dann mit dem Kommando
- auch hierfür kann ein Handzeichen benutzt werden

ROLLE MACHEN

Schwierigkeit: Leicht bis mittel
Ausübungsort: Drinnen und draußen
Du benötigst: Leckerchen, Geduld
Vorbereitung: keine

- dieses Spiel fördert die Körperwahrnehmung deines Hundes
- bringe deinen Hund ins „Platz“
- nimm ein Leckerchen und halte es ihm auf Höhe seines Bauches hin
- folgt er mit der Nase dem Leckerchen, dann führe deine Hand über seine Seite zu seinem Rücken
- die meisten Hunde drehen sich dann automatisch
- alternativ kannst du es ihm vormachen oder ihm das Kommando geben, wenn er sich von selbst gerade über den Rücken rollt
- bei nicht sehr ängstlichen Hunden kann auch eine LEICHTE Hilfestellung in Form von leichtem Drücken helfen, sie auf den Rücken zu drehen (aber niemals mit Gewalt!)

PFOTE LINKS / PFOTE RECHTS

Schwierigkeit: Leicht
Ausübungsort: Drinnen und draußen
Du benötigst: Leckerchen, Geduld
Vorbereitung: keine

- dieses Spiel fördert die Konzentration deines Hundes
- halte deine flache Hand vor deinen Hund (in etwa auf Brusthöhe) und sag ihm das Kommando „Pfote"
- die meisten Hunde probieren dann aus, was du von ihnen möchtest
- sollte das nicht klappen, kannst du ein Bein deines Hundes antippen und ihm so einen Hinweis geben
- wenn das gut klappt, kannst du das Kommando mit dem Zusatz „links" oder „rechts" kombinieren
- tippe dann also das Bein an, welches du meinst und kombiniere so das entsprechende Bein mit dem entsprechenden Kommando

BEIDE PFOTEN GEBEN (2 VARIANTEN)

Schwierigkeit: Leicht bis mittel
Ausübungsort: Drinnen und draußen
Du benötigst: Leckerchen, Geduld
Vorbereitung: keine

- dieses Spiel fördert die Körperwahrnehmung und Koordination deines Hundes sowie seinen Gleichgewichtssinn
- halte deinem Hund deinen Unterarm in etwa auf Brusthöhe hin
- gib das Kommando „Pfote" und warte, bis dein Hund eine Pfote auf deinen Arm legt
- ziehe dann deinen Arm ein wenig nach oben, damit dein Hund, um die Balance zu halten, die zweite Pfote auch auf den Arm legt
- alternativ kannst du, wenn eine Pfote deines Hundes bereits auf deinem Arm ist, die andere Pfote nehmen und auch auf deinem Arm positionieren (nicht bei unsicheren Hunden!)
- kombiniere dann das Kommando „Pfote" zum Beispiel mit dem Zusatz „Beide"

ZERRSPIELE ZUSAMMEN MIT HERRCHEN

Schwierigkeit: Leicht
Ausübungsort: Drinnen und draußen
Du benötigst: etwas zum Zerren (Tau oder altes Shirt oder Ähnliches)
Vorbereitung: keine

- dieses Spiel stärkt sowohl den Spieltrieb deines Hundes als auch eure Beziehung zueinander
- eines der bekanntesten Spiele: Zerren
- dafür eignen sich verschiedenste Dinge, zum Beispiel kaufbare Taue, aber auch alte T-Shirts (geknotet) oder weiche Dummys, etc.
- animiere deinen Hund, in das Spielzeug zu beißen und beginne leicht zu zerren
- die meisten Hunde lieben dieses Spiel und gehen schnell darauf ein
- wichtig ist lediglich, dass zu keiner Zeit ein Verletzungsrisiko besteht und dass du als Hundehalter das Spiel jederzeit beenden kannst (dies kann auch über Tauschen erreicht werden, siehe weiter vorn im Buch bei den Basics)
- lass deinen Hund auch des Öfteren gewinnen, damit er weiterhin Spaß daran hat

FANG MICH DOCH!

Schwierigkeit: Leicht
Ausübungsort: Drinnen und draußen
Du benötigst: nichts
Vorbereitung: keine

- dieses Spiel stärkt sowohl den Spieltrieb deines Hundes als auch eure Beziehung zueinander
- lass deinen Hund „Sitz“ machen und entferne dich ein paar Meter von ihm
- dann fordere ihn auf, dich zu fangen und lauf schnell vor ihm weg
- lass dich von ihm „fangen“ und belohne ihn dafür
- wenn dein Hund psychisch gefestigt ist, kannst du auch versuchen ihn zu jagen und zu „fangen“
- viele Hunde sind schnell k.o. bei dieser Art Spiel – übertreibe es also nicht
- schnappt dein Hund nach dir, dann beende das Spiel sofort

APPORTIERE DEIN FUTTER

Schwierigkeit: Leicht bis mittel
Ausübungsort: Drinnen und draußen
Du benötigst: Futterdummy, ggf. Schleppleine, Futter oder Leckerchen für den Futterdummy
Vorbereitung: sicheres Apportieren

- dieses Spiel bietet eine gute Beschäftigungsmöglichkeit für Hunde, die ihr Futter sonst quasi „einatmen" und herunterschlingen
- das Apportieren des Futters ist mit Hilfe eines Futterdummys möglich
- fülle Leckerchen oder das normale Trockenfutter deines Hundes in den Dummy und lasse deinen Hund den Dummy apportieren
- bringt er ihn zu dir zurück, dann öffne den Dummy und lass deinen Hund ein wenig Futter aus dem Dummy fressen
- ist dein Hund dabei zu gierig, solltest du etwas Futter entnehmen und oben auf den geschlossenen Dummy legen
- sollte dein Hund normalerweise gut apportieren können, diesmal aber den Dummy interessanter finden, dann nutze eine Schleppleine, um notfalls eingreifen zu können und ihn zu dir holen zu können
- über dieses Spiel kann auch problemlos die gesamte Tagesration verfüttert werden

ERTASTE DAS LECKERCHEN

Schwierigkeit: Leicht bis mittel
Ausübungsort: Drinnen und draußen
Du benötigst: ein Hindernis, unter das dein Hund nicht drunter passt, Leckerchen, Geduld
Vorbereitung: keine

- dieses Spiel fördert die Problemlösungsfähigkeit deines Hundes
- baue ein kleines Hindernis, unter das dein Hund NICHT drunter durch passt
- positioniere ein Leckerchen unter dem Versteck
- animiere dann deinen Hund, mit der Pfote nach dem Leckerchen zu „angeln"
- hilf ihm, falls er nicht weiß wie er an das Leckerchen herankommen kann, indem du es ein Stückchen weiter nach vorn legst

HEB DEN DECKEL AB

Schwierigkeit: Leicht bis mittel
Ausübungsort: Drinnen und draußen
Du benötigst: Kisten oder Körbe mit Deckel, ggf. eine Schnur oder ein Seil, Leckerchen, Geduld
Vorbereitung: keine

- dieses Spiel fördert die Konzentration deines Hundes
- organisiere einen Korb oder eine Schachtel, im Idealfall mit einem Knauf am Deckel oder einer Kordel
- befestige daran ein Seil und mache einen Knoten hinein, so dass dein Hund diesen gut mit dem Maul greifen kann (der Knoten sollte dementsprechend der Größe des Hundes angepasst werden)
- du kannst auch einen Ball in das Seil einknoten (für größere Hunde)
- falls der Deckel keinen Knauf oder Ähnliches besitzt, kannst du auch zwei Löcher in den Deckel bohren, dort ein Seil durchziehen und die beiden Enden verknoten
- bringe dann deinem Hund bei, das Seil ins Maul zu nehmen und damit den Deckel abzuheben
- in der Kiste sollte sich dann ein tolles Leckerchen befinden, welches dein Hund fressen darf
- kombiniere diesen Trick mit einem selbstgewählten Kommando
- du kannst auch mehrere Kisten ineinander stellen und deinen Hund nach und nach alle Deckel öffnen lassen

UNTER DEN BAUCH SCHAUEN

Schwierigkeit: Leicht bis mittel
Ausübungsort: Drinnen und draußen
Du benötigst: Leckerchen, Geduld
Vorbereitung: keine

- dieses Spiel wirkt sich positiv auf die Beweglichkeit deines Hundes aus
- nimm ein Leckerchen zur Hand und lasse deinen Hund „toter Hund“ machen
- wenn er auf der Seite liegt, bewege das Leckerchen an seiner Nase vorbei in Richtung seines Bauchs
- folgt er dem Leckerchen mit der Nase, bewege das Leckerchen so, dass er sein Bein anheben muss
- gib ihm dann das Leckerchen

- kombiniere den Vorgang mit einem selbstgewählten Kommando und wiederhole es mehrfach

GIB MIR ´NEN KUSS

Schwierigkeit: Leicht
Ausübungsort: Drinnen und draußen
Du benötigst: Leckerchen, Geduld
Vorbereitung: keine

- eine süße Geste
- setze dich dicht neben deinen Hund und tippe dir auf die Wange
- die meisten Hunde sind neugierig und schnuppern an der Stelle, auf die du gezeigt hast
- wenn dein Hund das tut, solltest du ihn direkt belohnen
- alternativ kannst du dir ein Leckerchen an die Wange halten und warten, dass dein Hund dein Gesicht mit seiner Nase berührt
- in dem Moment, in dem er dich berührt, gibst du ihm das Leckerchen
- Kombiniere dieses Verhalten mit einem selbstgewählten Kommando

VERBEUGEN

Schwierigkeit: Leicht bis mittel
Ausübungsort: Drinnen und draußen
Du benötigst: Leckerchen, Geduld
Vorbereitung: keine

- dieses Spiel hat einen positiven Einfluss auf die Beweglichkeit deines Hundes
- lass deinen Hund stehen und nimm ein Leckerchen zur Hand
- führe es deinem Hund quasi von hinten zwischen die Vorderbeine und warte, bis er sich beugt, um an das Leckerchen zu kommen
- schaut er mit seinem Kopf durch seine gebeugten Vorderbeine hindurch, kombiniere dies mit einem selbstgewählten Kommando und belohne ihn
- übe diesen Vorgang so oft, bis er sich allein auf dein Kommando hin „verbeugt“

Spiele für Fortgeschrittene

Diese Spiele sind eher für fortgeschrittene Teams und vor allem für mental fitte Hunde geeignet. Viele andere Spiele aus dem vorherigen Kapitel sollten bereits sicher sitzen, da viele der Spiele in dieser Kategorie auf vorherigen Spielen aufbauen.

UNTERSCHEIDE DEIN SPIELZEUG

Schwierigkeit: mittel bis schwer
Ausübungsort: besser drinnen, draußen ist aber auch möglich
Du benötigst: Leckerchen, verschiedene Spielzeuge (die sich deutlich unterscheiden), Geduld
Vorbereitung: keine

- dieses Spiel ist geistig sehr anstrengend für deinen Hund und fördert seine Konzentration
- lege mehrere Spielzeuge bereit
- nimm eines in die Hand und gib ihm einen Namen
- nenne mehrfach den Namen in Anwesenheit deines Hundes und zeige ihm das Spielzeug
- teste, ob er bereits weiß wie das Spielzeug heißt, indem du das Spielzeug neben ein anderes legst und ihm das Kommando zum Apportieren gibst und den Namen des Spielzeugs nennst
- klappt dies noch nicht, solltest du den vorherigen Schritt des Benennens erneut mehrfach wiederholen
- unterscheidet er die Spielzeuge richtig, belohne ihn

BENENNE DEIN SPIELZEUG

Schwierigkeit: mittel bis schwer
Ausübungsort: besser drinnen, draußen ist aber auch möglich
Du benötigst: Leckerchen, verschiedene Spielzeuge (die sich deutlich unterscheiden), Geduld
Vorbereitung: Spielzeug unterscheiden können

- dieses Spiel ist geistig sehr anstrengend für deinen Hund und fördert seine

Konzentration
- wenn das Unterscheiden der Spielzeuge gut sitzt, kannst du mit dem Benennen beginnen
- stelle dafür mehrere Spielzeuge nebeneinander auf
- benutze dann entweder deinen Target oder deine Hand (Handtouch siehe oben) um deinem Hund beizubringen, das genannte Spielzeug zu berühren
- nenne also den Namen des Spielzeugs und berühre es mit dem Target
- übe das immer wieder und lasse irgendwann den Target weg, damit dein Hund das Spielzeug direkt berührt

APPORTIEREN VERSCHIEDENER SPIELZEUGE

Schwierigkeit: mittel bis schwer
Ausübungsort: besser drinnen, draußen ist aber auch möglich
Du benötigst: Leckerchen, verschiedene Spielzeuge (die sich deutlich unterscheiden), Geduld
Vorbereitung: Spielzeug unterscheiden können, sicheres Apportieren

- dieses Spiel ist geistig sehr anstrengend für deinen Hund und fördert seine Konzentration
- lege alle deinem Hund bekannten Spielzeuge bereit
- entferne dich ein Stück von den Spielzeugen und schicke deinen Hund, ein bestimmtes Spielzeug zu apportieren
- dafür ist es notwendig, dass er sein Spielzeug gut und sicher unterscheiden kann
- lobe und belohne ihn, wenn er das richtige Spielzeug apportiert hat
- apportiert er das falsche Spielzeug, nimm es und stell es zurück zu den anderen und schicke ihn erneut los
- apportiert er erneut ein falsches Spielzeug, beende das Spiel und kehre erneut zum Benennen der Spielzeuge zurück

OUTDOOR LECKERCHENSUCHE

Schwierigkeit: mittel bis schwer
Ausübungsort: draußen
Du benötigst: Leckerchen
Vorbereitung: keine

- dieses Spiel stärkt den Geruchssinn deines Hundes und fördert die Konzentrationsfähigkeit

- die Leckerchensuche ist genauso aufgebaut wie das Leckerchensuchen Indoor
- die Herausforderung besteht darin, dass draußen deutlich mehr Ablenkungen gegeben sind und die Gerüche schneller verfliegen
- versteck also mehrere Leckerchen draußen (im hohen Gras, auf Blumentöpfen, etc.) und lasse deinen Hund danach suchen
- sollte er dich anschauen und dich somit um Hilfe bitten, kannst du ihm auch per Handzeichen andeuten, wo noch ein Leckerchen liegt
- zeige nicht direkt darauf, sondern nur in die Richtung, in der es liegt
- das Suchen soll am Ende schließlich dein Hund übernehmen

LECKERCHEN AUF DEM HANDTUCH

Schwierigkeit: mittel bis schwer
Ausübungsort: drinnen
Du benötigst: Leckerchen, ein Hindernis (ähnlich wie beim Ertasten), Handtuch oder Ähnliches, Geduld
Vorbereitung: keine

- dieses Spiel fördert die Problemlösungsfähigkeit deines Hundes
- baue ein Hindernis (zum Beispiel aus zwei Bücherstapeln und einem Brett), unter das du ein Handtuch legst
- auf das Ende des Handtuchs unter dem Hindernis legst du ein Leckerchen
- lass deinen Hund nun ausprobieren, wie er an das Leckerchen heran kommt
- falls er vorher bereits Leckerchen ertastet hat, wird er das wahrscheinlich erneut probieren
- meist führt das dazu, dass er das Handtuch eher zufällig hervorzieht
- schafft er es, das Handtuch hervorzuziehen, darf er das Leckerchen fressen
- sollte das Leckerchen vom Handtuch rutschen, hilf nach und lege es zurück auf das Handtuch, damit dein Hund auch wirklich die Chance hat, es hervorzuholen

LECKERCHEN HOTDOG

Schwierigkeit: mittel bis schwer
Ausübungsort: drinnen und draußen
Du benötigst: Handtuch, Decke oder Ähnliches, Leckerchen, Geduld
Vorbereitung: keine

- dieses Spiel fördert den Grips deines Hundes
- nimm ein kleines Handtuch zur Hand und rolle mehrere Leckerchen darin ein
- animiere nun deinen Hund, das Handtuch auszurollen

- die Leckerchen, die er dabei aufdeckt, darf er fressen
- du darfst deinem Hund auch Hilfestellung geben, indem du ihm ein wenig dabei hilfst das Handtuch auszurollen
- du kannst diese Handlung auch wieder mit einem Kommando verknüpfen (zum Beispiel „roll aus")
- auch wenn dein Hund als Belohnung bereits die aufgedeckten Leckerchen fressen darf, kannst du ihn dennoch mit deiner Stimme loben

SCHUBLADE ÖFFNEN

Schwierigkeit: mittel bis schwer
Ausübungsort: drinnen
Du benötigst: eine Schublade mit Griff, ein Seil oder eine Schnur, Leckerchen, Geduld
Vorbereitung: keine

- dieses Spiel kann im Alltag nützlich sein
- suche eine Schublade, die sie in etwa auf Nasenhöhe deines Hundes befindet und befestige ein Seil am Griff
- animiere deinen Hund nun, das Seil ins Maul zu nehmen und daran zu ziehen
- wenn er das erfolgreich macht, kombiniere sein Verhalten mit einem Kommando und belohne ihn
- wenn er unsicher ist, kannst du auch kleine Zwischenschritte wie das reine Berühren des Seils oder das erste zaghafte Ziehen daran belohnen

SCHUBLADE SCHLIEßEN

Schwierigkeit: mittel bis schwer
Ausübungsort: drinnen und draußen
Du benötigst: eine Schublade, Leckerchen, Geduld
Vorbereitung: ggf. Targetstick oder „Touch"

- dieses Spiel kann im Alltag nützlich sein
- zum Schließen der Schublade kannst du wieder den Targetstick oder deine Hand („Handtouch" siehe oben) nutzen, um deinem Hund zu zeigen, wogegen er mit seiner Schnauze drücken soll
- deute ihm also an, was er mit der Schnauze berühren soll und belohne ihn, sobald er mit der Schnauze an der Schublade ist
- bringe ihm so bei, die Schublade wieder zu schließen
- kombiniere das Verhalten mit einem Kommando und übe den Trick mehrmals

XL LECKERCHEN KARTON

Schwierigkeit: mittel bis schwer
Ausübungsort: drinnen und draußen
Du benötigst: einen Karton, Leckerchen, Zeitungspapier und anderes hundegeeignetes Füllmaterial, ggf. Klebeband
Vorbereitung: keine

- dieses Spiel ist körperlich anstrengend und fördert den Spieltrieb deines Hundes
- nimm einen Karton (die Größe des Kartons sollte an die Größe deines Hundes angepasst sein) zur Hand und befülle ihn mit zerknülltem Zeitungspapier, Küchenpapier und ähnlichen Dingen und streue einige Leckerchen hinein
- verschließe den Karton, ggf. mit Klebeband und lass deinen Hund arbeiten, um an die Leckerchen zu kommen

LECKERCHENSUCHE MIT HINDERNISSEN

Schwierigkeit: mittel bis schwer
Ausübungsort: drinnen und draußen
Du benötigst: Hürden, Hindernisse, etc., Leckerchen, Geduld
Vorbereitung: je nach Parcours „Lauf drum herum", „Kriech drunter durch", „Spring drüber", „Ertaste das Leckerchen", „Heb den Deckel ab", „Leckerchen Hotdog"

- dieses Spiel ist geistig wie körperlich sehr anstrengend und fördert sowohl die Konzentration deines Hundes als auch seine Körperwahrnehmung
- baue einen kleinen Hindernisparcours auf (z.B. mit Hürden, Hindernissen unter denen dein Hund durchkriechen muss, etc.) und verteile überall im Parcours Leckerchen (gern auch ein wenig versteckt)
- platziere die Leckerchen, bzw. baue den Parcours dabei so, dass dein Hund die Hindernisse nehmen muss, um an die Leckerchen heranzukommen
- animiere nun deinen Hund, die Leckerchen zu suchen und hilf ihm, falls er irgendwo nicht weiterkommt

TÜR SCHLIEẞEN

Schwierigkeit: mittel bis schwer
Ausübungsort: drinnen
Du benötigst: eine Tür, Leckerchen, Geduld
Vorbereitung: ggf. Targetstick oder „Touch"

- dieses Spiel kann im Alltag sehr nützlich sein
- öffne eine leichtgängige Tür
- benutze wieder den Targetstick oder deine Hand, um deinem Hund zu zeigen, wogegen er mit seiner Schnauze drücken soll
- animiere ihn dann wieder, gegen die Tür zu drücken
- bringe ihm so bei, die Tür zu schließen
- kombiniere sein Verhalten mit einem Kommando und übe den Trick mehrfach

WÄSCHE ABNEHMEN

Schwierigkeit: mittel bis schwer
Ausübungsort: drinnen
Du benötigst: einen Wäscheständer, Wäschestücke, Leckerchen, Geduld
Vorbereitung: keine

- dieses Spiel kann dir deinen Alltag erleichtern
- nimm einen Wäscheständer, oder, falls dein Hund dafür zu klein ist, baue einen Wäscheständer selbst, der auf die Größe deines Hundes angepasst ist
- hänge dort nun zu Beginn z.B. Socken auf (ohne Wäscheklammern) und hänge sie so auf, dass sie fast von selbst herunterfallen
- animiere nun deinen Hund dazu, nach den Socken zu schnappen und sie von der Leine zu ziehen
- kombiniere sein Verhalten mit einem Kommando
- später kannst du die Socken auch normal aufhängen, bzw. für Hunde, die gern ziehen, auch mit einer Wäscheklammer befestigen, um den Schwierigkeitsgrad zu erhöhen

WÄSCHE WEGRÄUMEN

Schwierigkeit: mittel bis schwer
Ausübungsort: drinnen
Du benötigst: Wäschestücke, einen Wäschekorb oder Ähnliches, Leckerchen, Geduld
Vorbereitung: sicheres Apportieren

- dieses Spiel ist im Alltag sehr nützlich und hilfreich
- stell einen Wäschekorb oder ein anderes Behältnis bereit, in das dein Hund die Wäsche legen kann und soll
- lass ihn nun entweder die abgenommene Wäsche, die auf dem Boden liegt, apportieren
- oder kombiniere das Wäsche abnehmen direkt mit dem Wegräumen in den Wäschekorb
- anstatt die Wäsche, die er im Maul hat, wie beim Apportieren vor dir hinzulegen (oder wahlweise dir in die Hand zu geben), bringst du deinem Hund bei, die Wäsche in dem Korb abzulegen
- hast du bisher trainiert, dass dein Hund dir Dinge beim Apportieren in die Hand gibt, halte die Hand über den Korb und ziehe sie weg, wenn dein Hund die Wäsche los lässt, oder lasse sie selbst in den Korb fallen
- belohne deinen Hund dann sofort und versuche schnellstmöglich, auf die helfende Hand zu verzichten, da es sonst dem Apportieren in die Hand schaden könnte
- alternativ kannst du deinem Hund das Kommando geben, die Wäsche herzugeben bzw. fallen zu lassen
- kombiniere das Verhalten deines Hundes mit einem Kommando und wiederhole dieses Spiel mehrfach

SPIELZEUG AUFRÄUMEN

Schwierigkeit: mittel bis schwer
Ausübungsort: drinnen
Du benötigst: Spielzeuge, einen Spielzeugkorb oder Ähnliches, Leckerchen, Geduld
Vorbereitung: sicheres Apportieren

- dieses Spiel ist im Alltag sehr nützlich
- dieses Spiel funktioniert wie das Aufräumen der Wäsche
- stell einen Korb bereit, in den das Spielzeug gelegt werden soll

- lass deinen Hund nach und nach seine Spielzeuge apportieren und bringe ihn dazu, die Spielzeuge in den Korb zu räumen
- kombiniere das Verhalten mit einem selbstgewählten Kommando

LECKERCHEN UNTER DEM EIMER

Schwierigkeit: mittel bis schwer
Ausübungsort: drinnen und draußen
Du benötigst: einen Eimer oder Papierkorb, Leckerchen, Geduld
Vorbereitung: keine

- dieses Spiel fördert die Problemlösungsfähigkeit deines Hundes
- nimm einen Eimer oder einen Papierkorb und stelle ihn kopfüber (mit der Öffnung auf den Boden)
- platziere darunter ein paar Leckerchen
- lass deinen Hund ausprobieren, wie er an die Leckerchen herankommt
- hilf ihm notfalls, wenn er nicht weiß was er tun soll
- ängstliche Hunde könnten sich beim Umfallen des Eimers erschrecken!

ANGEL DIR DEIN LECKERCHEN

Schwierigkeit: mittel bis schwer
Ausübungsort: drinnen und draußen
Du benötigst: einen Karton oder Eimer oder Ähnliches, eine Schnur oder ein Seil, Leckerchen/Futter/Spielzeug, Geduld
Vorbereitung: keine

- dieses Spiel fördert die Problemlösungsfähigkeit deines Hundes
- nimm einen hohen Karton oder etwas anderes zur Hand, an das dein Hund mit dem Kopf oben an den Rand heran reicht
- befestige ein Leckerchen an einer Schnur / an einem Seil und hänge es in den Karton
- das Seil sollte oben noch ein Stück über den Kartonrand hinausragen
- animiere nun deinen Hund an der Schnur / dem Seil zu ziehen, um an das Leckerchen zu kommen

ABRISSBIRNE

Schwierigkeit: leicht
Ausübungsort: drinnen
Du benötigst: Plastikbecher, Leckerchen
Vorbereitung: keine

- dieses Spiel fördert den Spieltrieb deines Hundes und kann sein Selbstbewusstsein fördern
- baue eine Wand, z.B. aus Bechern
- du kannst dabei unter jedem Becher ein Leckerchen verstecken
- animiere dann deinen Hund, diese Wand einzureißen
- ängstliche Hunde können sich vor den lauten Geräuschen erschrecken!

HALTE DIE BALANCE UND HAB GEDULD

Schwierigkeit: mittel bis schwer
Ausübungsort: drinnen und draußen
Du benötigst: Leckerchen (stapelbar) oder Hundekekse, Geduld
Vorbereitung: „Balancieren"

- dieses Spiel fördert die Geduld, die Konzentration und das Körpergefühl deines Hundes
- dieses Spiel baut auf dem einfachen Futterbalancieren auf
- hierbei sollen mehrere Kekse / Leckerchen an mehreren Orten gestapelt werden (z.B. auf den Pfoten, dem Nasenrücken, etc.)
- der Hund muss also während des Stapelns ruhig liegen bleiben und Geduld beweisen
- baue die Leckerchenstapel langsam auf und erweitere langsam
- strapaziere dabei seine Geduld nicht über
- belohnt wird er dann am Ende mit allen Keksen, die er vorher brav balanciert hat

NAPF HOLEN

Schwierigkeit: leicht bis mittel
Ausübungsort: drinnen und draußen
Du benötigst: einen Napf (im Idealfall aus Plastik), Leckerchen, Geduld
Vorbereitung: sicheres Apportieren

- bei diesem Trick soll dein Hund seinen Napf holen
- nutze dafür am besten nicht den regulären Napf, sondern einen anderen
- passe die Größe des Napfes an die Größe deines Hundes an
- meist lassen sich Plastiknäpfe besser im Maul tragen als Metallnäpfe (Keramik eignet sich nicht)
- bringe deinem Hund dann Schritt für Schritt bei, wie er den Napf aufheben kann
- bringe ihm als nächstes bei, den Napf zu tragen
- fordere ihn dann auf, den Napf zu dir zu apportieren
- kombiniere das Verhalten mit einem Kommando
- belohne ihn, indem du ihm den Napf abnimmst und ein paar Leckerchen hineinlegst

DAS LECKERCHEN IN DER SOCKE

Schwierigkeit: mittel bis schwer
Ausübungsort: drinnen und draußen
Du benötigst: eine Socke (die auch kaputt gehen darf), Leckerchen, Geduld
Vorbereitung: keine

- dieses Spiel fördert die Problemlösungsfähigkeit deines Hundes
- nimm eine alte Socke, die ggf. auch kaputt gehen darf
- fülle sie mit Leckerchen und knote sie zusammen
- nun darf dein Hund ausprobieren, wie er an die Leckerchen herankommt
- achte jedoch darauf, dass er die Socke oder Teile davon nicht verschluckt!

ZICKZACK DURCH DIE BEINE

Schwierigkeit: mittel bis schwer
Ausübungsort: drinnen und draußen
Du benötigst: Leckerchen, Geduld
Vorbereitung: keine

- dieses Spiel fördert die Körperwahrnehmung deines Hundes

- nimm ein Leckerchen zur Hand und stelle dich neben deinen Hund
- führe ihn nun mit Hilfe des Leckerchen durch deine Beine hindurch
- mache einen Schritt nach vorn und wiederhole den Vorgang
- kombiniere das Verhalten deines Hundes mit einem Kommando

DRAUF AUF HERRCHEN

Schwierigkeit: leicht bis mittel
Ausübungsort: drinnen und draußen
Du benötigst: Leckerchen, Geduld, ggf. eine zweite Person, die helfen kann
Vorbereitung: ggf. „Spring drauf"

- dieses Spiel stärkt die Koordination deines Hundes
- für diesen Trick kann eine zweite Person sehr hilfreich sein
- gehe in den Vierfüßlerstand und versuche nun entweder selbst, deinen Hund dazu zu bewegen, auf deinen Rücken zu springen oder bitte die Person die dir hilft darum, deinen Hund auf deinen Rücken zu locken
- kombiniere den Sprung des Hundes mit einem Kommando
- beachte dabei das Gewicht deines Hundes! Schätze deine Belastbarkeit selbst ein!

UNTER HERRCHEN DURCH

Schwierigkeit: leicht bis mittel
Ausübungsort: drinnen und draußen
Du benötigst: Leckerchen, Geduld, ggf. eine zweite Person die helfen kann
Vorbereitung: ggf. „Kriech drunter durch"

- dieses Spiel fördert das Vertrauen deines Hundes in dich
- für diesen Trick kann eine zweite Person sehr hilfreich sein
- geh in den Vierfüßlerstand und versuche nun selbst deinen Hund, dazu zu bewegen unter dir durch zu gehen / zu kriechen oder bitte die Person die dir hilft darum, deinen Hund unter dir durch zu locken
- kombiniere das Verhalten deines Hundes mit einem Kommando
- beachte dabei die Größe deines Hundes!

SCHÄM DICH!

Schwierigkeit: leicht bis mittel
Ausübungsort: drinnen und draußen
Du benötigst: Leckerchen, ggf. Tesafilm, Geduld
Vorbereitung: keine

- das Ergebnis dieses Spiels sieht sehr süß aus
- für diesen Trick gibt es verschiedene Möglichkeiten, wie du es deinem Hund beibringst sich zu schämen
- du kannst warten, bis dein Hund das Verhalten (das Streichen mit der Pfote über sein Gesicht) von selbst ausführt und ihm dabei ein Kommando nennen und ihn dafür belohnen
- oder du nimmst eine seiner Vorderpfoten (nicht bei ängstlichen Hunden!) und legst sie ihm ins Gesicht, während du das Kommando sagst und ihn direkt dafür belohnst
- eine weitere Möglichkeit wäre das Kleben eines kleinen Tesafilmstreifens auf die Stirn
- übe dies mehrfach

FOLGE DER DUFTSPUR

Schwierigkeit: leicht bis mittel
Ausübungsort: drinnen und draußen
Du benötigst: gut duftende Leckerchen
Vorbereitung: keine

- dieses Spiel fördert den Geruchssinn und die Konzentration deines Hundes
- nimm ein stark riechendes Leckerchen (z.B. getrockneten Pansen) und ziehe dieses Leckerchen, außer Sichtweite deines Hundes, über den Boden
- versteck das Leckerchen irgendwo am Ende der Duftspur
- hol nun deinen Hund dazu und zeige ihm den Anfang der Duftspur
- animiere ihn nun dazu, dieser Spur zu folgen
- gelangt er ans Ende der Spur, darf er das Leckerchen fressen
- dieses Spiel kann sowohl drinnen als auch draußen gespielt werden

NICKEN

Schwierigkeit: leicht bis mittel
Ausübungsort: drinnen und draußen
Du benötigst: Leckerchen, Geduld
Vorbereitung: keine

- dein Hund kann dir mit diesem Trick immer zustimmen
- nimm ein Leckerchen in die Hand und halte es deinem Hund vor die Nase
- bewege nun deine Hand ein Stück nach oben und dann wieder nach unten
- folgt dein Hund deiner Hand mit seinem Kopf, gib das Kommando zum Nicken und belohne ihn dafür
- wiederhole diesen Vorgang so lange, bis dein Hund verstanden hat, welche Bewegung er ausführen soll und diese auch ausführt, ohne dass du das Leckerchen vor seine Nase halten musst

KOPF SCHÜTTELN / NEIN SAGEN

Schwierigkeit: leicht bis mittel
Ausübungsort: drinnen und draußen
Du benötigst: Leckerchen, Geduld
Vorbereitung: keine

- dieses Spiel kann sicher auch im Alltag nützlich sein
- nimm ein Leckerchen in die Hand und halte es deinem Hund vor die Nase
- bewege nun deine Hand ein Stück nach links und dann nach rechts
- folgt dein Hund deiner Hand mit seinem Kopf, gib das Kommando zum Nein sagen und belohne ihn dafür
- wiederhole diesen Vorgang so lange, bis dein Hund verstanden hat, welche Bewegung er ausführen soll und diese auch ausführt, ohne dass du das Leckerchen vor seine Nase halten musst

SCHAU NACH LINKS / SCHAU NACH RECHTS

Schwierigkeit: leicht bis mittel
Ausübungsort: drinnen und draußen
Du benötigst: Leckerchen, Geduld
Vorbereitung: keine

- dieses Spiel fördert die Körperwahrnehmung deines Hundes

- nimm ein Leckerchen in die Hand und halte es deinem Hund vor die Nase
- führe deine Hand nun entweder nach links oder nach rechts
- folgt dein Hund dir mit dem Kopf, gib das entsprechende Kommando zum nach links oder nach rechts schauen
- wiederhole diesen Vorgang so lange, bis dein Hund verstanden hat, welche Bewegung er ausführen soll und diese auch ausführt, ohne dass du das Leckerchen vor seine Nase halten musst

DURCH DIE BEINE SCHAUEN

Schwierigkeit: leicht bis mittel
Ausübungsort: drinnen und draußen
Du benötigst: Leckerchen, Geduld
Vorbereitung: keine

- dieses Spiel fördert die Körperwahrnehmung und Beweglichkeit deines Hundes
- bringe deinen Hund dazu, sich mit den Vorderpfoten auf eine erhöhte Kante zu stellen
- bewege dann die Hand mit einem Leckerchen zwischen seine Vorderpfoten, sodass er mit seiner Nase deinem Leckerchen folgt und seinen Kopf durch seine Vorderbeine steckt
- gib ihm dann das selbstgewählte Kommando und belohne ihn
- wiederhole den Vorgang, inklusive dem Hinstellen mit den Vorderpfoten auf eine erhöhte Kante, bis dein Hund den vollen Trick beherrscht
- du kannst diesen Trick auch ausführen lassen, wenn dein Hund beide Pfoten geben kann und sich auf deinem Arm abstützt

ETWAS IN DER SCHNAUZE HALTEN

Schwierigkeit: leicht bis mittel
Ausübungsort: drinnen und draußen
Du benötigst: Leckerchen, einen Gegenstand den dein Hund halten soll, Geduld
Vorbereitung: keine

- dieses Spiel fördert die Geduld deines Hundes
- wenn dein Hund bereits apportieren kann, ist er es gewohnt, Dinge in der Schnauze zu haben und zu tragen
- gib ihm also einen Gegenstand, den er ins Maul nehmen soll
- in dem Moment, in dem er den Gegenstand (z.B. ein Spielzeug) im Maul hat, sagst du das von dir gewählte Kommando (zum Beispiel „festhalten")

- warte wenige Sekunden, bis du es ihm wieder abnimmst und belohne ihn
- verlängere die Zeiträume kleinschrittig

„TOTER HUND"

Schwierigkeit: leicht bis mittel
Ausübungsort: drinnen und draußen
Du benötigst: Leckerchen, Geduld
Vorbereitung: keine

- dieses Spiel bringt Spaß in den Alltag
- bringe deinen Hund ins „Platz"
- nimm ein Leckerchen und führe es am Kopf deines Hundes vorbei zu Boden
- die meisten Hunde folgen dem Leckerchen, indem sie sich einfach auf die Seite fallen lassen
- tut dein Hund das, gib dein selbstgewähltes Kommando und belohne deinen Hund
- lässt er sich nicht fallen, kannst du sanft! ein wenig nachhelfen und ihn zur Seite drücken
- gib sofort das Kommando, wenn er auf der Seite liegt und belohne ihn
- er darf danach wieder aufstehen
- trainiere diesen Trick immer wieder, bis dein Hund auch ohne Leckerchen vor der Nase zur Seite fällt und „toter Hund" spielt
- manche Hunde entwickeln dabei sogar schauspielerisches Talent und lassen sich sehr eindrucksvoll fallen
- du kannst später, wenn das Kommando an sich bereits gut sitzt, auch versuchen, es aus dem Stehen oder sogar aus der Bewegung heraus abzufordern
- vielleicht wird das Video deines sich tot stellenden Hundes das nächste Top Video im Internet, wenn er es eindrucksvoll ausführt

KÜCHENROLLE ABROLLEN

Schwierigkeit: leicht bis mittel
Ausübungsort: drinnen und draußen
Du benötigst: Leckerchen, eine nicht mehr volle Küchenrolle, Geduld
Vorbereitung: keine

- dieses Spiel fördert den Spieltrieb deines Hundes
- nimm eine Küchenrolle (möglichst nicht mehr komplett voll) oder eine Toilettenpapierrolle zur Hand
- steck sie dir auf den ausgestreckten Finger oder eine Küchenrollenhalterung

und animiere deinen Hund, entweder mit der Nase oder der Pfote das Papier von der Rolle abzurollen
- übe dies kleinschrittig und belohne deinen Hund zu Beginn, sobald er die Rolle berührt hat
- bring ihn dann dazu, die Rolle auf Kommando abzurollen
- das so abgerollte Papier kannst du zum Beispiel zum Ausstopfen der Leckerchenkartons benutzen

ZIEH MIR DIE DECKE WEG

Schwierigkeit: leicht bis mittel
Ausübungsort: drinnen
Du benötigst: Leckerchen, eine Person die hilft, Geduld
Vorbereitung: keine

- dieses Spiel findet sicherlich gut in einer Beziehung Verwendung
- für diesen Trick wird eine zweite Person benötigt
- die zweite Person legt sich ins Bett und deckt sich zu
- gehe mit deinem Hund an das Fußende des Bettes und animiere ihn dazu, das Ende der Bettdecke ins Maul zu nehmen
- hat das geklappt, animiere deinen Hund, an der Decke zu ziehen
- belohne sein Verhalten zu Beginn kleinschrittig
- übe so lange, bis dein Hund so lange an der Decke zieht, bis diese komplett auf dem Boden liegt
- vergiss nicht, das Verhalten mit einem selbstgewählten Kommando zu kombinieren

ELEFANTENTRICK MIT DREHUNG

Schwierigkeit: mittel bis schwer
Ausübungsort: drinnen und draußen
Du benötigst: Leckerchen, ein Podest oder Ähnliches, Geduld
Vorbereitung: „Elefantentrick“

- dieses Spiel fördert die Konzentration und Körperwahrnehmung deines Hundes
- dein Hund sollte den einfachen Elefantentrick bereits beherrschen
- bring ihn in die besagte Stellung (Vorderpfoten auf einem Podest)
- stell dich mit wenig Abstand neben ihn und fordere ihn dazu auf, dir zu folgen
- achte dabei darauf, dass er mit den Vorderpfoten auf dem Podest bleibt

- manchen Hunden hilft es, wenn man ihre Hinterhand antippt und sie dann auffordert, zu folgen
- du kannst auch ausprobieren, ob dein Hund eher einem Leckerchen folgt, wenn du es ihm vor die Nase hältst und über dem Podest herum führst
- geh dabei nicht zu weit in die Mitte des Podests, da dein Hund sonst dazu verleitet werden könnte, die anderen Pfoten auch darauf zu stellen
- meist verstehen sie schnell, dass sie mit den Vorderbeinen auf dem Post bleiben sollen, aber mit der Hinterhand um das Podest herumgehen sollen
- kombiniere dieses Verhalten wieder mit einem Kommando und belohne zu Beginn kleinschrittig
- übe diesen Trick so lange, bis du nicht mehr neben deinem Hund stehen musst und er von selbst mindestens eine Drehung um das Podest herum absolviert

„MURMELN" (Z.B. MIT BÄLLEN)

Schwierigkeit: mittel bis schwer
Ausübungsort: drinnen und draußen (auf geraden, möglichst glatten Untergründen)
Du benötigst: Leckerchen, Bälle, Geduld
Vorbereitung: ggf. Targetstick oder „Touch"

- dieses Spiel fördert die Koordination deines Hundes
- leg einige Bälle bereit
- animiere deinen Hund, zum Beispiel mit Hilfe des Targetsticks, einen der Bälle zu berühren
- belohne ihn dafür und trainiere kleinschrittig, dass er den Ball nicht nur berühren, sondern auch mit der Nase schubsen soll
- trainiere dies immer wieder
- lobe deinen Hund ausgiebig, wenn er den Ball so angestupst hat, dass er gegen die anderen Bälle gerollt ist
- geübten Hunden kann man dann beibringen, die Richtung selbst zu bestimmen, damit der angeschubste Ball gegen die anderen Bälle rollt

„DOMINO DAY"

Schwierigkeit: mittel bis schwer
Ausübungsort: drinnen
Du benötigst: Leckerchen, Dominosteine, Geduld
Vorbereitung: ggf. Targetstick oder „Touch"

- dieses Spiel fördert vor allem die Geduld deines Hundes
- baue einige Dominosteine in einer Reihe auf
- nutze dann zum Beispiel den Targetstick, um deinem Hund zu signalisieren, dass er den ersten Stein berühren und umschubsen soll
- belohne ihn dafür
- sobald der letzte Stein umgefallen ist, kannst du ihn entweder sofort belohnen, oder du bringst ihm bei, bei dir oder am Ende der Dominoreihe zu warten, bis der letzte Stein gefallen ist und er sich ein bereits dort liegendes Leckerchen nehmen darf
- du kannst diese Übung also ebenfalls dazu nutzen seine Geduld zu trainieren, indem du ihn entweder neben dir „Platz" machen lässt, während du die Dominosteine aufbaust, oder ihn warten lässt, bis der letzte Stein umgefallen ist und du ihm das Ok gibst, das Leckerchen zu fressen
- wenn du es noch ein wenig schwieriger machen möchtest, kannst du ihm auch die Kombination aus dem Anstupsen des ersten Steins, an das Ende der Dominoreihe Gehen und dem Warten auf das Umfallen des letzten Steines beibringen
- bringe deinen Hund dafür zuerst dazu, den ersten Stein anzustoßen (damit du genügend Zeit hast, sollte die Dominoreihe entsprechend lang sein) und führe ihn dann zum Ende der Reihe und lasse ihn „Platz" machen
- warte dort mit deinem Hund darauf, dass der letzte Stein fällt und gib ihm das „Ok" dafür, dass er das Leckerchen, was du dort bereits vorher platziert hast, fressen darf
- übe diese Reihenfolge mehrfach, bis dein Hund von selbst die Kombination ausführt

PFÖTCHEN ABPUTZEN

Schwierigkeit: mittel bis schwer
Ausübungsort: drinnen und draußen
Du benötigst: Leckerchen, Fußabtreter, Geduld
Vorbereitung: keine

- dieses Spiel erleichtert dir den Alltag

- für diesen Trick benötigst du einen Fußabtreter
- positioniere deinen Hund zuerst mit den Vorderpfoten darauf
- nimm dann eine seiner Pfoten in die Hand und ziehe sie vorsichtig über den Abtreter
- gib dabei das von dir gewählte Kommando und belohne deinen Hund
- nimm danach die andere Pfote und wiederhole das Prozedere
- übe dies so lange, bis dein Hund verstanden hat was er tun soll und sich auf Kommando die Pfoten selbst abputzt
- dies kannst du mit dem selben Aufbau auch mit den Hinterpfoten trainieren
- je nachdem, wie groß oder klein dein Hund ist und wie groß oder klein dein Fußabtreter ist, ist es auch möglich, den Hund komplett auf den Abtreter zu stellen und ihn dazu zu bringen, mit allen 4 Pfoten gleichzeitig zu scharren (so wie zum Beispiel beim Scharren nach dem großen Geschäft)

IN DEN EIMER SCHAUEN

Schwierigkeit: leicht bis mittel
Ausübungsort: drinnen und draußen
Du benötigst: Leckerchen, Eimer oder Papierkorb oder Ähnliches, Geduld
Vorbereitung: keine

- dieses Spiel fördert die Geduld deines Hundes
- nimm einen Eimer, einen Papierkorb oder ähnliches zur Hand, der an die Größe deines Hundes angepasst ist
- dein Hund sollte problemlos mit der Nase an den Boden des Eimers kommen, wenn er davor steht und den Kopf hineinsteckt
- nimm dann ein Leckerchen und leg es auf den Boden des Eimers
- animiere deinen Hund dann dazu, sich das Leckerchen zu holen
- in dem Moment, in dem er den Kopf in den Eimer steckt, sagst du das Kommando und lobst ihn mit deiner Stimme (das Leckerchen hat er ja bereits bekommen)
- wiederhole diesen Vorgang immer wieder, bis dein Hund verstanden hat, was er bei dem Kommando tun soll und seinen Kopf auch ohne Leckerchen auf dem Boden in den Eimer steckt
- übe schrittweise, dass er den Kopf länger im Eimer behalten soll
- dies kannst du auch erreichen, indem du mehrere Leckerchen auf dem Boden verteilst
- wenn dieser Trick gut sitzt, sollte das alleinige Nennen des Kommandos genügen, damit dein Hund seinen Kopf in den Eimer steckt, auch ohne Leckerchen auf dem Boden

- belohne ihn dann, wenn er mit der Übung fertig ist
- auch hier kannst du es wieder wie bei anderen Spielen auch handhaben, dass das Auflösungskommando oder das stimmliche Lob immer länger auf sich warten lässt und dein Hund so lange seinen Kopf im Eimer lassen soll

AUS DER BEWEGUNG STOPPEN

Schwierigkeit: leicht bis mittel
Ausübungsort: drinnen und draußen
Du benötigst: Leckerchen, Geduld
Vorbereitung: keine

- dieses Spiel fördert sowohl die Konzentration als auch den Gehorsam deines Hundes
- lass deinen Hund „Sitz" machen und entferne dich ein Stück von ihm
- Ruf ihn zu dir und sag kurz, nachdem er aufgestanden und auf dem Weg zu dir ist, zum Beispiel „Stopp", mach dich ein bisschen größer und blocke ihn so mit deiner Körpersprache
- bleibt er stehen, lobe ihn und wirf ihm ein Leckerchen zu
- hol ihn danach zu dir und streichle ihn, damit er kein negatives Gefühl bekommt
- übe das Stoppen aus der Bewegung mehrfach
- du kannst das Kommando auch mit einem Handzeichen verknüpfen (z.B. die hochkant ausgestreckte flache Hand)
- sollte dein Hund sich so nicht stoppen lassen, kannst du auch jemanden um Hilfe bitten, der deinen Hund an der Leine hält und notfalls stoppt, wenn er es nicht von selbst tut
- versuche aber, mit dem Training schnellstmöglich voran zu kommen, damit die helfende Person nur zu Beginn benötigt wird
- später kannst du die Schwierigkeit steigern, indem du zum Beispiel die Entfernung erhöhst

FLÜSTERE MIR WAS INS OHR

Schwierigkeit: leicht bis mittel
Ausübungsort: drinnen und draußen
Du benötigst: Leckerchen, Geduld
Vorbereitung: ggf. Targetstick oder „Touch"

- ein sehr niedliches Spiel, welches ganz nebenbei die Geduld deines Hundes fördert

- nimm ein Leckerchen und halte es dir vor dein Ohr
- folgt dein Hund dem Leckerchen und hält seine Nase dich an dein Ohr, gib das Kommando für das Flüstern und gib ihm das Leckerchen
- übe dies immer wieder, bis es reicht, das Kommando zu sagen
- manchen Hunden genügt es auch, wenn du mit dem Finger an dein Ohr tippst
- aus Neugier schauen sie dann was dort ist und du kannst dieses Verhalten genau in dem Moment mit dem Kommando benennen und belohnen
- übe auch hier, dass dein Hund seine Nase so lange an dein Ohr hält, bis du das Auflösungskommando gibst
- belohne ihn danach und lobe ihn ausgiebig, da das Stillhalten für viele Hunde sehr schwer ist

GLOCKE LÄUTEN LASSEN

Schwierigkeit: leicht bis mittel
Ausübungsort: drinnen und draußen
Du benötigst: Leckerchen, eine Glocke, ggf. ein Seil oder eine Schnur, Geduld
Vorbereitung: ggf. Targetstick oder „Touch"

- dieses Spiel fördert die Konzentration deines Hundes
- hierfür wird entweder eine Glocke benötigt, die zum einen aufgehängt werden kann und zum anderen eine Möglichkeit bietet, eine Schnur oder ein dünnes Seil an das Klangholz anzubringen, oder ein normales, etwas größeres Glöckchen, welches im Idealfall ebenfalls angehangen werden kann
- positioniere die Glocke in etwa auf Nasenhöhe deines Hundes
- animiere ihn nun, zum Beispiel mit Hilfe des Targetsticks, die Glocke zu berühren
- belohne das Verhalten und kombiniere es mit einem Kommando
- übe das Berühren so lange, bis dein Hund das Glöckchen stark genug anstößt, um die Glocke ertönen zu lassen und belohne deinen Hund wieder
- wenn das sicher klappt, kannst du deinem Hund auch beibringen, die Glocke so lange zu läuten, bis du das Auflösungskommando nennst
- gib ihm dafür einmal das Kommando für das Glocke läuten und belohne ihn nicht direkt nach jedem Anstoßen der Glocke, sondern lass ihn das Läuten mehrmals ausführen, bevor du das Auflösungskommando nennst und ihn belohnst

Spiele für Profis

Diese Spiele sind deutlich anspruchsvoller und nicht unbedingt für jeden Hund geeignet. Dafür lassen sich viele dieser Kommandos im Alltag einbauen und helfen dir, dein Leben leichter zu machen. Achte aber auch hier wieder darauf, dass du mit deinem Hund nur Spiele spielst, die er geistig und körperlich in der Lage ist auszuführen und überfordere ihn nicht. Viele dieser Spiele benötigen viel Zeit, bis sie richtig sitzen. Verliere also nicht die Geduld beim Training.

APPORTIEREN AUßER SICHT

Schwierigkeit: leicht bis mittel
Ausübungsort: drinnen und draußen
Du benötigst: Leckerchen, mehrere Gegenstände/Spielzeuge, Geduld
Vorbereitung: sicheres Apportieren, Apportieren verschiedener Spielzeuge

- dieses Spiel ist geistig wie körperlich sehr anstrengend und fördert die Konzentration deines Hundes
- leg in einem anderen Raum mehrere Spielzeuge, die dein Hund sicher benennen kann, bereit
- dies darf auch unter den Augen deines Hundes geschehen
- geh dann mit deinem Hund in den Nebenraum (oder noch weiter weg)
- gib ihm dann das Kommando, ein spezielles Spielzeug zu apportieren
- bringt er das richtige Spielzeug zu dir, lobe ihn und belohne ihn
- bringt er das falsche Spielzeug sage einmal „Nein“, nimm es ihm ab, bring es zurück in den Raum und schicke ihn erneut los
- sollte er erneut das falsche Spielzeug bringen – übe vorher erneut das Benennen und Apportieren (im selben Raum) der Spielzeuge

HILF MIR SUCHEN!

Schwierigkeit: mittel bis schwer
Ausübungsort: drinnen und draußen
Du benötigst: Leckerchen, Spielzeug, Geduld
Vorbereitung: keine

- dieses Spiel verbessert massiv die Beziehung zwischen dir und deinem Hund und kann auch bei anderen Problemen hilfreich sein

- hierbei geht es darum, dass dein Hund lernt, auf dich zu achten und in Konflikten oder bei Problemen, bei denen er selbst nicht weiter kommt, dich um Hilfe bittet
- lege dafür, für deinen Hund sichtbar, zum Beispiel sein Lieblingsspielzeug auf einen hohen Schrank (an eine Stelle, die dein Hund nicht erreichen kann)
- befiehl ihm nun, genau dieses Spielzeug zu apportieren
- die meisten Hunde werden es in jedem Fall erst einmal allein probieren und schnell merken, dass sie dabei allein nicht weiterkommen
- nun ist Timing gefragt
- genau in dem Moment, in dem dein Hund vor Verzweiflung in deine Richtung schaut (und dich somit bereits um Hilfe oder weitere Instruktionen bittet), lobe ihn sofort und hol das Spielzeug vom Schrank
- wiederhole diesen Schritt mehrfach, bis dein Hund dich relativ schnell um Hilfe bittet
- kombiniere dann seinen suchenden Blick (oder auch ein Bellen in deine Richtung) mit einem Kommando oder einer Frage (zum Beispiel: „Soll ich dir helfen?“)
- sobald das klappt, wird dein Hund mehr auf dich achten und dich öfter um Hilfe bitten
- dieses Verhalten kannst du auch außerhalb eurer vier Wände nutzen, gerade wenn dein Hund Angst vor Artgenossen hat, damit dein Hund dir signalisiert: es ist ein Problem aufgetreten, welches ich nicht allein lösen kann
- in diesem Moment weißt du, dass dein Hund Hilfe benötigt und kannst darauf eingehen (wenn dein Hund zum Beispiel Angst vor anderen Hunden hat, kannst du, nachdem er dich um Hilfe gebeten hat, umkehren, die Straßenseite wechseln oder anderweitig den Radius zum „Angstobjekt“ vergrößern)
- so vermittelst du deinem Hund mehr Sicherheit
- dies tut eurer Beziehung in jedem Fall gut
- achte jedoch darauf, dass dein Hund dich nicht fortan immer direkt um Hilfe bittet, sondern auch selbstständig denkt und Lösungen für (kleinere und lösbare) Probleme findet!

SUCHTOUR XXL

Schwierigkeit: mittel bis schwer
Ausübungsort: drinnen und draußen
Du benötigst: Leckerchen, Hindernisse, Leckerchenverstecke, Leckerliekarton, etc., Geduld
Vorbereitung: je nach Parcours „Spring drüber“, „Umrunde es mehrfach“, „Leckerchen unter dem Becher“, „Leckerchen im Muffinblech“, „Leckerchen im Eierkarton“, „Röhrchenspiel“, „Elefantentrick“, „Ertaste das Leckerchen“, „Heb den Deckel ab“, „Leckerchen auf dem Handtuch“, „Leckerchen Hotdog“, „Angel dir dein Leckerchen“, „Leckerchen unter dem Eimer“, ggf. mehr

- dieses Spiel ist sehr anstrengend und fördert sowohl die Konzentration als auch den Geruchssinn und die Körperwahrnehmung deines Hundes
- diese „Suchtour XXL“ ist eine Kombination aus mehreren Suchspielen
- präpariere einen Raum, indem du zum einen Hindernisse bereit stellst, die dein Hund überwinden muss um an die Leckerchen zu kommen
- stell außerdem zum Beispiel einige Becher auf, unter denen Leckerchen versteckt sind
- kombiniere das ganze zum Beispiel mit einem gefüllten Karton (siehe „XL Leckerchen-Karton“)
- versteck außerdem weitere Leckerchen im Raum, die dein Hund suchen muss
- schicke ihn dann durch den aufgebauten Parcours und hilf ihm, falls er irgendwo nicht weiterkommt
- du darfst ihn zwischendurch auch immer wieder stimmlich loben, wenn er zum Beispiel ein Hindernis überwunden hat
- falls du es noch ein bisschen schwieriger machen möchtest, kannst du deinen Hund zu Beginn sitzen lassen
- danach schickst du ihn los und er darf erst auf dein Kommando hin zum Beispiel über das Hindernis springen (gib ihm dafür das vorher gewählte Kommando dafür), oder erst auf dein Kommando hin unter den Bechern nach dem Leckerchen suchen, etc.
- so trainierst du auch gleichzeitig seine Geduld und er muss auf dich und deine Kommandos achten, um zu wissen, welche „Station“ er als nächstes ansteuern und lösen soll

SPRING DURCH MEINE ARME

Schwierigkeit: mittel bis schwer
Ausübungsort: drinnen und draußen
Du benötigst: Leckerchen, Spielzeug, Geduld
Vorbereitung: keine

- dieses Spiel fördert die Beweglichkeit deines Hundes
- für diesen Trick ist eine zweite Person empfehlenswert
- setz oder hock dich hin
- forme mit deinen Armen vor deinem Körper einen großen Kreis
- lass die zweite Person deinen Hund locken, sodass er durch deine Arme springt
- beachte dabei auch wieder die Größe deines Hundes!
- springt er hindurch, lobe ihn und lass ihn von der Hilfsperson mit einem Leckerchen belohnen
- du kannst die Schwierigkeit erhöhen, indem du deine Arme höher hältst oder den Ring kleiner machst
- du kannst das Springen auch in beide Richtungen ausführen lassen

FRISBEE SPIELEN

Schwierigkeit: mittel bis schwer
Ausübungsort: drinnen und draußen
Du benötigst: Leckerchen, Hunde-Frisbee, Geduld
Vorbereitung: keine

- dieses Spiel ist körperlich sehr anstrengend und fördert die Körperwahrnehmung und Konzentration deines Hundes
- besorge eine Frisbeescheibe für Hunde
- spiele zuerst mit deinem Hund mit der Frisbee
- dabei darf dein Hund die unbekannte Scheibe kennenlernen und schon einmal im Maul herumtragen
- übe dann mit ihm, auf kurze Distanz die Frisbeescheibe zu apportieren
- wenn das gut klappt, kannst du die Distanz steigern
- wenn den Hund fit und gesund ist, kannst du ihn auch dazu animieren die Scheibe im Flug zu fangen
- wenn du einen sehr energiegeladenen Hund hast, kannst du auch auf das Apportieren verzichten und ihm stattdessen nacheinander mehrere Frisbees zuwerfen, die er fangen muss und danach direkt ablegen darf, um dann die nächste Scheibe zu fangen

- übertreibe bei diesem Spiel am Anfang nicht, da es eine gute Kondition verlangt
- überfordere deinen Hund also nicht und übe das Fangen der Scheibe erst mit leichten Würfen, sonst könnte sich dein Hund verletzen, zum Beispiel wenn die Scheibe ihn trifft

SCHIEB DEN WAGEN

Schwierigkeit: mittel bis schwer
Ausübungsort: drinnen und draußen
Du benötigst: Leckerchen, einen Puppen- oder Bollerwagen, Geduld
Vorbereitung: ggf. Targetstick oder „Touch"

- dieses Spiel fördert die Körperwahrnehmung deines Hundes
- für diesen Trick wird ein Puppenwagen oder ein Bollerwagen oder Ähnliches benötigt (die Auswahl hängt natürlich von der Größe deines Hundes ab)
- bringe deinem Hund bei, zum Beispiel mit Hilfe des Targetsticks, den Wagen mit der Nase zu berühren
- belohne jede kleine Annäherung und jeden Zwischenschritt
- bringe ihm dann bei, den Wagen länger zu berühren, sodass der Wagen beginnt zu rollen
- baue das ganze weiter aus, bis er den Wagen mit der Schnauze / dem Kopf schieben kann
- wenn dein Hund ein gutes Körpergefühl und einen trainierten Gleichgewichtssinn hat, kannst du ihm auch beibringen, mit den Vorderpfoten auf den Griff des Wagens oder die Kante des Bollerwagens zu springen und den Wagen so zu schieben
- achte dabei jedoch darauf, dass der Wagen nicht wegrollt, damit dein Hund sich nicht verletzten kann
- für ängstliche Hunde ist diese Form des Schiebens jedoch weniger geeignet, da das Wegrollen des Wagens bei ihnen Unbehagen auslösen kann

ZIEH DEN WAGEN

Schwierigkeit: mittel bis schwer
Ausübungsort: drinnen und draußen
Du benötigst: Leckerchen, einen Puppen- oder Bollerwagen, Geduld
Vorbereitung: keine

- dieses Spiel fördert die Körperwahrnehmung deines Hundes und ist körperlich anstrengend

- für diesen Trick wird ein Puppenwagen oder ein Bollerwagen oder Ähnliches benötigt (die Auswahl hängt natürlich von der Größe und der Kraft deines Hundes ab)
- befestige ein Seil daran, sodass der Wagen problemlos gezogen werden kann
- du kannst auch eine Leine daran befestigen und deinem Hund das Ziehen des Wagens mit einem Geschirr beibringen
- je nachdem für welche Variante du dich entscheidest, bringst du deinem Hund nun entweder bei das Seil zu nehmen und daran zu ziehen, sodass sich der Wagen in Bewegung setzt, oder du bringst ihm bei, dass er den Wagen ziehen soll (achte dabei darauf dass dein Hund keine Angst vor dem Wagen hat, wenn er hinter ihm her rollt)
- locke ihn beim Ziehen immer wieder mit einem Leckerchen, sodass er auch für Teilschritte belohnt wird
- baue das ganze weiter aus, bis dein Hund den Wagen auch längere Strecken ziehen kann
- achte dabei auf die Kondition deines Hundes!
- bei kräftigen Hunden oder zum Muskelaufbau kann der Wagen auch Stück für Stück befüllt und somit schwerer gemacht werden

POST-IT SPIEL

Schwierigkeit: mittel bis schwer
Ausübungsort: drinnen
Du benötigst: Post-it Zettel, einen Stift, Leckerchen, Geduld
Vorbereitung: ggf. Targetstick oder „Touch"

- dieses Spiel ist geistig sehr anstrengend und fördert besonders die Konzentration deines Hundes
- dieses Spiel funktioniert ähnlich wie das Benennen von Spielzeugen
- bereite mehrere Post-it Zettel vor, auf die du verschiedene, sich stark unterscheidende Symbole zeichnest (z.B. ein ausgemalter Kreis, eine Welle, ein Dreieck, etc.)
- beginne nun, deinem Hund die Bezeichnungen der Post ist zu nennen, indem du dich mit deinem Hund vor die an der Wand hängenden Post-it Aufkleber setzt und nach und nach auf die verschiedenen Symbole zeigst und sie laut benennst
- nimm dann den Targetstick zu Hilfe und zeige zum Beispiel auf den Kreis und sage laut „Kreis" und warte bis dein Hund den Targetstick berührt
- belohne ihn dann sofort
- so verfährst du auch mit den anderen Symbolen
- übe dies so lange, bis dein Hund auch ohne Targetstick und zeigen die

geforderten Symbole berührt

KOPF ABLEGEN

Schwierigkeit: mittel bis schwer
Ausübungsort: drinnen
Du benötigst: Post-it Zettel, einen Stift, Leckerchen, Geduld
Vorbereitung: ggf. Targetstick oder „Touch"

- dieses Spiel fördert die Geduld deines Hundes
- für diesen Trick setzt du dich neben deinen Hund
- leg deine Hand unter sein Kinn und nenne das Kommando
- belohne ihn
- wiederhole diesen Schritt so oft, bis dein Hund verstanden hat, dass sein Kopf auf deiner Hand ruhen soll
- nun kannst du das Ablegen des Kopfes auch auf geringe Distanz üben
- gib deinem Hund das Kommando zum Kopf ablegen und halte deine Hand flach vor dich
- er sollte daraufhin zu dir kommen und seinen Kopf ablegen
- belohne ihn sofort dafür
- du kannst dann auch den Zeitraum, den der Kopf deines Hundes auf deiner Hand liegen soll, Stück für Stück verlängern, indem du ihm beibringst, dass er den Kopf so lange dort liegen lassen soll, bis du das Auflösungskommando sagst

ZIEH DIE SOCKEN AUS

Schwierigkeit: leicht bis mittel
Ausübungsort: drinnen
Du benötigst: Leckerchen, Socken die du trägst, Geduld
Vorbereitung: keine

- dieser Trick fördert die Sensibilität deines Hundes und ist im Alltag sehr hilfreich
- dieser Trick ist nur für „maulsensible" Hunde geeignet!
- neigt dein Hund zum übermotivierten Zuschnappen, solltest du dieses Spiel besser auslassen, oder es nutzen, um deinem Hund dieses Verhalten abzutrainieren
- ziehe deine Socken ein Stück vom Fuß herunter, sodass etwas Stoff übersteht
- sag deinem Hund dann, dass er nach dem Stück Socke greifen soll
- animiere ihn dann dazu, an der Socke zu ziehen und kombiniere sein Verhalten

mit einem Kommando
- belohne ihn zu Beginn auch für Teilschritte
- wiederhole den Vorgang und erhöhe die Schwierigkeit, indem du nach und nach die Socke wieder komplett über den Fuß ziehst und dein Hund lernen muss, den Stoff vorsichtig zu greifen, um nicht deine Zehen zu erwischen

TEEBEUTEL FINDEN

Schwierigkeit: leicht bis mittel
Ausübungsort: drinnen
Du benötigst: Leckerchen, Teebeutel, Gefrierbeutel, Geduld
Vorbereitung: keine

- dieses Spiel fördert den Geruchssinn deines Hundes
- nimm einen gut duftenden Teebeutel und lege ihn in einen Gefrierbeutel
- hole deinen Hund dazu und halte ihm den geöffneten Gefrierbeutel vor die Nase
- sobald er daran gerochen hat, bekommt er ein sehr tolles Leckerchen
- wiederhole diesen Vorgang mehrfach
- wenn dein Hund die Verknüpfung zwischen dem Geruch des Teebeutels und dem Leckerchen hergestellt hat, geht es weiter
- lege nun den geöffneten Gefrierbeutel auf den Boden in der Nähe deines Hundes
- geht er nun dort hin und schnuppert daran, gibt es sofort wieder ein Leckerchen
- übe auch dies mehrere Male
- danach kannst du den Gefrierbeutel auch verstecken und deinen Hund danach suchen lassen
- wichtig ist, dass dein Hund jedes Mal, wenn er den Beutel findet, reichlich belohnt wird

KOMMANDOKETTE

Schwierigkeit: mittel bis schwer
Ausübungsort: drinnen und draußen
Du benötigst: Leckerchen, Geduld
Vorbereitung: je nach Kette „Sitz“, „Platz“, „Lauf drum herum“, „Kriechen“, „Dreh dich um dich selbst“, „geh rückwärts“, „Gib Laut“, „Rolle machen“, „Gib mir nen Kuss“, „Verbeugen“

- dieses Spiel ist geistig wie körperlich sehr anstrengend und fördert Gehorsam, Körperwahrnehmung und Konzentration
- hierbei geht es darum dem Hund mehrere, aufeinander aufbauende

Kommandos zu geben
- so kann am Ende eine richtige Performance entstehen, die man sogar mit Musik unterlegen könnte
- dafür sollten mehrere Kommandos bereits fest sitzen und schnell abrufbar sein
- denkbar wären Kombinationen aus „Sitz“, „Platz“, „Dreh dich“, „Rolle“, „toter Hund“, „Stoppen aus der Bewegung“, „unter den Bauch schauen“, „Elefantentrick“, „nach links und rechts schauen“, „Nicken“, „Nein sagen“, etc.
- versuche, daraus eine sinnvolle Kombination zu erstellen, die von deinem Hund auch problemlos nacheinander abgearbeitet werden kann
- übe erst einmal, 2 oder 3 Kommandos nacheinander zu fordern
- wenn dein Hund diese gut nacheinander gezeigt hat, belohnst du ihn
- steigere das immer nur mit einem Kommando mehr, sodass dein Hund versteht, dass er am Ende auf jeden Fall ein Leckerchen bekommt und du ihn nicht nach jedem einzelnen Kommando belohnst (außer mit Stimme)
- baue so eine ganze Kommandokette auf
- du kannst natürlich auch nur Handzeichen verwenden und es so z.B. vor Freunden noch eindrucksvoller werden lassen

KEGELN

Schwierigkeit: mittel bis schwer
Ausübungsort: drinnen und draußen
Du benötigst: Leckerchen, leere Flaschen oder Kegel, Ball, Geduld
Vorbereitung: „Murmeln“

- dieses Spiel fördert die Koordination deines Hundes
- stell ein paar leere Flaschen oder kleine Kegel auf und lege einen größeren Ball davor
- das Kommando vom „Murmeln“ sollte deinem Hund ja bereits bekannt sein
- benutze dies auch hier und animiere ihn dazu, den Ball kräftig anzustoßen, sodass die Kegel umfallen
- du kannst hierfür natürlich auch bei null anfangen und ein eigenes Kommando für dieses Spiel verwenden
- achte darauf, dass dein Hund nicht erschrickt, wenn die Flaschen oder Kegel umfallen!
- du kannst die Schwierigkeit dieses Spiels auch erhöhen, indem du die Flaschen zum Beispiel nach und nach mehr auffüllst und sie schwerer machst, oder schwerere Kegel oder Gegenstände benutzt, bei denen größerer Schwung benötigt wird, um sie umzustoßen
- sollte dein Hund das Kegeln mit Hilfe des Balls nicht hinbekommen, wäre es

auch möglich ihm einfach beizubringen, die Flaschen oder Kegel mit der Nase oder Pfote nacheinander umzuwerfen
- dafür kannst du wieder den Targetstick zur Hilfe nehmen und deinem Hund so beibringen, die Flaschen zu berühren
- belohne auch hier zu Beginn jeden einzelnen Zwischenschritt, bis dein Hund gelernt hat, die Flasche oder den Kegel umzuwerfen
- belohne zu Beginn das Umwerfen jedes einzelnen Kegels
- Später kannst du dazu übergehen nur noch zu belohnen, wenn er alle Kegel umgeworfen hat

TELEFON BRINGEN

Schwierigkeit: mittel bis schwer
Ausübungsort: drinnen
Du benötigst: Leckerchen, ein Telefon, Ball, Geduld
Vorbereitung: sicheres Apportieren

- dieses Spiel ist im Alltag sehr nützlich
- bei diesem Spiel geht es darum, dass dein Hund zu einem nützlichen Alltagshelfer wird
- diese Verhaltensweise wird zum Beispiel auch Blindenführhunden beigebracht, damit sie im Fall eines Falles „ihren" Menschen unterstützen können
- dabei geht es darum, dass dein Hund auf Kommando das Telefon bringen kann. Dies geht natürlich nur mit schnurlosen Telefonen
- dieses muss in Reichweite deines Hundes (zum Beispiel auf einem niedrigen Tisch) stehen, sodass er es problemlos ins Maul nehmen kann
- benenne nun das Telefon, genau wie auch die Spielzeuge, damit dein Hund weiß, was er apportieren soll
- übe diesen Schritt, bis du dich auch in einem anderen Zimmer aufhalten und deinen Hund trotzdem losschicken kannst, das Telefon zu holen
- schwieriger wird das Ganze, wenn das Telefon nicht in der Station steht
- möglich wäre dann eine Kombination aus dem Erschnüffeln des Telefons und dem Apportieren
- dafür gehst du so vor, wie beim „Teebeutel erschnüffeln"
- leg das Telefon in einen Gefrierbeutel und trainiere deinen Hund so auf den Geruch deines Telefons
- bringe ihm nun bei, danach zu suchen und es zu apportieren

BALANCIEREN WIE EIN PROFI

Schwierigkeit: mittel bis schwer
Ausübungsort: drinnen und draußen
Du benötigst: Leckerchen (stapelbar), Geduld
Vorbereitung: sicheres Apportieren

- dieses Spiel ist sehr anstrengend und nur etwas für echte Gedulds-Profis
- es fördert Geduld, Geschicklichkeit, Körperwahrnehmung, Koordination und Konzentration
- dafür benötigst du mehrere stapelbare Leckerchen oder Kekse
- da dein Hund das Stapeln der Kekse auf seiner Nase, etc. schon kennen sollte, dürfte dieser Schritt der Übung kein Problem sein
- nun kommt aber der schwierigste Part: Er soll, mit dem gestapelten Keksen auf der Nase und dem Kopf (nicht auf den Pfoten!) laufen
- dafür lässt du deinen Hund am besten direkt stehen und nicht sitzen und stapelst die Kekse auf seiner Nase
- danach lockst du ihn zu dir
- belohne stimmlich jede kleine Bewegung die er dabei macht
- übe dies so lange, bis er auch ein paar Schritte laufen kann, während er die Kekse balanciert
- danach darf er die Kekse fressen, die er so brav balanciert hat

LONGIEREN

Schwierigkeit: mittel bis schwer
Ausübungsort: drinnen und draußen
Du benötigst: Leckerchen, Flatterband oder Schnur oder Seil, Geduld
Vorbereitung: diverse Grundkommandos

- dieses Spiel ist geistig und körperlich sehr anstrengend und fördert sowohl die Ausdauer, als auch die Konzentration und den Gehorsam deines Hundes
- für dieses Spiel musst du einen Kreis z.B. mit einem Flatterband, einer Schnur oder einem Seil abstecken
- die Abgrenzung kann auf den Boden gelegt, oder z.B. an Stäben oder ähnlichem in etwa auf Brusthöhe deines Hundes befestigt werden
- nun geht es darum, deinem Hund beizubringen nicht in den Kreis zu gehen, sondern am äußeren Rand entlangzulaufen
- dies klappt mit hochgesteckter Abgrenzung besser, als mit auf dem Boden liegender

- führe zuerst deinen Hund außen an der Abgrenzung entlang
- bleibt er außerhalb, bekommt er ein Leckerchen
- betritt er den Ring, schicke ihn wieder heraus und führe ihn weiter
- kombiniere das Laufen außen an der Absperrung mit einem Kommando (z.B. „Longieren" oder „Lauf")
- übe dies nun so lange, bis dein Hund auch von selbst außen am Ring entlang läuft und nicht mehr von selbst in den Ring geht
- belohne ihn dafür, wenn er draußen bleibt
- nun kannst du verschiedene Dinge von ihm verlangen
- er könnte sich auf Kommando außerhalb des Rings hinsetzen, oder legen, stoppen aus der Bewegung, aber auch Richtungswechsel wären möglich
- mit diesem Spiel förderst du auch die Aufmerksamkeit deines Hundes, da er auf dich achten muss, besonders, wenn du keine gesprochenen Kommandos gibst, sondern nur Handzeichen
- außerdem trainierst du so den Gehorsam auf Entfernung
- klappt dies bei einem kleinen Ring gut, kannst du den Ring auch noch erweitern
- außerdem können Hindernissen aufgestellt werden, über die dein Hund drüber springen muss, während er „longiert"

SICH SELBST ZUDECKEN (KENNEL)

Schwierigkeit: mittel bis schwer
Ausübungsort: drinnen und draußen
Du benötigst: Leckerchen, Homekennel / Käfig, eine Decke, Geduld
Vorbereitung: keine

- das Ergebnis dieses Spiels ist sehr niedlich
- für diesen Trick wird eine Art Kennel / Käfig benötigt
- dieser ist generell für Hunde von Vorteil, WENN der Kennel positiv verknüpft und als Rückzugsort akzeptiert wurde
- er dient NICHT zum Einsperren des Hundes, wenn man gerade mal keine Zeit hat oder gar unterwegs ist
- der Kennel wird zuerst positiv verknüpft (Leckerchen in den Kennel legen/werfen)
- wichtig: Hat sich der Hund von selbst in den Kennel gelegt, sollte er dort in jedem Fall in Ruhe gelassen werden! Das ist sein Rückzugsort und dort will er nicht gestört werden
- natürlich darf man ihn trotzdem rufen, zum Beispiel um spazieren zu gehen, aber eben ohne direkte Interaktion
- wenn dein Hund seinen Kennel mag, kannst du mit ihm das Zudecken üben

- dafür hängst du oben über die Tür eine kleine, leichte Decke, die etwa zur Hälfte herunterhängen und somit maximal die Hälfte der Tür verdecken sollte
- dann bringst du deinem Hund bei, diese Decke zu greifen (mit dem Maul), wenn er in den Kennel geht
- belohne auch hier wieder jeden kleinen Zwischenschritt
- somit zieht er die Decke vom Kenneldach herunter und deckt sich automatisch selbst zu
- viele Hunde, die das einmal gelernt haben, nutzen dies auch ohne dazugehöriges Kommando, wenn ihnen kalt ist
- kombiniere das Greifen der Decke mit einem Kommando und belohne deinen Hund

SICH SELBST ZUDECKEN (EINROLLEN)

Schwierigkeit: mittel bis schwer
Ausübungsort: drinnen und draußen
Du benötigst: Leckerchen, eine Decke, Geduld
Vorbereitung: „Rolle machen"

- das Ergebnis dieses Spiels ist sehr niedlich
- sich selbst zuzudecken geht natürlich nicht nur mit einem Kennel
- nimm eine Decke zur Hand, die groß genug ist, damit sich dein Hund darin einrollen kann
- dann breite die Decke auf dem Boden aus
- hol deinen Hund dazu und lass ihn am Rand der Decke „Platz" machen
- gib ihm dann eine Ecke der Decke ins Maul und sage ihm das Kommando fürs Festhalten
- danach folgt das Kommando für „Rolle machen"
- im Idealfall behält dein Hund also die Ecke der Decke im Maul und dreht sich dann in der Decke ein
- Achtung: Übe dieses Spiel nicht mit einem Angsthund! Er könnte Platzangst bekommen in der Decke
- klappt das Einrollen, belohne deinen Hund
- danach sollte er sich in die andere Richtung wieder ausrollen
- alternativ kannst du ihm aus der Decke helfen

KISSEN HOLEN

Schwierigkeit: mittel bis schwer
Ausübungsort: drinnen und draußen
Du benötigst: Leckerchen, ein Kissen, Geduld
Vorbereitung: sicheres Apportieren

- das Ergebnis dieses Spiels ist sehr niedlich
- bei diesem Spiel geht es darum, deinem Hund beizubringen auf Kommando sein Kissen zu holen und sich darauf zu legen
- dafür beginnst du das Training wieder kleinschrittig
- benenne zunächst das Kissen, wie du es auch schon vorher mit den Spielzeugen getan hast
- übe dann das Apportieren des Kissens
- belohne jeden Zwischenschritt
- wenn das Apportieren des Kissens gut klappt, bringe deinem Hund die Kombination aus Kissen holen, apportieren und sich drauf legen bei, indem du ihm sofort, wenn er es zu dir apportiert hat, das Kommando gibst sich hinzulegen und dabei auf das Kissen zeigst
- legt er sich direkt auf das Kissen, belohnst du ihn ausgiebig
- kombiniere dann den Vorgang während des Apportierens, Ablegens und Darauflegens mit einem Kommando (zum Beispiel „schlafen gehen"), sodass dein Hund im weiteren Trainingsverlauf die vollständige Kette selbstständig ausführt
- das heißt, du schickst ihn los mit dem Kommando „schlafen gehen", woraufhin dein Hund los läuft, sein Kissen holt und sich darauf legt

JACKE AUSZIEHEN

Schwierigkeit: mittel bis schwer
Ausübungsort: drinnen und draußen
Du benötigst: Leckerchen, eine Jacke, die du trägst, Geduld
Vorbereitung: keine

- dieses Spiel ist im Alltag nützlich
- dieses Spiel wird so aufgebaut wie das Ausziehen der Socken
- zieh dir eine Jacke an und ziehe einen Ärmel so weit runter, dass deine Hand im Ärmel steckt und unten nur „leerer" Stoff ist
- halte nun das Ärmelende deinem Hund hin und animiere ihn dazu, den Ärmel zu packen und an ihm zu ziehen
- wenn er das tut, drehe dich ein wenig, sodass dein Hund dir beim Jacke

ausziehen hilft
- belohne ihn für jeden Zwischenritt, oder, wenn er es direkt verstanden hat, sobald er die Jacke ausgezogen hat

BASKETBALL SPIELEN

Schwierigkeit: mittel bis schwer
Ausübungsort: drinnen und draußen
Du benötigst: Leckerchen, einen Basketballkorb (z.B. für Kinder), Geduld
Vorbereitung: „Spielzeuge aufräumen", sicheres Apportieren

- dieses Spiel fördert die Konzentration, Körperwahrnehmung und Koordination deines Hundes
- dieses Spiel ist ähnlich aufgebaut wie das Aufräumen des Spielzeugs oder das Wegräumen der Wäsche
- du benötigst diesmal einen kleinen Basketballkorb (zum Beispiel für Kinder), den du auf einer Höhe anbringst, die dein Hund problemlos erreichen kann um den Ball zu versenken
- dann übst du diesen Trick genauso wie das Spielzeugaufräumen
- schicke deinen Hund los um den Ball, den du vorher benannt hast, zu apportieren
- danach zeigst du ihm den Korb und sorgst dafür, dass er den Ball in den Korb fallen lässt
- kombiniere sein Verhalten mit einem Kommando (zum Beispiel „Basketball spielen") und belohne ihn, wenn er es richtig macht und trifft
- dies solltest du so lange üben, bis du ihm das Kommando auch aus einer gewissen Entfernung geben kannst und er direkt losläuft, den Ball holt und ihn danach im Korb versenkt

SEIL SPRINGEN

Schwierigkeit: mittel bis schwer
Ausübungsort: drinnen und draußen
Du benötigst: Leckerchen, ein Springseil, Geduld
Vorbereitung: ggf. „Spring drüber"

- dieses Spiel ist besonders körperlich anstrengend
- dafür benötigst du ein Seil, welches du in etwa auf Höhe deiner Hand (während du stehst) befestigst
- du selbst stellst dich an das andere Ende und positionierst deinen Hund neben

dem Springseil, welches soweit durchhängen sollte, dass ein Teil davon auf dem Boden aufliegt
- Achtung: Angsthunde können auf das Schwingen des Seils über ihrem Kopf mit Panik reagieren!
- dann vollführst du eine einzige, langsame Drehung mit dem Seil und wenn das Seil wieder auf dem Boden neben deinem Hund aufkommt, gibst du ihm das Kommando zum Hochspringen
- sollte das nicht klappen, kannst du das Seil auch deutlich tiefer hängen (etwa auf Ellenbogenhöhe deines Hundes oder noch niedriger) und lässt deinen Hund zuerst mehrfach darüber springen
- so versteht er, dass er über das Seil springen soll
- dann übst du wieder mit dem befestigten Springseil und kombinierst das Drehen des Seils mit dem Sprungkommando
- übe dies über einen längeren Zeitraum und achte darauf, dass dein Hund sich nicht verletzten kann, wenn er zum Beispiel gegen das Seil springt
- beginne diese Übung also langsam und steigere nur sehr langsam das Tempo, mit dem du das Seil schwingst
- achte hierbei auch wieder auf die Kondition deines Hundes und überfordere ihn nicht

DIY Spiele selber basteln

Der Fachhandel bietet viele Spielzeuge für Hunde, jedoch sind die meisten davon recht teuer und am Ende ist etwas selbstgebautes doch immer schöner, nicht wahr?

FLASCHENSTANGE

Schwierigkeit: leicht bis mittel
Ausübungsort: drinnen und draußen
Du benötigst: Leckerchen, ein breiteres dickes Brett, 2 Holzlatten, eine oder mehrere leere PET Flaschen, eine Stange oder langen Nagel, Akkuschrauber, Geduld
Vorbereitung: keine

- dieses Spiel fördert die Problemlösungsfähigkeit deines Hundes
- für dieses Spiel benötigst du: 1-3 leere PET Flaschen, eine Stange oder einen langen Nagel, ein breites schweres Brett (als Standfuß) und 2 schmalere Holzlatten
- das schwere Brett dient als Fuß der Konstruktion
- auf dieses Brett schraubst du, je nachdem ob du eine, zwei oder drei Flaschen verwenden willst, die beiden Holzlatten hochkant in einem Abstand von 10, 15 oder 20cm fest
- dann nimmst du die leeren PET Flaschen zur Hand, schneidest den Boden der Flaschen ab und suchst einen Punkt, über den die Flaschen sich relativ leicht drehen lassen (meist etwa mittig der Flasche)
- dort bohrst du dann 2 Löcher (gegenüberliegend) hinein, sodass die Stange oder der lange Nagel hindurchpasst
- „fädele“ nun die Flaschen auf den Stab oder den Nagel und bohre in die beiden Holzlatten jeweils ein Loch, durch das der Nagel oder der Stab geschoben wird
- nun hast du eine Stange, an der die aufgeschnittenen Flaschen hängen, mit dem Kopf der Flasche nach unten und der großen Öffnung oben
- die Deckel müssen auf die Flaschen geschraubt sein!
- dann füllst du einige Leckerchen in die Flaschen und animierst deinen Hund, auszuprobieren
- Achtung: Bei sehr rabiaten Hunden musst du ggf. den Fuß der Konstruktion stabilisieren, damit sie nicht umfällt!
- Irgendwann wird dein Hund den „Dreh“ raushaben, wie er die Flaschen anstupsen muss, damit sie sich drehen und die Leckerchen herausfallen

- wenn dieser Aufbau irgendwann zu leicht geworden ist, kannst du die Löcher in den PET Flaschen auch versetzten, sodass sich die Flaschen schwerer komplett umdrehen lassen

BRIEFKASTEN

Schwierigkeit: mittel bis schwer
Ausübungsort: drinnen und draußen
Du benötigst: Leckerchen, einen Karton, einen gefüllten Briefumschlag, Geduld
Vorbereitung: ggf. „Spielzeug aufräumen", sicheres Apportieren

- dieses Spiel fördert besonders die Koordination und Körperwahrnehmung deines Hundes
- hierfür benötigst du einen Karton, der etwas höher als dein Hund sein sollte
- auf Höhe der Schnauze deines Hundes schneidest du einen großen Spalt hinein (Abmessungen etwa 15cm breit und 5-8cm hoch)
- diesen Karton stellst du auf und nimmst einen Briefumschlag zur Hand, den du auch mit Papier befüllst (so als würdest du wirklich einen Brief abschicken wollen)
- dann verschließe den Brief und halte ihn deinem Hund hin
- fordere ihn auf, den Brief ins Maul zu nehmen und festzuhalten
- zeig ihm dann den Schlitz im Karton und animiere ihn, den Brief dort hineinzustecken
- dies funktioniert ähnlich wie beim Aufräumen des Spielzeugs oder der Wäsche
- sollte dies zu schwierig sein und dein Hund den Schlitz nicht treffen – vergrößere den Schlitz und klebe ihn nach und nach etwas zu, wenn dein Hund treffsicherer geworden ist
- natürlich kannst du den Schlitz bei einem niedrigeren Karton auch oben in den Deckel schneiden und deinen Hund den Brief dort einwerfen lassen
- um die Schwierigkeit zu erhöhen, kannst du den Brief auch auf einer Tischkante platzieren und dein Hund muss den Brief zuvor apportieren und dann erst in den Briefkastenschlitz einwerfen
- vergiss nicht, das Verhalten mit einem Kommando zu kombinieren und deinen Hund zu loben

REIZANGEL

Schwierigkeit: leicht bis mittel
Ausübungsort: draußen
Du benötigst: eine Longierpeitsche oder einen 2-4m langen Stab, Schnur oder ein dünnes Seil, ein beliebtes Spielzeug deines Hundes, Geduld
Vorbereitung: keine

- dieses Spiel ist körperlich als auch geistig sehr anstrengend und fördert vor allem die Ausdauer und Konzentration deines Hundes, aber auch den Gehorsam
- es gibt auch Reizangeln zu kaufen, jedoch sind diese meist nicht sehr stabil
- darum solltest du eine Reizangel selbst bauen
- so kannst du auch bestimmen, welche „Beute" am Ende hängen soll
- du benötigst für den Bau der Reizangel: eine Longierpeitsche aus dem Reitsport oder einen anderen, bis zu 2m langen Stab, 2-4m Schnur oder dünnes Seil, ein Spielzeug, das dein Hund sehr mag
- je nachdem, ob du eine Longierpeitsche oder einen Stab genommen hast, musst du nun schauen, wie du die Schnur an der Spitze deiner Angel sicher befestigen kannst
- ist dies geschehen, knotest du an das andere Ende den „Reiz", also das Spielzeug
- dann geht es raus in den Garten (es sei denn, du wohnst in einem Palast und hast locker 20qm freien Raum im Haus und im Idealfall Teppich, damit dein Hund nicht wegrutschen kann)
- damit dein Hund nicht direkt in den Vollpowermodus geht, solltest du zuerst dafür sorgen, dass er sich aufwärmt - ein bisschen laufen, ein bisschen Bällchen werfen oder ähnliches, damit die Muskeln warm werden
- dann kann es mit der Reizangel losgehen
- schaue zuerst, ob dein Hund überhaupt Lust hat, die Beute zu jagen
- manche Hunde interessieren sich nämlich überhaupt nicht für solche Jagdspiele
- wedle also ein wenig mit der „Beute" vor deinem Hund herum und animiere ihn dazu, diese zu fangen
- dann wedle mit der Angel herum, ziehe sie über den Boden und bringe deinen Hund so auf Geschwindigkeit
- Richtungswechsel und langsamere Parts können ebenfalls eingebaut werden
- damit du mit diesem Spielzeug deinen Hund nicht zu einem totalen Jagdjunkie machst, ist es wichtig, dass wenn er die Beute zu fassen bekommt, er sie zu dir apportiert und dafür ein tolles Leckerchen bekommt
- nur so lernt dein Hund, die Beute nicht einfach zu zerfetzen oder gar zu fressen (falls er draußen mal etwas erlegt oder findet), sondern zu dir zu bringen
- hast du einen generell jagdlich ambitionierten Hund, ist es ebenfalls sinnvoll,

mit diesem Spielzeug die sogenannte „Impulskontrolle“ zu trainieren
- dies erreichst du, indem du mit Hilfe einer zweiten Person deinen Hund zuerst ins „Sitz“ bringst, dann die Reizangel dazu nimmst, sie leicht bewegst oder ein Stück vor deinem Hund die „Beute“ positionierst und dein Hund erst dann auf die Jagd gehen darf, wenn du ihm das Kommando dafür gibst
- die zweite Person sollte währenddessen dafür sorgen, dass dein Hund auch wirklich sitzen bleibt
- ebenfalls interessant für jagdbegeisterte Hunde ist das Stoppen während der Jagd
- auch dafür sollte eine zweite Person zur Stelle sein, die helfen kann, deinen Hund auch wirklich zu stoppen
- animiere dafür deinen Hund die Beute zu jagen und gib ihm, während er die „Beute“ jagt, das „Stopp“ Kommando
- stoppt er, muss er sofort reichlich belohnt werden, da dies eine der schwersten Disziplinen überhaupt ist!
- auf dein Kommando hin sollte er dann danach mit der Jagd fortfahren dürfen
- um das Spiel zu beenden, sollte dein Hund die „Beute“ fangen dürfen und dir apportieren, wofür er dann wieder ein ganz tolles Leckerchen bekommt
- wichtig: Überfordere deinen Hund nicht! Hunde mit Gelenkserkrankungen sollten dieses Spiel nicht spielen!

SLALOM UM WASSERFLASCHEN

Schwierigkeit: leicht bis mittel
Ausübungsort: drinnen und draußen
Du benötigst: mehrere halb volle PET Flaschen, Leckerchen, Geduld
Vorbereitung: keine

- dieses Spiel fördert besonders die Körperwahrnehmung und Koordination deines Hundes
- wer keine Slalomstangen zur Verfügung hat, kann auch einfach mehrere gefüllte PET Flaschen nutzen
- stell sie in einer Reihe auf und lasse zwischen den Flaschen genügend Abstand, damit dein Hund bequem hindurch laufen kann
- locke deinen Hund nun im Slalom durch die Flaschenreihe
- du kannst jeden Richtungswechsel mit einem eigenen Kommando belegen (zum Beispiel „Sla“ und „lom“ oder „links“ und „rechts“)
- je sicherer dein Hund dabei wird, desto schneller wird er werden
- du kannst nach und nach auch die Abstände zwischen den Flaschen verringern, achte aber darauf, dass er die Flaschen dabei nicht umstößt

SLALOMSTANGEN

Schwierigkeit: leicht bis mittel
Ausübungsort: drinnen und draußen
Du benötigst: mehrere Stäbe/Stangen die höher als dein Hund sind, Leckerchen, Geduld
Vorbereitung: keine

- dieses Spiel fördert besonders die Körperwahrnehmung und Koordination deines Hundes
- natürlich kannst du dir auch Slalomstangen selbst basteln
- eigentlich sind es ja auch nur Stäbe die man wahlweise auf eine Platte schraubt oder einfach in den Boden steckt
- besorge dir also einige Stangen, die etwas höher sein sollten als dein Hund
- nun kannst du sie entweder auf ein schmales, flaches Brett schrauben, oder einfach in die Erde im Garten stecken (dies ist die angenehmere Variante, da dein Hund nicht immer über das Brett laufen muss, außerdem bist du beim Abstand der Stangen deutlich flexibler)
- auch hier lockst du deinen Hund wieder im Slalom um die Stangen und belohnst ihn dafür
- auch hier können die Kommandos je nach Richtung anders benannt werden, oder du belässt es einfach bei einem Kommando (zum Beispiel „Slalom")

LECKERCHENTURM

Schwierigkeit: mittel bis schwer
Ausübungsort: drinnen und draußen
Du benötigst: einen hohen schmalen Karton, etwas Pappe, eine Schere, Leckerchen, Geduld
Vorbereitung: keine

- dieses Spiel fördert die Problemlösungsfähigkeit deines Hundes
- für dieses Spiel benötigst du: einen sehr schmalen, langen Karton oder eine Röhre (aus Plastik), Pappe und Leckerchen
- der Karton oder die Röhre sollten nur so hoch sein wie dein Hund groß ist
- du stellst den Karton oder die Röhre hochkant und schneidest, bzw. sägst einige Aussparungen hinein (bis etwa 2/3 Tiefe des Kartons oder Rohrs)
- für diese Aussparungen schneidest du nun aus der Pappe „Einschübe" zurecht, die vorn ein ganzes Stück weit herausschauen, aber hinten tief genug in den Karton oder die Röhren passen, damit sie diese dort verschließen

- schiebe alle Einschübe in die Aussparungen und lege von oben einige Leckerchen hinein
- diese bleiben nun auf dem ersten Einschub liegen
- halt den Turm fest und animiere nun deinen Hund, den ersten Einschub herauszuziehen
- dadurch fallen die Leckerchen eine Etage tiefer
- animiere ihn dann, den zweiten Einschub herauszuziehen, usw.
- wenn er den letzten Einschub herauszieht, fallen die Leckerchen auf den Boden
- hebe nun den Turm an und lass deinen Hund die Leckerchen fressen
- sollte dein Hund nach einem Einschub aufhören, sie herauszuziehen, belohne ihn zwischendurch für jeden einzelnen Einschub, damit er weiterhin motiviert ist, mitzumachen

AGILITYPARCOURS SELBST BAUEN

Schwierigkeit: mittel bis schwer
Ausübungsort: drinnen und draußen
Du benötigst: je nach „Hindernis" mehrere Stangen die höher als dein Hund sind, verschiedene Holzbretter, Holzlatten, Schrauben, Akkuschrauber, zwei Ketten, Ösen, etc.
Vorbereitung: keine

- dieses Spiel ist besonders körperlich sehr anstrengend und fördert Konzentration, Körperwahrnehmung und Koordination
- fertige Agility Geräte sind meist sehr teuer und oft nur für eine bestimmte Hundegröße geeignet
- wer selbst baut, hat also die Möglichkeit die Hindernisse an die Größe des eigenen Hundes anzupassen
- mit etwas handwerklichem Geschick lassen sich so Brücken, Sprunghindernisse und ein Slalomparcours selbst bauen
- wie der Slalom „gebaut" werden kann, wurde ja bereits erklärt
- für die Brücke benötigst du einige breitere Bretter, die mindestens 10, besser 20 Zentimeter breiter sein sollten als dein Hund, damit er sicher darauf laufen kann
- diese werden nun so angesägt, dass du zwei Schrägen erhältst, die du an das Hauptbrett anschrauben kannst
- diese dienen dann dem Auf- und Abstieg von der Brücke
- ideal ist es, wenn du beide Schrägen noch mit einer Kette oder einem starren Brett verbindest, damit sie sich nicht wegdrehen können und das gesamte Konstrukt stabiler wird

- die Sprunghindernisse können beispielsweise aus einem breiteren Brett als Fuß, sowie zwei senkrecht festgeschraubten Holzlatten bestehen, an denen auf verschiedenen Höhen kleine Ablagen befestigt werden, auf denen dann eine Querstrebe aufgelegt werden kann

Intelligenzspielzeuge und Co.

Wer lieber fertige Intelligenzspielzeuge kaufen möchte, hat mittlerweile eine riesige Auswahl. Hier erfährst du wie du damit zusammen mit deinem Hund richtig spielst.

FUTTER AUS DEM KONG ERARBEITEN

Schwierigkeit: leicht
Ausübungsort: drinnen und draußen
Du benötigst: Kong, Leckerchen / Futter
Vorbereitung: keine

- dieses Spiel eignet sich hervorragend zur Selbstbeschäftigung deines Hundes
- es gibt mehrere Varianten des Kongs
- die meisten sind aus Hartgummi und in der Mitte hohl
- diese Kongs werden einfach mit Futter (z.B. spezieller Paste, oder einfach Leberwurst befüllt, aber auch zusammengequetschen Käsewürfeln, etc.)
- im Sommer kann der befüllte Kong auch eingefroren werden und dient so als abkühlende Beschäftigung für deinen Hund, quasi wie ein „Hunde-Eis"

FUTTER AUS DEM WOBBLER ERARBEITEN

Schwierigkeit: leicht
Ausübungsort: drinnen und draußen
Du benötigst: Wobbler, Leckerchen / Futter
Vorbereitung: keine

- dieses Spiel eignet sich hervorragend zur Selbstbeschäftigung deines Hundes
- der Wobbler ist eine Art wackelndes Steh-Auf-Männchen, das ein Loch besitzt, aus dem das zuvor eingefüllte Futter fällt
- dein Hund muss körperlich arbeiten, um an das Futter zu kommen und muss sich außerdem Strategien überlegen, wie er den Wobbler bewegen muss, damit die Futterbrocken herausfallen
- dieses Spielzeug kannst du deinem Hund auch geben, wenn du ihn allein lassen musst
- so ist er beschäftigt während du unterwegs bist

DER MEMORY TRAINER FÜR HUNDE

Schwierigkeit: leicht
Ausübungsort: drinnen und draußen
Du benötigst: „Memory Trainer", Leckerchen / Futter
Vorbereitung: keine

- dieses Spiel fördert die Ausdauer, sowie die Erinnerungsfähigkeit deines Hundes
- der Memory Trainer besteht aus einem Taster und einem großen Behälter, der sich dreht und Leckerchen herausfallen lässt, wenn er betätigt wird
- dein Hund muss also lernen, den Taster zu betätigen, damit er an das Futter im Automaten kommt
- um die Schwierigkeit zu erhöhen, kann der Taster später, wenn dein Hund bereits begriffen hat wie das Spiel funktioniert, auch in anderen Räumen platziert werden
- alternativ kannst du auch draußen den Memory Trainer nutzen und erhöhst somit die Schwierigkeit deutlich, da äußere Einflüsse und Gerüche deinen Hund schnell ablenken können

KÄSTCHEN UND SCHUBLADEN SPIEL

Schwierigkeit: leicht
Ausübungsort: drinnen und draußen
Du benötigst: fertige Intelligenzspielzeuge, Leckerchen / Futter
Vorbereitung: keine

- dieses Spiel fördert insbesondere die Intelligenz als auch die Problemlösungsfähigkeit deines Hundes
- dieses Spiel besteht aus mehreren Kästchen und Schubladen, die auf verschiedenste Arten geöffnet werden müssen
- dies erfordert sehr viel „Grips", da dein Hund bei jedem Teil dieses Spielzeugs neu überlegen und ausprobieren muss, wie er an die Leckerchen kommt die du vorher eingefüllt hast
- von diesem Spielzeug gibt es verschiedene Varianten
- einige sind leichter, andere schwieriger
- für viele Hunde sind sie eine tolle Beschäftigung, zum Beispiel an Regentagen, wenn man nicht wirklich die Muße hat draußen etwas zu unternehmen

SCHNÜFFELTEPPICH

Schwierigkeit: leicht
Ausübungsort: drinnen und draußen
Du benötigst: Schnüffelteppich, Leckerchen / Futter
Vorbereitung: keine

- dieses Spiel fördert besonders den Geruchssinn deines Hundes und dient der Selbstbeschäftigung
- Schnüffelteppiche erfreuen sich immer größerer Beliebtheit
- sie bestehen meist aus Fleecestoff und sind wie eine Art Hochflorteppich aufgebaut
- durch die langen abstehenden Fleecestoffstücke lassen sich in diesem Teppich viele Leckerchen verstecken, die dein Hund erschnüffeln und aus dem Teppich herausarbeiten muss
- da er waschbar ist, ist er auch für etwas stärker sabbernde Hunde geeignet

Schlusswort

Mit diesen Spielen seid du und dein Hund sicher mehrere Monate, wenn nicht sogar Jahre ausgelastet. Es gibt so viele Möglichkeiten für euch, miteinander zu Spielen und somit gibt es auch keine Ausreden mehr. Dein Hund wird gefordert und gefördert und hat auch noch Spaß an der Sache. Die Spiele, die du hier in diesem Buch entdeckt hast sind natürlich variabel und du hast genügend Anreize, um dir auch selbst Spiele auszudenken, die du dann mit deinem Vierbeiner spielen kannst. So wird euch wohl nie wieder langweilig. Doch denk immer an die wichtigsten Regeln beim Spielen:

- spielt **gemeinsam** um eure Beziehung zu stärken
- habt Spaß an der Sache
- überfordere deinen Hund nicht, weder psychisch noch physisch
- achte darauf, dass er sich nicht verletzen kann
- belohne und lobe ihn und schimpfe nicht mit ihm, wenn er etwas nicht versteht
- lass ihn auch mal gewinnen und nutze das Spielen nicht, um deine angebliche „Rangposition" zu stärken

Und nun habt viel Spaß beim Ausprobieren, Spielen und Trainieren!

BARF

ARTGERECHTE ROHFÜTTERUNG FÜR HUNDE

Hundeerziehung mit der natürlichen gesunden Ernährung für Deinen Vierbeiner. Alles Wissenswerte über rohes Hundefutter inkl. Rezepte und Ernährungspläne

1 Barfen – Was ist das eigentlich?

Der Begriff „Barfen" ist vermutlich schon so gut wie jedem Hundehalter einmal irgendwo begegnet. Leider wird in der heutigen Zeit die Fütterung des eigenen Hundes in den Bedeutungsstand einer Religion gehoben und die Diskussionen im Internet ähneln einem Glaubenskrieg. Viele halten ihre Methode für die einzig richtige und leider können die wenigsten Hundehalter andere Meinungen neben der eigenen akzeptieren. Dass aber nicht jede Fütterungsform auf jeden Hund passt, vergessen dabei die meisten. Denn auch wenn alle unsere Hunde denselben Vorfahren haben, so unterscheiden sie sich doch sehr stark. Nicht nur in Größe, Gewicht, Farbe oder Felllänge, sondern auch in ihren Vorlieben und den individuellen Ansprüchen an ihre Nahrung. Jedoch gerät dieser Fakt schnell in Vergessenheit, wenn man sich viele der Posts und Threads im Netz so durchliest.

Doch egal, wie sehr dieses Thema diskutiert wird, wie sehr sich manche Hundehalter darauf versteifen, dass ihre Art der Fütterung die beste und einzig richtige ist – am Ende wollen alle, die sich auf diesen „Krieg" eingelassen haben, doch nur eines: Das Beste für ihren Vierbeiner. Und allein das ist doch schon ein toller Schritt in die richtige Richtung. Generell stellt man fest, dass die jetzigen, meist jüngeren Generationen sich sehr mit den Themen Nahrung, Nahrungserzeugung, Ernährung, Qualität und ihrem „ökologischen Fußabdruck" beschäftigen. Diese Tatsache hat schlussendlich nicht nur Auswirkungen auf ihre eigene Ernährung, sondern auch auf die ihrer Haustiere. Gerade für Hunde und Katzen bietet der Markt eine schier unüberschaubare Menge und Auswahl an verschiedensten Futtermitteln.

Von Trockenfutter über Dosenfutter, bis hin zu Monoproteinvarianten, getreidefreien Sorten und sogar vegetarisches oder gar veganes Futter. Kaum ein Tierhalter kann da den Überblick behalten, zumal gefühlt jeden Tag neue Hersteller und neue Sorten den Markt erobern wollen. Hat man vor einigen Jahren noch achtlos in das Supermarktregal gegriffen und das erstbeste und möglichst günstige Futter genommen, so sieht man die Tierbesitzer heute in den Fachhandelsläden stehen, wie sie akribisch die Zusammensetzung der Futtersorten prüfen und nicht selten dutzende Säcke, Tüten und Dosen wieder zurück in das Regal stellen, weil sie ihren Ansprüchen nicht genügen. Das mag für manch einen Außenstehenden und Nicht-Tierhalter verwirrend oder gar übertrieben wirken, aber am Ende darf man dabei eben nicht vergessen, dass sich diese Leute mit der Ernährung ihres Vierbeiners kritisch auseinander gesetzt haben, wissen was sie wollen und was eben nicht und dass dies am Ende ja dem Tier zugutekommt.

Zu diesen Leuten zählen auch die „Barfer". Sie haben den Trockenfuttersäcken und Feuchtfutterdosen den Rücken gekehrt und besinnen sich darauf zurück, was unsere Vierbeiner gefressen haben, bevor sie domestiziert wurden, und worauf ihr Körper ausgelegt ist. Nämlich: Fleisch. Aber nicht nur Muskelfleisch, sondern eben ein ganzes Beutetier samt Haut, Haaren, Knochen und Innereien. Darauf ist der Verdauungstrakt unserer Hunde eingestellt. Dafür wurde er geschaffen. Und auch, wenn manch einem der Gedanke daran nicht behagt, dass unsere lieben netten verschmusten „Sofawölfe" tatsächlich Raubtiere sind und lieber das kleine süße Lämmchen fressen würden anstatt die bis zur Unkenntlichkeit verarbeiteten und gepressten Brocken in ihren Näpfen, so darf man die Herkunft unserer Caniden nicht leugnen. Sie waren, sind und werden immer Fleischfresser bleiben, auch wenn man ihnen heutzutage gern einmal unterstellt, dass sie mittlerweile Omnivoren, also Allesfresser wären. Warum diese Theorie haltlos ist, wirst Du noch im Verlauf dieses Buches erfahren. Aber zurück zum Barfen. Das Wort „Barf" kann man im Deutschen am besten mit „Biologisch artgerechtes rohes Futter" übersetzen. Manch einer bezeichnet es auch als „Biologisch artgerechte Rohfleisch-Fütterung" oder orientiert sich an der englischen Variante „Bones and raw food", also zu Deutsch „Knochen und rohes Futter". Geprägt hat diese Fütterungsform der australische Tierarzt Dr. Ian Billinghurst, der Anfang der 90er Jahre begann, diese Art der Fütterung publik zu machen. Er bezeichnete die Fütterung als „Biologically appropriate Raw Food", also „Biologisch passende Rohkost". Mehr zu seinen Ansichten über die Ernährung von Hunden findest Du in Kapitel 4 „Barf Varianten". Egal, wie man diese Art der Fütterung nennt oder übersetzt – Barf bedeutet die Fütterung des Hundes mit rohen Zutaten wie Fleisch, Innereien, Knochen und dazu ergänzend meist Gemüse oder etwas Obst sowie Öle, Kräuter und teilweise auch Gewürze. Inwieweit diese Zutaten wirklich notwendig sind und in welcher Form man sie am besten verfüttert, erfährst Du in diesem Buch. Außerdem findest Du Berechnungsbeispiele für die verschiedenen Varianten und erhältst eine Liste mit allen Dingen, die im Napf Deines Hundes landen dürfen. Des Weiteren wird das Thema „Barf im Urlaub" angesprochen, damit auch in der schönsten Zeit des Jahres Dein Vierbeiner nicht zu kurz kommt. Auch das Thema „Futtermittelunverträglichkeit" wird in diesem Buch behandelt. Ebenso wie Tipps zur Ernährung von sportlich geführten Hunden, Welpen und trächtigen bzw. säugenden Hündinnen. Außerdem bekommst Du Rezepte für selbst gemachte Leckerchen an die Hand, damit die gesunde Ernährung Deines Vierbeiners nicht bei der Hauptmahlzeit aufhören muss.

Zusammengefasst findest Du hier alle Informationen von der Umstellung auf Barf über die Erstellung von Fütterungsplänen bis hin zur richtigen Fütterung von rohen Knochen. Eben alles was Du benötigst, um Deinen Hund erfolgreich auf rohes Futter umstellen zu können.

2 Vorurteile gegenüber der Frischfleischfütterung

Gerade beim Umgang mit rohem Fleisch lassen Vorurteile, wie das über die massive Belastung mit Keimen und Bakterien, nicht lang auf sich warten. Aber auch Horrormärchen über Mangelernährung gehören zu den typischsten Aussagen von Skeptikern und Leuten, denen die Tüte Trockenfutter lieber und auch sicherer ist.

Hier einige der gängigsten Mythen über die Fütterung mit rohem Fleisch und die Richtigstellung dieser:

2.1 HUNDE, DIE MIT ROHEM FUTTER ERNÄHRT WERDEN, SIND DER GEFAHR AUSGESETZT, SICH MIT DIVERSEN KEIMEN, VOR ALLEM SALMONELLEN, ZU INFIZIEREN.

Der Magen-Darm-Trakt des Hundes ist auf die Verdauung von Fleisch, Knochen und sonstigen Bestandteilen wie Sehnen, Knorpel und Innereien ausgelegt. Die Magensäure unserer Sofawölfe ist dementsprechend aggressiv, sodass Keime wie Salmonellen, E-Coli-Bakterien etc. erst gar keine Chance haben. Hunde sind somit nahezu komplett unempfindlich gegenüber solchen Erregern. Sie sind sogar in der Lage, gammeliges Aas zu fressen und problemlos zu verdauen. Wichtig zu wissen ist jedoch: Wurde Dein Hund bisher mit Fertigfutter ernährt, so hat sich Magensäure bereits „abgeschwächt" und braucht eine Weile, um sich auf das neue Futter einzustellen und den natürlichen pH-Wert wieder zu erreichen! Auch ein geschwächtes Immunsystem kann dazu führen, dass Dein Hund anfälliger für Erreger wird. Wenn Du jedoch ein paar Dinge beachtest, stärkst Du sowohl den Magen-Darm-Trakt Deines Hundes als auch sein Immunsystem, quasi „ganz nebenbei", indem Du ihn einfach nur artgerecht und ausgewogen ernährst.

2.2 HUNDE, DIE MIT ROHEM FLEISCH ERNÄHRT WERDEN, GERATEN IRGENDWANN IN EINEN BLUTRAUSCH UND WERDEN AGGRESSIV UND LAUFEN GEFAHR, AUCH IHRE HALTER ANZUGREIFEN ODER ANDERE TIERE ZU TÖTEN.

Dieser Mythos hält sich hartnäckig. Kein Hund gerät in einen Blutrausch, wenn er mit rohem Fleisch ernährt wird. Dieser vermeintliche Zusammenhang ist absolut aus der Luft gegriffen und kann durch keinen einzigen Fall bestätigt werden. Allerdings gibt es tatsächlich die Möglichkeit, dass ein Hund eher dazu bereit ist, andere Tiere, wie zum Beispiel Kaninchen, zu jagen, zu reißen und zu töten, wenn er mit „Whole Prey" ernährt wird, also mit ganzen Beutetieren. Allerdings ist auch das kein Muss. Es gibt genügend Hunde, die mit „Whole Prey" ernährt werden und trotzdem lieb und nett zu den anderen Haustieren sind. Schlussendlich ist dies auch eine Trainingsfrage. Ein Hund, der gelernt hat, andere Tiere im Haushalt zu akzeptieren, wird auch unterscheiden können zwischen einem toten Kaninchen, welches ihm vom Halter gegeben wurde und den Haustieren, die quicklebendig mit im gemeinsamen Haushalt herumspringen.

2.3 HUNDE, DIE GEBARFT WERDEN, LEIDEN ÜBER KURZ ODER LANG AN MANGELERSCHEINUNGEN, DA MAN NIE ALLE VITAMINE UND NÄHRSTOFFE FÜTTERN KANN.

Gerade wenn man die Mahlzeiten selbst zusammenstellt und keine ganzen Beutetiere füttert, ist die richtige Menge an allen Nährstoffen und Vitaminen wichtig. Jedoch ist die Berechnung des Bedarfs kein Hexenwerk und wenn man sich an ein paar Grundregeln hält, bekommt der Hund alles, was er braucht. Mangelerscheinungen treten nur dann auf, wenn man sich nicht mit dem Thema befasst hat und sehr einseitig füttert (zum Beispiel durch die ausschließliche Fütterung von Muskelfleisch). Damit genau das nicht passiert, hast Du ja dieses Buch gekauft und kannst Dich hier über alle notwendigen und wichtigen Dinge, die das Barfen betreffen, informieren.

2.4 BARFEN IST EXTREM KOMPLIZIERT UND MAN BENÖTIGT SEHR VIEL ZEIT FÜR DIE ZUBEREITUNG.

Auf den ersten Blick erscheint Barfen vielleicht wirklich sehr kompliziert. Wer aber einmal den Bedarf seines Hundes ausgerechnet hat oder sich direkt einen professionellen Barf-Plan hat erstellen lassen, der muss im Prinzip nur noch die einzelnen Futterkomponenten kaufen, zusammenmischen und füttern. Fertig. Die Bilder im Kopf von Barf-Anfängern, bei denen man jeden Tag mehrmals berechnen muss, was der Hund in welcher Menge bekommen muss, sind Quatsch. Zumal die Versorgung mit notwendigen Nährstoffen nicht tagtäglich gewährleistet sein muss, sondern über einen gewissen Zeitraum hinweg bedarfsdeckend sein sollte. Bekommt Dein Hund also mal ein paar Tage lang nicht alle Nährstoffe, etwas später aber wieder genug, so wird er daran nicht sterben. Hauptsache, die notwendige Menge wird innerhalb von 2 bis 4 Wochen gefüttert und liegt in natürlicher, gut verwertbarer Form vor. Grundsätzlich sind synthetisch hergestellte Nährstoff- und Vitaminpräparate schlechter verwertbar für den Hund (weswegen davon auch sehr hohe Dosen in Fertigfuttermitteln vorhanden sind, da es sonst bei der ausschließlichen Gabe von Fertigfuttermitteln über kurz oder lang zu Mangelerscheinungen kommen würde).

2.5 HUNDE, DIE MIT ROHEM FLEISCH ERNÄHRT WERDEN, HABEN NAHEZU STÄNDIG WÜRMER.

Ganz im Gegenteil! Hunde, die mit rohem Fleisch ernährt werden und ein dementsprechend aggressiveres Magen-Darm-Milieu haben, sind sogar deutlich weniger gefährdet sich mit Würmern zu infizieren. Hinzu kommt ein durch die artgerechte Fütterung gestärktes Immunsystem, welches problemlos mit einer geringen Anzahl an Würmern fertig wird und so dafür sorgt, dass sich diese erst gar nicht festsetzen können.

2.6 DIE VERFÜTTERUNG VON KNOCHEN IST LEBENSGEFÄHRLICH, DA SIE SPLITTERN UND DIE DARMWAND DURCHSTECHEN KÖNNEN.

„Knochen sind gefährlich."

„Knochen dürfen nicht verfüttert werden."

„Knochen splittern und verletzen den Magen-Darm-Trakt des Hundes."

So lauten die weit verbreiteten Meinungen über die Fütterung von Knochen. Dabei ist Knochen nicht gleich Knochen. Der Mythos über die splitternden Knochen ist durch die Gabe von erhitzten Knochen entstanden, die gern mal vom Esstisch verfüttert wurden. Diese werden durch die Erhitzung porös und splittern tatsächlich. Gerade Geflügelknochen, die innen hohl sind, können besonders leicht splittern. Diese Splitter sind extrem hart und können wirklich zu Verletzungen beim Hund führen. Füttert man jedoch rohe Knochen, egal ob Knochen vom Geflügel, Kaninchen, Hirsch oder Schaf, passiert nichts. Lediglich tragende Knochen von sehr großen Tieren wie Pferden und Rindern sind zu hart und können in der Regel vom Hund nicht geknackt werden. Hierbei besteht tatsächlich eher die Gefahr, dass sich der Hund einen Zahn abbricht oder Mikrorisse im Zahn entstehen, welche den Zahn schwächen. Da Knochen, eher gesagt das Kalzium darin, jedoch sehr wichtig für den Organismus des Hundes sind, ist die Fütterung von Knochen essentiell. Weitere Infos zur richtigen Knochenfütterung findest Du im Kapitel ...

Wenn Du Dich jedoch nicht traust, beispielsweise relativ weiche Hähnchenhälse oder Ähnliches zu füttern, gibt es die Möglichkeit, Knochen zu ersetzen, zum Beispiel mit Eierschalenpulver. Tipps zur Herstellung mit dem Thermomix findest Du im Kapitel ...

Grundsätzlich ist jedoch die Fütterung von fleischigen Knochen die bessere und natürlichere Variante, die außerdem auch der Zahnreinigung dient.

Aber Achtung: Ein zu viel an Knochen kann zu sogenanntem „Knochenkot" führen. Dieser ist extrem hart und ein Hund hat meist große Probleme diesen Kot auszuscheiden. Darum übertreibe es bei der Fütterung von Knochen nicht. Bei den empfohlenen Mengen besteht diese Gefahr jedoch nicht.

2.7 BARFEN IST EXTREM TEUER.

Etliche Kilogramm an Fleisch und anderen Dingen wie Knochen, Gemüse und Co. wirken auf den ersten Blick schon recht teuer. Für einen mittelgroßen Hund kommen so im Monat gut 100 € zusammen. Würde man jedoch den Bedarf des Hundes mit hochwertigem, getreidefreiem Nassfutter decken wollen, so kommt man schlussendlich auf etwa denselben Preis, da hochwertige Dosen auch einige Euro kosten. Selbst mit hochwertigem Trockenfutter landet man schlussendlich in einem ähnlichen Preisrahmen. In dem Preis enthalten sind bei der Rohfütterung jedoch noch sämtliche Vorteile der Frischfleischfütterung. Angefangen bei der besseren Verträglichkeit, über das unterstützte und ausgereiftere Immunsystem, bis hin zur problemlosen Fütterung der verträglichen Futtermittel bei Allergien. Mehr zu den Vorteilen des Barfens findest Du im nächsten Kapitel.

3 Vor- und Nachteile des Barfens

Die Fütterung von roher Nahrung hat wie jede andere Ernährungsform auch ihre Vor- aber auch ihre Nachteile. Wobei man hier ganz deutlich sagen muss: Die Vorteile überwiegen. Nicht zuletzt, weil diese Art der Fütterung schlichtweg die naturnaheste und ursprünglichste ist und dem Hund auf natürliche Weise alles bietet, was er benötigt, um fit, gesund und vital zu sein.

Hier nun eine Übersicht über Vor- und Nachteile, damit Du für Dich entscheiden kannst, ob diese Form der Fütterung etwas für Dich und Deinen Hund ist.

3.1 VORTEILE

3.1.1 Man weiß, was drin ist

Dies ist natürlich das Hauptargument. Wer frisch füttert und die Portion für seinen Hund selbst zusammenstellt, der weiß zu nahezu zu 100 %, was er da gerade seinem Vierbeiner serviert. Gerade wenn man das Fleisch und die Innereien über den Metzger des Vertrauens bezieht, weiß man in der Regel auch ganz genau, wie die Tiere gelebt haben und auch wie sie geschlachtet wurden. Ebenfalls ist dort meist auch das Erfragen der Ernährung der Schlachttiere möglich. Und selbst wenn Du über das Internet bestellst – die großen Firmen geben in der Regel Einsicht in ihre Produktion und klären über ihre Tierhaltung sowie die Schlachtung auf.

Somit kann man sich sicher sein, dass auch nur das im Hund landet, was man ihm auch füttern möchte. Bei fertigem Futter ist dies nicht möglich und die Deklaration ist bei vielen Herstellern meist nur unzureichend bzw. unvollständig und somit mangelhaft.

3.1.2 Eine sehr gute Möglichkeit, Allergien zu umgehen

Wenn Du einen Vierbeiner hast, der von Allergien geplagt wird, dann weißt Du sicher auch, wie unheimlich wichtig es ist, die entsprechenden unverträglichen Futtermittel tunlichst zu meiden, um einen Allergieschub zu vermeiden. Nun hält der Fachhandel zwar etliche „Sensitiv"-Futtersorten bereit, die damit werben, nur eine Kohlenhydrat- und eine Proteinquelle zu besitzen, doch so ganz genau weiß man am Ende nicht, was in diesen Futtermitteln alles mit drin ist. Barft man jedoch, kann man selbst entscheiden, welche Dinge im Napf landen und welche nicht. Somit ist dies die beste Ernährung für einen allergischen Hund.

3.1.3 Die natürlichste Form der Fütterung

Fleisch, Innereien, Knochen, Bindegewebe, Haut und Haar. Dies ist, worauf der Magen-Darm-Trakt unserer Hunde ausgelegt ist. Der gesamte Körper unserer „Sofawölfe“ ist auf das Verdauen von tierischen Produkten ausgelegt. Vom Gebiss bis zur Magensäure. Alles ist darauf „programmiert“, sämtliche Bestandteile eines Beutetieres verdauen zu können. Und schlussendlich enthält so ein komplettes Beutetier auch alles, was Dein Hund benötigt, um vital, kräftig und gesund zu sein.

3.1.4 Die reinste Form der Nährstoffe

Anders als bei fertigen Futtermitteln, bei denen die durch den Erhitzungs- und Denaturierungsvorgang zerstörten Vitamine und Nährstoffe künstlich wieder hinzugefügt werden müssen, bleiben diese in frischen Lebensmitteln erhalten und können so vom Körper effektiv und vollständig aufgenommen und verwertet werden. Die sogenannte „Bioverfügbarkeit“ ist dementsprechend deutlich höher als bei synthetisch hergestellten und extra hinzugefügten Nährstoffen. Dadurch sind auch geringere Mengen ausreichend, um den Bedarf Deines Hundes zu decken.

3.2 NACHTEILE

3.2.1 Man muss sich damit befassen

Einfach ein bisschen Muskelfleisch in den Napf, ein bisschen Öl oben drauf, eine Möhre geraspelt – fertig. So einfach ist es dann doch nicht. Dennoch ist Barfen kein Hexenwerk. Man muss sich aber damit einmal auseinandersetzen und verstehen, was der Hund braucht. Wer das einmal verinnerlicht hat, hat mit dieser Art der Ernährung jedoch keinerlei Probleme mehr.

3.2.2 Man braucht Platz

Nun, zumindest mehr Platz als für ein paar Dosen oder eine Tüte Trockenfutter. Denn je nachdem, ob man alle paar Tage frische Zutaten kauft oder gleich einen Vorrat für mehrere Wochen im Tiefkühler liegen hat, braucht man schon einige Fächer im Kühl- oder Tiefkühlschrank, bzw. direkt eine ganze Tiefkühltruhe. Natürlich ist für die Menge an Zutaten auch die Größe des Hundes entscheidend und ob nur ein Hund im Haushalt lebt oder mehrere. So oder so – man braucht mehr Platz als bei anderen Fütterungsvarianten.

3.2.3 Man wird verunsichert

Darauf solltest Du dich einstellen! Freunde, Bekannte und auch andere Hundebesitzer, die sich gar nicht erst mit diesem vermeintlich schwierigen Thema befassen wollen, werden Dir wahrscheinlich Angst machen und Dir Horrorgeschichten erzählen über Hunde mit Mangelerscheinungen. Jemand, der nicht in der Materie steckt und sich von unüberprüfbaren und schlecht recherchierten Artikeln im Internet in Panik versetzen lässt, ist nicht der richtige

Ansprechpartner für Dich. Solange Du Dich mit dem Thema befasst, den Bedarf Deines Hundes kennst und ihn ausgewogen ernährst, brauchst Du Dich nicht darum scheren, was die anderen Leute sagen. Lass Dich nicht verunsichern! Du hast diese Form der Fütterung gewählt, um Deinem Hund das bestmögliche Futter zu ermöglichen, und davon solltest Du Dich nicht abbringen lassen. Wenn Du Sorge hast, dass es Deinem Hund an etwas mangeln könnte, gibt es immer noch die Möglichkeit, Dich an einen Ernährungsberater für Hunde oder einen Tierheilpraktiker zu wenden und Deinen Futterplan überprüfen zu lassen. Alternativ sind auch Bluttests möglich, bei denen die Versorgung mit den wichtigen Vitaminen und Nährstoffen überprüft wird. So bist Du immer auf der sicheren Seite.

4 BARF-Varianten

Barfen ist nicht gleich barfen, auch wenn die verschiedenen Varianten grundsätzlich sehr ähnlich sind. So gibt es die verschiedensten „Modelle“, die natürlich auch alle anders heißen. Oftmals orientieren sich die Namen an den „Erfindern“, wie das Barfen nach Mogen Eliasaen oder Swanie Simon, oder sie werden nach dem zugrunde liegenden Prinzip benannt, wie das Füttern nach „Prey Model Raw“ (Beute-Modell roh).

Hier eine kurze Übersicht über die gängigsten Modelle sowie einige Informationen über den „Begründer“ des Begriffs Barfen.

Info: Rechenbeispiele sowie Wochenübersichten zu den verschiedenen Varianten findest du im Kapitel ...

4.1 DR. IAN BILLINGHURST UND SEINE ANSICHTEN

Anfang der 1990er Jahre brachte der australische Tierarzt Dr. Ian Billinghurst das Buch „Give your dog a bone“ heraus. Darin besann er sich auf die Herkunft unserer Hunde und rief dazu auf, den Hunden wieder das zu füttern, wofür sie geschaffen wurden: Fleisch, oder besser gesagt tierische Produkte. Nicht zuletzt, weil er mit Aufkommen von Fertigfuttermitteln zunehmende Erkrankungsfälle feststellte. Daraufhin widmete er sich der Ernährung von Hunden und publizierte seine Ansichten. Er begründete zu dieser Zeit auch den Begriff des „BARF“ (Biologically appropriate Raw Food), was auf Deutsch so viel bedeutet wie „Biologisch passende Rohkost“.

Seine Aufteilung lautet wie folgt:

60-80 % RMB (raw meaty bones), also fleischige Knochen, an denen viel Fleisch sein sollte!

10-15 % Innereien wie Leber, Niere, Hirn, Pansen und Blättermagen sowie einen gewissen Anteil an püriertem Gemüse. Der Rest könne durchaus auch aus Tischabfällen wie Nudeln, Kartoffeln und Reis bestehen. Ergänzt wird das Ganze mit Eiern, Hüttenkäse, Naturjoghurt, sowie Bierhefe und Knoblauch.

Billinghurst sieht Dinge wie Getreide, Milch oder Knochenmehl als unnötig an und rät davon ab, diese zu verfüttern.

Seiner Ansicht nach sollten auch nicht jeden Tag sämtliche Komponenten gefüttert werden, sondern über einen Zeitraum von 14 Tagen hinweg gesehen die Rationen in ihre verschiedenen Bestandteile aufgeteilt werden. So sollte es mehrere Tage geben, an denen die rohen fleischigen Knochen gefüttert werden, wenige Tage an denen nur Innereien gefüttert werden und an manchen Tagen nur Gemüse.

Eine Rationsberechnung gibt Dr. Ian Billinghurst in seinen Büchern und Publikationen nicht an. Diese sei auch nicht notwendig, da man anhand der Entwicklung des Hundes sehen kann, ob er zu viel oder zu wenig bekommt und ob sein Magen-Darm-Trakt mit der bisherigen Aufteilung der Komponenten zurechtkommt.

4.2 BARF NACH SWANIE SIMON

Dieses Modell ist das am häufigsten genutzte und dient meist als Grundlage für die „Barf-Rechner" im Internet. Es enthält auch jeweils eine Obst- und Gemüsekomponente!

Die Aufteilung lautet wie folgt:

- 80 % Fleischanteil
  - davon 50 % gut durchwachsenes Muskelfleisch
  - davon 20 % Pansen/Blättermagen
  - davon 15 % Innereien
    - davon 1/3 Leber
  - davon 15 % RFK (rohe fleischige Knochen)
- 20 % Pflanzenanteil
  - davon 75 % Gemüse
  - davon 25 % Obst

4.3 BARF NACH MOGEN ELIASEN

Dieses Modell beruht auf der Annahme, dass der gefährlichen Magendrehung beim Hund vorgebeugt werden kann, wenn der Magen immer wieder von komplett leer zu komplett voll wechselt und die Magenbänder und Muskeln so trainiert und gestärkt werden. Um das zu erreichen, wird der wöchentliche Bedarf des Hundes an nur 3 bis 4 Tagen pro Woche verfüttert. Es gibt keine zwingende Obst- und Gemüsekomponente, aber es spricht nichts dagegen, trotzdem einen gewissen pflanzlichen Anteil zum Futter hinzuzugeben.

Die Aufteilung der wöchentlichen Ration lautet wie folgt:

Ohne Gemüse
50 % Muskelfleisch
20 % Blättermagen/Pansen
15 % RFK (rohe fleischige Knochen)

15 % Innereien, inklusive Herz

Mit Gemüse
80 % Fleischanteil
davon 50 % gut durchwachsenes Muskelfleisch
davon 20 % Pansen/Blättermagen
davon 15 % Innereien, inklusive Herz
davon 15 % RFK (rohe fleischige Knochen)
20 % Pflanzenanteil
davon 75 % Gemüse
davon 25 % Obst

Wenn man Obst und Gemüse füttern möchte, wird in diesem Modell meist an den Tagen, an denen kein fleischlicher Anteil gefüttert wird, nur pflanzliche Kost gefüttert. Andernfalls wären diese Tage Fastentage. Ebenfalls gängig ist ein „All you can eat“-Tag, an dem der Hund so viel fressen darf, wie er möchte.

4.4 PREY (MODEL RAW)

Dieses Modell bedeutet übersetzt so viel wie rohes Beutetier-Modell. Hierbei wird ein Beutetier quasi „nachgebaut“, weswegen diese Art der Fütterung auch „Frankenprey“ (in Anlehnung an Frankenstein) genannt wird. Diese Variante beinhaltet keine Kohlenhydratquellen und es wird weder Obst noch Gemüse gefüttert.

Die Aufteilung lautet wie folgt:

80 % Fleisch mit einem Fettanteil von 15-20 %
dazu gehören sowohl das Muskelfleisch als auch Sehnen, Bindegewebe etc., aber auch
Zunge, Mägen und andere Dinge
10 % RFK
10 % Innereien
davon 50 % Leber

4.5 WHOLE PREY

Hierbei werden tatsächlich komplette Beutetiere wie Kaninchen, Meerschweinchen, Küken, Hühner oder bei großen Hunden auch Lämmer oder Kälber verfüttert. Daher auch der Name „Whole Prey“, also ganze Beute. Diese Art der Fütterung ist die am wenigsten aufwendige, da man weder etwas supplementieren noch berechnen muss. Das gesamte Beutetier mit Haut, Fell, Innereien und Blut bietet alles, was der Hund benötigt, in quasi genau der richtigen Menge. Die einzige Arbeit, die man damit hat, ist entweder das schonende langsame Auftauen oder das Schlachten des Tieres, wenn man selbst die Futtertiere züchtet. Jedoch ist diese Art der Fütterung nicht jedermanns Sache, da es schon ein wenig irritierend sein kann, wenn ein totes Kaninchen auf der Küchenarbeitsplatte liegt.

Die Berechnungsgrundlage für die Menge ist auch hier ein prozentualer Anteil des Körpergewichts. Meist rechnet man mit etwa 2-3 % des Körpergewichts. Da man jedoch nicht immer Beutetiere hat, die in etwa das wiegen, was der Hund bekommen sollte, gibt es auch die Möglichkeit, an einem Tag ein Beutetier zu verfüttern, welches schwerer ist, und dafür am nächsten Tag nichts oder nur wenige Snacks oder Kleinigkeiten zu geben.

Was man bei allen Varianten sieht, ist, dass sie sich sehr an dem Vorbild des „Beutetiers" orientieren und im Prinzip die Aufteilung eines solchen Tieres nachahmen. Jedoch hat sich mittlerweile eine Ergänzung mit Obst, Gemüse, Ölen, Kohlenhydratquellen wie Kartoffeln sowie Milchprodukten etabliert, welche jedoch grundsätzlich nicht zwingend notwendig ist, insofern andere wichtige Bestandteile wie Innereien und auch Blut gefüttert werden. Denn sind wir mal ehrlich: Würden Caniden, egal ob Wölfe, Wildhunde oder auch verwilderte Hunde nur überleben, wenn sie regelmäßig ihre Portion Gemüse und Obst plus Öl fressen müssten, dann gäbe es sie heute nicht mehr. Die Ergänzung mit diesen Dingen hat sich nur deshalb etabliert, weil viele Hundehalter sich davor scheuen, entweder ein ganzes Beutetier oder ergänzend zu Muskelfleisch und Co. auch das nährstoffreiche Blut zu verfüttern.

Oftmals wird jedoch die Fütterung von Obst und Gemüse damit begründet, dass auch Beutetiere in der Natur, wie Reh und Hase, ebenfalls pflanzliche Kost im Magen haben und der Wolf dies dementsprechend auch mitfrisst. Das stimmt so jedoch nur teilweise. Denn die pflanzliche Kost im Magen der Beutetiere besteht zum einen weder aus Obst noch Gemüse, sondern eher aus Gräsern und Kräutern sowie teilweise Rinde und zum anderen wird diese pflanzliche Kost bereits im Magen durch den Magensaft der Beutetiere an- bzw. vorverdaut und ist somit überhaupt erst für die Caniden verwertbar bzw. überhaupt verdaubar. Pure Gräser beispielsweise können von Karnivoren jeglicher Art gar nicht erst verdaut werden, weswegen sie sehr beliebt sind zur Magenreinigung.

Das hast Du vielleicht auch schon einmal bei Deinem Hund beobachten können. Er frisst Gras bzw. Gräser und würgt sie entweder danach wieder hoch oder sie passieren unverdaut den Magen-Darm-Trakt und werden im Ganzen wieder ausgeschieden. Das zeigt, wie schwer sich ein Fleischfresser damit tut, pflanzliche Kost zu verdauen und zu verwerten. Das ist auch der Grund, warum Obst und Gemüse entweder püriert, um die Zellstrukturen mechanisch aufzubrechen, oder erhitzt (im Idealfall sanft gedünstet) werden sollen, um die Zellstrukturen thermisch aufzubrechen. Denn nur so können die pflanzlichen Bestandteile vom Hund überhaupt verwertet werden. Hinzu kommt die gleichzeitige Fütterung von Öl oder Fett, da die meisten Vitamine fettlöslich sind und somit erst vom Hund aufgenommen werden können, wenn sie zusammen mit einer Fettkomponente verfüttert werden. Somit sollte klar sein, dass Hunde auch hervorragend zurechtkommen ohne Obst- und Gemüsebrei, insofern man ihnen das zur Verfügung stellt, was die Natur für die optimale Versorgung mit Nährstoffen vorgesehen hat.

Warum unsere Hunde jedoch so sind, wie sie heute sind, zeigt sich anhand ihrer Entstehungsgeschichte. Dazu findest Du mehr Informationen im Kapitel 5.

5 Wie viel Wolf steckt im Hund?

Unser Haushund, der „Canis familiaris“, stammt vom Wolf, dem „Canis lupus“, ab. So lautet die weitläufige Meinung. Dass dies so aber gar nicht stimmt, ist bisher den Wenigsten bewusst. Eine Genstudie aus dem Jahr 2019 untersuchte die Verwandtschaft von Wolf und Hund und entdeckte Erstaunliches. Sind Wolf und Hund also doch nicht verwandt?

Nun, im Prinzip sind Wolf und Hund genauso miteinander verwandt wie wir Menschen mit Schimpansen. Was uns mit den Schimpansen und den Hund mit dem Wolf verbindet, ist ein gemeinsamer Vorfahre. Die Wege von Hund und Wolf trennten sich bereits vor etwa 30.000 Jahren. Der einstige Vorfahre beider Arten war somit der Ursprung für beide Entwicklungen. Der „Urhund“ ähnelte dem Wolf jedoch noch sehr stark. Kein Wunder – entsprangen ja beide demselben Vorfahren. Der einzige Unterschied war, dass er erkannte, wie viel einfacher das Leben in der Nähe des Menschen war. Zu dieser Zeit waren Menschen noch zum Großteil Nomaden.

Das heißt, sie bauten ihre Lager auf, verbrauchten die Ressourcen in der Umgebung, bauten ihre Lager wieder ab und zogen weiter. Die Abfälle, die dabei in den Lagern entstanden, wurden vom „Urhund“ gefressen. Er hielt sich also immer der Nähe der menschlichen Lager auf und fraß, was übrigblieb. Im Gegenzug macht er, wenn auch unbeabsichtigt, auf andere Jäger aufmerksam. Nach und nach isolierten sich aus den Nachkommen die zahmsten Exemplare, die sich näher an die Menschen herantrauten und so bessere Chancen auf Reste hatten. Außerdem folgten die „Urhunde“ den Menschen. Dies taten sie auch dann, als der Mensch begann sesshaft zu werden. In der Umgebung rund um die Siedlungen der Menschen lebten somit schon vor tausenden von Jahren Hunde, wenn auch noch die ursprüngliche und wilde Form unserer heutigen Haushunde. Die Menschen duldeten sie und erkannten, dass die Nähe dieser Raubtiere auch Vorteile hatte. Zum einen fraßen sie den „Abfall“. Dadurch wurden keine anderen Räuber mehr angezogen. Zum anderen, wenn sich doch einmal ein anderes Raubtier in die Nähe des Lagers wagte, machten die Urhunde auf diese aufmerksam und vertrieben sie teilweise sogar. Somit lebten Urhund und Mensch in einer Art Symbiose zusammen. Nach und nach griffen die Menschen in die Natur ein und entnahmen Welpen von den Urhunden aus der Umgebung. Sie zähmten sie und nutzen sie fortan als Wächter für die Siedlungen. Dort bekam der Hund entweder weiterhin die Abfälle aus den Lagern oder ging selbst auf die Jagd. Als später der Ackerbau betrieben wurde und auch Getreide zu den Abfällen gehörte, fraßen die Urhunde auch dieses in geringen Mengen. Wenn sie die Wahl hatten, fraßen sie aber weiterhin die tierischen Reste oder jagten.

Sie blieben also ihrer Natur treu und blieben fleischfressende Raubtiere, auch wenn der Mensch begann, bestimmte Merkmale heraus zu züchten, indem er bestimmte Tiere miteinander verpaarte. So wurde der Grundstein für die Rassenvielfalt gelegt, die wir heute kennen. Doch eines blieb immer gleich – ganz egal ob aus dem Urhund heute ein Yorkshire Terrier wurde, ein Alaskan Malamute oder eine riesige Dogge: Sie sind noch immer Fleischfresser. Und wenn man es genau nimmt auch immer noch Raubtiere, auch wenn wir uns das lieber gar nicht vorstellen wollen. Doch viele Wildrisse durch entlaufene Haushunde belegen die Natur unserer „Sofawölfe", die ja, strenggenommen, gar keine Wölfe sind.

Die Entstehungsgeschichte unserer Hunde zeigt Dir aber, wieso die ursprüngliche Ernährung die beste ist. Ganze Beutetiere, egal in welcher Form – dafür sind unsere Hunde „gemacht". Das ist das, worauf ihr Verdauungssystem ausgelegt ist. Und wie diese Verdauung funktioniert, erfährst Du im nächsten Kapitel.

6 Die Ernährungsphysiologie des Hundes

Wie funktioniert die Verdauung unserer „Sofawölfe" denn nun? Was können sie verwerten und was nicht?

Bei uns Menschen beginnt die Verdauung tatsächlich schon im Mund. In unserem Speichel befindet sich ein Enzym, Amylase, welches vor allem dafür da ist, Stärke aufzuspalten und in Glukose umzuwandeln. Wenn wir kauen, vermengen wir somit schon unsere Nahrung mit dem Speichel und damit mit den Enzymen, und die Verdauung beginnt. Ein Hund hat solche Enzyme jedoch nicht bzw. nur in sehr geringer Menge. Sein Speichel ist im Grunde nur dafür da, das Futter geschmeidiger zu machen, damit es leichter in den Magen gleiten kann. Da Hunde zu den sogenannten „Schlingfressern" gehören und ihre Nahrung in der Regel nicht wirklich gründlich kauen, sondern eher größere Stücke abbeißen und anschließend herunterschlingen, ist eine gute Einspeichelung überaus wichtig. Bei unseren Hunden beginnt die Verdauung somit im Prinzip erst im Magen und nicht bereits im Maul. Interessanter Fakt: Der Speichel des Hundes verändert seine Konsistenz –abhängig davon, wie er ernährt wird! Hunde, die mit Trockenfutter ernährt werden, haben recht flüssigen Speichel. Bekommen sie jedoch zum Beispiel rohes Fleisch, so ist der Speichel eher dickflüssig und schleimig. Im Magen angekommen, tritt die Magensäure ihren Dienst an. Die Magensäure von Hunden ist sehr sauer und besteht zu großen Teilen aus Salzsäure. Sie ist bereits von Natur aus aggressiver als die des Menschen, da sie einen 10-mal höheren Anteil an Salzsäure aufweist als unsere. Bei Hunden, die mit rohem Fleisch ernährt werden, ist sie prinzipiell stärker konzentriert als bei Hunden, die mit Fertigfutter ernährt werden. Dies ist wichtig, da so Erreger und Keime unschädlich gemacht werden können, bevor sie in den Darm gelangen und zu Problemen führen.

Der Magen selbst ist durch eine Schleimhaut vor der hoch aggressiven Magensäure geschützt. Die Magendrüsen sondern Enzyme, zum Beispiel „Pepsin" ab, welche die Proteine der Nahrung in Polypeptide aufspalten. Die Magensäure des Hundes zersetzt das Futter in einen Brei und wird dabei durch die Bewegungen der Magenwände, die auch Kontraktionen genannt werden, unterstützt. Ist der Brei fein genug, wird er durch den „Pförtner" in kleinen Portionen in den Dünndarm weitergeleitet. Dort neutralisiert Natriumbicarbonat, welches von der Bauchspeicheldrüse ausgeschüttet wird, die aggressive Salzsäure. Dies ist wichtig, da der Darm sonst geschädigt werden würde. Das Milieu im Darm ist nämlich im Gegensatz zu dem Milieu im Magen nicht sauer, sondern alkalisch.

Durch den Gallensaft werden die Fettbausteine weiter zersetzt und so verwertbar gemacht. Die Leber übernimmt die Entgiftung des Körpers und reinigt ihn. Sowohl Bauchspeicheldrüse als auch der Dünndarm selbst leisten mit ihren produzierten „Säften" die meiste Zersetzungsarbeit. Nur dadurch werden die Nahrungsbestandteile wie Fette, Eiweiß etc. zu wasserlöslichen Bausteinen zersetzt, die dann durch die Darmwand in den Organismus aufgenommen und so verwertet werden können. Der Blinddarm ist beim Hund nur wenig ausgeprägt. Dieser produziert Enzyme, die vor allem für die Aufnahme von Vitaminen notwendig sind, aber auch zur Zersetzung der Futterreste beitragen. Alles was nicht zersetzt und verwertet werden kann, landet anschließend im Dickdarm und wird dann über den After ausgeschieden. Das ist auch der Hauptgrund, wieso der „Output" Deines Hundes so viel über seine Ernährung aussagt. Je öfter er sein großes Geschäft erledigen muss und je mehr dabei herauskommt, desto schlechter verwertet er das gegebene Futter. Weniger Output = bessere Verwertung. Wenn Du auf Barf umgestellt hast, wirst du den Unterschied sehen. Du brauchst Dir dann auch keine Sorgen machen, wenn Dein Hund mal den ein oder anderen Tag kein Häufchen macht. Das ist normal, da er vom naturnahen Futter deutlich mehr verwerten kann als vom Industriefutter.

7 Wann und wie mit dem BARFEN starten

Wann ist der perfekte Zeitpunkt zur Umstellung auf Barf? Gibt es einen perfekten Zeitpunkt? Ja, den gibt es! Er lautet: Jetzt. Egal wann Du Dich dafür entscheidest, Deinen Hund auf Barf umzustellen, es wird immer der richtige Zeitpunkt sein. Meist gibt es jedoch einen Anlass, wieso man sich plötzlich mit der Rohfütterung beschäftigt. Vielleicht leidet Dein Hund unter Allergien? Verträgt er vielleicht spezielle Zusätze im Futter nicht mehr oder gar ganze Fleischsorten? Oder stört Dich der Geruch Deines Vierbeiners? Riecht er vielleicht aus dem Maul? Oder hast Du das Gefühl, er würde nicht genügend von seinem Fertigfutter verwerten und der „Output" geschieht übermäßig oft und in großen Mengen? Und Du hast es satt, zuzusehen, wie das Fell Deines Hundes immer stumpfer wird? Dann hast Du wahrscheinlich bereits im Internet nach Hilfe gesucht, hast Forenbeiträge gelesen und versucht herauszufinden, welche Ernährung dann die beste für Deinen Vierbeiner ist. Und schlussendlich hast Du Dich entweder bereits entschieden, zu barfen, oder möchtest Dich noch mehr über dieses Thema informieren und hast deswegen dieses Buch gekauft. Damit nun auch die Umstellung problemlos klappt und es Deinem Vierbeiner schnell besser geht, findest Du hier die Informationen, die Du brauchst.

7.1 RICHTIG UMSTELLEN

Wann immer es darum geht, das Futter des Hundes umzustellen, wird dazu geraten, langsam zu beginnen und Stück für Stück das neue Futter unterzumischen. Das mag bei verschiedenen Fertigfuttermitteln so sein und auch so funktionieren, aber bei der Umstellung von Fertigfutter auf Barf wäre das schlecht. Man darf nämlich nicht vergessen, dass Fertigfutter und BARF jeweils völlig andere Verdauungszeiten haben und der gesamte Magen-Darm-Trakt sich an das jeweilige Futter anpassen muss. Vermischt man nun Fertigfutter mit rohem Fleisch, so kommt der Magen-Darm-Trakt Deines Hundes völlig aus dem Konzept. Übelkeit, Erbrechen und Durchfall können die Folge sein. Darum solltest Du wirklich von jetzt auf gleich umstellen. Also nicht mischen, nicht Stück für Stück, sondern direkt die nächste Mahlzeit komplett durch BARF ersetzen. Zwar kann auch das bei manchen sehr empfindlichen Hunden dazu führen, dass sie mit Magengluckern und ggf. Durchfall reagieren, aber schlussendlich ist diese Art der Umstellung für Deinen Hund besser und verträglicher.

7.2 WAS TUN BEI MÄKELIGEN HUNDEN?

Nun ist es so, dass manche Hunde rohes Fleisch oder gar ganze Menüs mit Gemüse, Obst, Ölen und Co. überhaupt nicht lecker finden. Das kann vorkommen! Gerade wenn Dein Vierbeiner sein Leben lang nur Fertigfutter bekam, so wird er sich ggf. zu Beginn etwas schwer tun mit der neuen Kost. Das ist aber kein Problem und auch sein gutes Recht. Um ihm den Übergang zu rohen Futtermitteln zu erleichtern, gibt es einen ganz einfachen Trick: Garen.

Bei sehr mäkeligen Hunden hat es sich bewährt, das Fleisch zu Beginn zu garen oder zu braten. Der Geruch und Geschmack von gegartem Fleisch löst bei den allermeisten Hunden einen sehr großen Appetit aus. Wenn das gut klappt, kannst Du Schritt für Schritt den Garzustand des Fleisches herabsetzen. Hast Du zu Beginn das Fleisch noch komplett durchgegart, so nimmst Du es dann etwas früher aus dem Topf oder der Pfanne. Das machst Du so lange, bis dass Fleisch quasi roh ist, und fütterst es dann. Manchmal hilft es auch, ein besonderes leckeres Öl wie Hanföl oder Leinöl mit dazuzugeben. Oder Du probierst erst einmal aus, welches Gemüse oder Obst Dein Hund am liebsten mag, und gibst zu Beginn nur dieses mit in den Napf. Auch das bewirkt manchmal wahre Wunder. Was Du ebenfalls in Betracht ziehen solltest, wenn Dein Hund das Futter nicht anrührt, ist die Stückgröße. Zu große Stücke oder aber gewolftes Fleisch mögen nicht alle Hunde.

Ein weiterer „Trick" ist die Zugabe von ein paar Gewürzen. Mehr dazu im Kapitel 12.

7.3 „NEBENWIRKUNGEN" DER UMSTELLUNG

Wenn Dein Hund bisher nur Fertigfutter bekommen hat, vielleicht auch schon ein paar gesundheitliche Probleme (dadurch) bekommen hat und nun auf Frischfleischfütterung umgestellt wird, dann kann es sein, dass er durchaus ein paar „Nebenwirkungen" zeigt. Diese sind jedoch keinesfalls ein Zeichen dafür, dass das Futter schlecht ist, sondern eher ein Ausdruck davon, dass sein Körper sich umstellt und teilweise sogar beginnt zu entgiften. Der Körper ist das bisherige Futter gewohnt. Magensäure und Verdauungstrakt haben sich auf die bisherige Art der Fütterung eingestellt. Nun kommt Fleisch ins Spiel und der Körper des Hundes wird vor eine neue und ziemlich große Aufgabe gestellt. Die Magensäure muss sich anpassen und der Organismus erhält auf einmal alle Nährstoffe in ihrer Reinform und nicht mehr in der meist künstlich hergestellten, synthetischen Variante. Das kann, bei manchen Hunden zumindest, dazu führen, dass sie eine kurze Zeit lang schlechter aussehen als zuvor. Das heißt:

- Das Fell wird stumpf.
- Er nimmt ab.

- Er kann weichen Kot bekommen.
- Er ist etwas müde.

Das sind alles keine Gründe zur Beunruhigung. Dieser Umstellungsprozess ist wichtig und muss stattfinden. Wenn Dein Hund auf die Umstellung reagiert, zeigt es Dir, dass die neue Art zu füttern bereits Wirkung zeigt. Achte jedoch darauf, dass diese „Nebenwirkungen" wirklich nur zeitlich begrenzt sind. Maximal 1-2 Wochen sollte das so gehen. Danach solltest Du in jedem Fall feststellen können, wie sich Haut, Fell, Augen etc. erholen und Dein Hund vitaler wird. Gerade wenn Dein Hund stark auf die Umstellung reagiert, solltest Du zu Beginn leicht verdauliche Fleischsorten wie Pute, Huhn oder Truthahn wählen und mit der Ergänzung mit Obst, Gemüse und Kohlenhydraten ein wenig warten bzw. die Menge langsam steigern. So machst Du es Deinem Hund ein wenig leichter, mit dem neuen Futter klarzukommen. Sollte der schlechtere Zustand länger anhalten, wäre in jedem Fall abzuklären, ob nicht etwas anderes dahintersteckt, wie Darmparasiten oder eine andere Erkrankung!

Zum Thema Entgiftung und den Begleiterscheinungen findest du weitere Informationen im Kapitel 7.

8 Notwendige Ausstattung

Die Fütterung mit rohem Fleisch ist an sich recht unkompliziert. Eine gewisse „Ausstattung" ist in der Regel nicht von Nöten. Jedoch ist, je nachdem von wo Du das Fleisch beziehst und wie viel du bei jedem Einkauf mitnimmst, entweder ein Kühlschrank oder aber ein Tiefkühlschrank bzw. eine Tiefkühltruhe notwendig. Ein Kühlschrank ist ja normalerweise sowieso in jedem Haushalt vorhanden. Wenn du allerdings nicht möchtest, dass Rinderpansen und Co. neben Deiner Wurst und Deinem Käse liegen und auftauen, dann ist ggf. ein zweiter Kühlschrank notwendig.

Wenn Du frisches Fleisch zum Beispiel über den Metzger Deines Vertrauens beziehst und immer nur die Mengen kaufst, die Du in den nächsten 3 bis 4 Tagen verfütterst, reicht ein kleiner Kühlschrank, natürlich abhängig davon, wie groß Dein Hund ist oder ob Du gar mehrere Vierbeiner hast, meist vollkommen aus. Möchtest Du jedoch über einen der vielen Onlineshops bestellen, so beträgt dort die empfohlene Abnahmemenge (allein schon wegen der ausreichenden Kühlung im Paket) meistens 26-28 Kilogramm je Bestellung, bzw. je Karton. Das Fleisch kommt dann tiefgefroren bei Dir an und Du benötigst zur Lagerung einen großen Tiefkühlschrank oder eine Tiefkühltruhe. Je nachdem wie groß Dein Hund ist oder ob Du mehrere Hunde hast, reichen 28 kg nicht allzu lange und oftmals bieten die Shops einen günstigeren Versand an, wenn man direkt 56 kg bestellt. Dann sollte die Tiefkühltruhe dementsprechend groß sein.

Je nachdem wie eilig Du es mit dem Auftauen hast, kannst du das Fleisch über Nacht, bzw. innerhalb von 24 Stunden im Kühlschrank auftauen lassen. Soll es schneller gehen, brauchst Du das Fleisch nur auf die Küchenarbeitsplatte legen und bei Raumtemperatur auftauen lassen.

Wenn es einmal noch schneller gehen soll, zum Beispiel weil Du vergessen hast, das Fleisch rechtzeitig aus dem Kühlschrank oder dem Tiefkühler zu nehmen, kannst Du das Fleisch in der Packung auch in einem warmen Wasserbad auftauen lassen.

Aber Achtung: Sorge beim Auftauen immer dafür, dass Sauerstoff an das Fleisch gelangen kann! Öffne also die Packung des Fleisches immer ein wenig (ein Einstechen der Packung reicht), da sonst die Gefahr besteht, dass sich Botulinumtoxine bilden, die für Mensch und Tier sehr gefährlich sind! Bläht sich eine Fleischpackung während des Auftauens auf, darfst Du dieses Fleisch auf keinen Fall mehr füttern! Das Aufblähen der Packung ist ein sicheres Zeichen für den Befall mit „Clostridium botulinum", welches für die Produktion des Botulinumtoxins verantwortlich ist.

Tipp: Wenn Du auf Deinen „ökologischen Fußabdruck" achten möchtest und beispielsweise möglichst wenig Plastikmüll verursachen möchtest, dann kannst Du auch die größtmöglichen Packungen kaufen, sie leicht antauen lassen, zerteilen und den Rest, den Du gerade nicht brauchst, problemlos wieder einfrieren und später verwenden. So brauchst Du nicht vier 250-g-Packungen kaufen, sondern kannst direkt eine 1-kg-Packung nehmen und das Fleisch daraus portionieren.

Für den Fall, dass Du mal einen ganzen Pansen bekommen hast oder generell Fleisch in großen Stücken kaufst und nicht davon ausgehst, dass Dein Hund dieses im Ganzen auch bezwingen kann, ist natürlich ein scharfes Messer notwendig, um das Fleisch oder die Innereien zu zerteilen.

Weitere Utensilien wären dann nur Dinge, die Du wahrscheinlich sowieso schon zuhause hast. Nämlich Dinge wie: Schneidebrett, Gemüsemesser, Ess- und Teelöffel.

Falls Du Dich davor ekelst, das rohe Fleisch anzufassen, oder es für Dich hygienischer ist, wären noch Einmalhandschuhe von Vorteil. Diese belasten jedoch die Umwelt. Hinterfrage also, ob diese Handschuhe wirklich notwendig sind.

Außerdem solltest Du einen guten Flächendesinfektionsreiniger sowie generell gute Reinigungsmittel besitzen, mit dem Du sowohl die Arbeitsflächen als auch sämtliche andere Dinge, die mit dem Fleisch in Berührung gekommen sind, sowie den Napf Deines Hundes, reinigen kannst. Denn eine sehr gute Hygiene ist das A und O beim Umgang mit Lebensmitteln, insbesondere mit rohem Fleisch!

Für die Verwendung von Pulver, wie zum Beispiel Eierschalenpulver, oder auch getrockneten Kräutern wie Thymian wäre außerdem eine Feinwaage sinnvoll, damit Du genauer abwiegen kannst und nicht überdosierst.

9 Barfen mit dem Thermomix

Der Thermomix erfreut sich mittlerweile recht großer Beliebtheit und bereichert viele Küchen. Als Arbeitserleichterung wird er oft gerade von berufstätigen Eltern genutzt, um Zeit zu sparen. Doch kann man dieses Wunderwerk der Technik auch für das Barfen nutzen?

Nun – Barfen bedeutet die Fütterung von rohem Fleisch. Somit wäre das Garen der Zutaten im Thermomix unsinnig und überflüssig. Doch die ein oder andere Verwendung gibt es, für die der Thermomix von Vorteil sein kann: Das Zerkleinern des Obstes und Gemüses zum Beispiel. Da Du ja mittlerweile weißt, dass Dein Hund pflanzliche Nahrungsbestandteile nur unter bestimmten Bedingungen verdauen und verwerten kann, kann Dir der Thermomix einiges an Arbeit abnehmen und somit auch einiges an Zeit einsparen.

Eine weitere Möglichkeit ist die Herstellung von Pulvern. Zum Beispiel wenn Du keine Knochen füttern möchtest und stattdessen Eierschalenpulver verwenden willst, dann kann Dir auch da der Thermomix gute Dienste leisten. Ein weiteres Pulver, welches als Ergänzung sinnvoll sein kann, ist Hagebuttenpulver. Mehr Informationen darüber findest du im Kapitel ...

Doch wie genau kannst Du den Thermomix nun nutzen?

Zur Herstellung von Obst- und/oder Gemüsebrei brauchst Du Dir nur noch wenig Arbeit machen. Schneide einfach das Obst und Gemüse in grobe Stücke, entferne beispielsweise Kerne, wenn sie nicht fressbar sind, oder schäle sie, wenn die Schale für Hunde ungenießbar ist. Danach gibst Du das Stück in den Thermomix und schaltest ihn dann nur wenige Sekunden auf höchster Stufe ein. Kontrolliere einfach, wie fein der Brei bereits geworden ist, und wiederhole bei Bedarf den Vorgang, bis der Brei die gewünschte Struktur hat.

Zur Herstellung von Eierschalenpulver benötigst Du natürlich Eierschalen. Diese sollten von Bioeiern sein! Wenn Du also gern mal ein paar Frühstückseier isst oder gerne backst, hebe die Schalen der Eier auf, wasche sie gut ab und trockne sie bzw. lass sie trocknen. Wenn Du genügend zusammenhast, kannst Du die Schalen in den Thermomix geben und auf höchster Stufe etwa 20 Sekunden häckseln. Wichtig: Das Pulver sollte möglichst fein sein, damit es optimal vom Körper Deines Hundes aufgenommen werden kann! Wenn das Pulver also noch zu grobkörnig ist, wiederhole den Vorgang so lange, bis aus den Schalen ein sehr feines Eierschalenpulver geworden ist.

Zur Herstellung von Hagebuttenpulver, welches besonders im Winter oder bei Krankheit sowie bei einem geschwächten Immunsystem eine sehr gute Ergänzung darstellt und mit einem hohem Vitamin-C-Gehalt punkten kann, benötigst Du getrocknete Hagebutten. Diese kannst Du beispielsweise im Internet bestellen oder in der Apotheke kaufen. Die Hagebutten können im Ganzen, jedoch ohne Grün, also ohne Stängel oder Blätter, pulverisiert werden. Gib sie dafür in den Thermomix und gehe ähnlich vor wie bei der Herstellung des Eierschalenpulvers. Auf höchster Stufe etwa 20 Sekunden häckseln und dann schauen, wie fein das Hagebuttenpulver ist. Dieses sollte ebenfalls möglichst fein pulverisiert sein. Wiederhole also, wenn nötig, den Vorgang, bis die gewünschte Konsistenz erreicht ist.

10 Bedarfsberechnung mit Beispielen

Im Kapitel 4 hast Du bereits etwas über die verschiedenen Barf-Modelle gelesen. Damit Du aber auch weißt, wie die Zusammensetzung der einzelnen Modelle aussieht, findest Du hier eine Übersicht mit Beispielberechnungen zu jedem einzelnen Modell. Als Grundlage für die Menge dient immer das Körpergewicht Deines Hundes. Beachte jedoch: Wenn Dein Hund zu dick ist und abnehmen soll, musst Du immer das Idealgewicht zu Grunde legen! Denn es nützt nichts, den Kalorienbedarf eines 30 kg schweren Hundes zu decken, wenn Dein Hund jedoch besser nur 25 kg wiegen sollte.

In der Regel wird bei einem mittelmäßig aktiven, gesunden Hund von einem Bedarf von 2,5 % des Körpergewichts ausgegangen. Ist Dein Hund jedoch aktiver, benötigt er ggf. mehr. Ist er ein bisschen faul, reichen meist 2 % des Körpergewichtes aus. Probiere einfach, womit Dein Hund sein Gewicht hält bzw. sein Idealgewicht erreicht. Du kannst also den Bedarf jederzeit neu anpassen und die Aufteilung neu errechnen, wenn Du merkst, dass Dein Vierbeiner zu- oder abnimmt. Die Beispielrechnungen sind jedoch immer auf 2,5 % ausgelegt.

Da Du ja mittlerweile auch weißt, dass Dein Hund nicht jeden Tag sämtliche Nährstoffe in ausreichender Menge benötigt, kannst Du es Dir auch noch ein wenig einfacher machen, indem Du einmal den Tagesbedarf errechnest, diesen mal 7 nimmst (also für eine Woche zusammenrechnest), das Ganze ein wenig rundest (damit Du nicht beispielsweise 27,8 g von etwas füttern musst, sondern eben 28 g oder auch 30 g) und dann die Gesamtmenge einfach auf die 7 Tage aufteilst. Somit weißt Du, dass Dein Hund in der Woche beispielsweise 175 g Innereien bekommen soll. Du brauchst dann nicht jeden Tag 25 g füttern, sondern kannst die 175 g einfach auf 2-3 Tage aufteilen und hast so eine besser abzuwiegende Menge und Dein Hund ist trotzdem mit allem Wichtigen versorgt.

Außerdem findest Du zu jedem Barf-Modell einen Beispiel-Wochenplan, damit Du einmal einen Eindruck davon bekommst, wie die Fütterung Deines Hundes aussehen könnte. Bei der Planung wird davon ausgegangen, dass 2x am Tag gefüttert wird und es werden ebenfalls die 2,5 % des Körpergewichts als Grundlage genommen.

BEDARFSBERECHNUNG NACH IAN BILLINGHURST

Ian Billinghurst gibt keinen genauen Futterplan vor. Jedoch gibt auch er bei seinem Fütterungsprinzip gewisse Aufteilungen an.

Die Grundlage dieser Fütterung sieht wie folgt aus:

60-80 % RFK (rohe fleischige Knochen) mit viel Fleischanteil

10-15 % Innereien wie Leber, Niere, Hirn, Pansen und Blättermagen

einen gewissen Anteil an püriertem Gemüse

der Rest kann durchaus auch aus Tischabfällen wie Nudeln, Kartoffeln und Reis bestehen.

Ergänzt wird das Ganze mit Eiern, Hüttenkäse, Naturjoghurt sowie Bierhefe und Knoblauch.

Daraus ergibt sich als Beispiel für einen 10 kg schweren, mittelmäßig aktiven, gesunden Hund folgende Mengenangabe pro Tag:

2,5 % des Körpergewichts dienen als Grundlage = 250 g Gesamtmenge

Diese Menge wird aufgeteilt auf:

ca. 150-200 g tierischen Anteil, ca. 25 g pflanzlichem Anteil sowie ca. 25 g sonstige Ergänzungen

RFK	
Innereien	ca. 25-38 g
Gemüse/Obst	ca. 25-38 g
Tischabfälle etc.	ca. 25-38 g

Daraus ergibt sich als Beispiel für einen 25 kg schweren, mittelmäßig aktiven, gesunden Hund folgende Mengenangabe pro Tag:

2,5 % des Körpergewichts dienen als Grundlage = 625 g Gesamtmenge

Diese Menge wird aufgeteilt auf:

ca. 375-500 g tierischen Anteil, ca. 62-93 g pflanzlichen Anteil sowie ca. 62-93 g sonstige Ergänzungen

RFK	
Innereien	ca. 62-93 g
Gemüse/Obst	ca. 62-93 g
Tischabfälle etc.	ca. 62-93 g

Daraus ergibt sich als Beispiel für einen 45 kg schweren, mittelmäßig aktiven, gesunden Hund folgende Mengenangabe pro Tag:

2,5 % des Körpergewichts dienen als Grundlage = 1125 g Gesamtmenge

Diese Menge wird aufgeteilt auf:

Ca. 675-900 g tierischen Anteil, ca. 112 g pflanzlichen Anteil sowie ca. 112 g sonstige Ergänzungen

RFK	
Innereien	ca. 65-98 g
Gemüse/Obst	Ca. 65-98 g
Tischabfälle etc.	ca. 65-98 g

WOCHENPLAN-BEISPIEL IAN BILLINGHURST

Beispiel 1 Tagesportion (Dienstag, Samstag)

300 g Innereien vom Lamm wie Pansen, Leber, Niere, Milz

100 g Tischabfälle wie gekochter Reis

etwas Hüttenkäse und ein Ei sowie 7 ml Öl (z. B. Olivenöl)

Beispiel 2 Tagesportion (Donnerstag)

300 g Gemüse wie Karotten, Fenchel und Feldsalat

100 g Tischabfälle wie gekochte Kartoffeln

etwas Hüttenkäse

Beispiel Wochenplan

	Montag	Dienstag	Mittwoch	Donnerst.	Freitag	Samstag	Sonntag
Morgens	400 g RFK	150 g Inn.	400 g RFK	150 g Gem.	400 g RFK	150 g Inn.	400 g RFK
Abends	380 g RFK	150 g Inn. 100 g TA	380 g RFK	150 g Gem. 100 g TA	380 g RFK	150 g Inn 100 g TA	380 g RFK

Inn. = Innereien / TA = Tischabfälle / Gem. = Gemüse / RFK = rohe fleischige Knochen mit viel Fleisch

BEDARFSBERECHNUNG NACH SWANIE SIMON

Die Grundlage dieser Fütterung sieht wie folgt aus:

80 % Fleischanteil

davon 50 % gut durchwachsenes Muskelfleisch

davon 20 % Pansen/Blättermagen
davon 15 % Innereien
davon 1/3 Leber
davon 15 % RFK (rohe fleischige Knochen)
sowie
20 % Pflanzenanteil
davon 75 % Gemüse
davon 25 % Obst

Daraus ergibt sich als Beispiel für einen 10 kg schweren, mittelmäßig aktiven, gesunden Hund folgende Mengenangabe pro Tag:

2,5 % des Körpergewichts dienen als Grundlage = 250 g Gesamtmenge
Diese Menge wird aufgeteilt auf:
200 g tierischen Anteil und 50 g pflanzlichen Anteil

Muskelfleisch	
Pansen/BM	40 g
Innereien	30 g
davon Leber	10 g
RFK	30 g
Gemüse	38 g
Obst	12 g

Daraus ergibt sich als Beispiel für einen 25 kg schweren, mittelmäßig aktiven, gesunden Hund folgende Mengenangabe pro Tag:

2,5 % des Körpergewichts dienen als Grundlage = 625 g Gesamtmenge
Diese Menge wird aufgeteilt auf:
500 g tierischen Anteil und 125 g pflanzlichen Anteil

Muskelfleisch	
Pansen/BM	100 g
Innereien	75 g
davon Leber	25 g
RFK	75 g
Gemüse	94 g
Obst	31 g

Daraus ergibt sich als Beispiel für einen 45 kg schweren, mittelmäßig aktiven, gesunden Hund folgende Mengenangabe pro Tag:

2,5 % des Körpergewichts dienen als Grundlage = 1125 g Gesamtmenge
Diese Menge wird aufgeteilt auf:
900 g tierischen Anteil und 225 g pflanzlichen Anteil

Muskelfleisch	
Pansen/BM	180 g
Innereien	135 g
davon Leber	55 g
RFK	135 g
Gemüse	169 g
Obst	56 g

WOCHENPLAN-BEISPIEL SWANIE SIMON

Beispiel 1 Tagesportion (Dienstag)
250 g Muskelfleisch vom Huhn wie Hühnerbrust
130 g Gemüse wie Karotte und Chicorée
80 g Obst wie Apfel und Banane
175 g Lammpansen
1 oder 2 Kräuter (frisch od. getrocknet), z. B. Petersilie und/oder Borretsch
7 ml Öl, zum Beispiel Hanföl
Beispiel 2 Tagesportion (Sonntag)
250 g Muskelfleisch vom Pferd
130 g Gemüse wie Pastinake und Fenchel
80 g Obst wie Himbeeren und Apfel
175 g Innereien vom Pferd wie Niere, Milz und Lunge
1 oder 2 Kräuter (frisch od. getrocknet), z. B. Kerbel und/oder Knoblauch
7 ml Öl, zum Beispiel Borretschöl

Beispiel-Wochenplan

	Montag	Dienstag	Mittwoch	Donnerst.	Freitag	Samstag	Sonntag
Morgens	125 g MF 175 g RFK	125 g MF 130 g Gem.	125 g MF 175 g RFK 175 g Pans.	125 g MF 130 g Gem.	125 g MF 80 g Obst	125 g MF 175 g RFK	125 g MF 130 g Gem.
Abends	125 g MF 90 g Leber 175 g Pans.	125 g MF 80 g Obst 175 g Pans.	125 g MF 130 g Gem.	125 g MF 175 g Inn	125 g MF 90 g Leber 175 g Pans.	125 g MF 130 g Gem.	125 g MF 80 g Obst 175 g Inn.

Inn. = Innereien / Gem. = Gemüse / MF = Muskelfleisch / Pans. = Pansen / RFK = rohe fleischige Knochen

BEDARFSBERECHNUNG NACH MOGEN ELIASEN

Die Bedarfsberechnung ist im Prinzip dieselbe wie bei Swanie Simon. Lediglich die Menge pro Tag bzw. die Häufigkeit der Fütterung ist anders.

Wochenplan-Beispiel Mogen Eliasen

Beispiel 1 Tagesportion (Montag, Freitag)

560 g Muskelfleisch vom Pferd

220 g Lammpansen

165 g Innereien vom Pferd wie Niere, Lunge, Milz

165 g RFK vom Lamm wie Brustbein

Beispiel 2 Tagesportion (Dienstag, Sonntag)

560 g Muskelfleisch vom Rind

220 g Blättermagen vom Rind

165 g Innereien vom Rind wie Milz, Herz, Lunge, Niere

165 g RFK vom Rind wie Rindersandknochen

Beispiel-Wochenplan ohne pflanzlichen Anteil

	Montag	Dienstag	Mittwoch	Donnerst.	Freitag	Samstag	Sonntag
Morgens	560 g MF 220 g Pans.	---	560 g MF 220 g BM	---	560 g MF 220 g Pans.	---	560 g MF 220 g BM
Abends	165 g Inn. 165 g RFK	---	165 g Inn. 165 g RFK	---	165 g Inn. 165 g RFK	---	165 g Inn. 165 g RFK

Inn. = Innereien / Gem. = Gemüse / MF = Muskelfleisch / Pans. = Pansen / RFK = rohe fleischige Knochen / BM = Blättermagen

Beispiel-Wochenplan mit pflanzlichem Anteil

	Montag	Dienstag	Mittwoch	Donnerst.	Freitag	Samstag	Sonntag
Morgens	440g MF 175g Pans.	55g Obst 65g Gem.	440g MF 175g Pans.	55g Obst 65g Gem.	440g MF 175g Pans.	55g Obst 65g Gem.	440g MF 175g Pans.
Abends	130g Inn. 130g RFK	100g Gem.	130g Inn. 130g RFK	100g Gem.	130g Inn. 130g RFK	100g Gem.	130g Inn. 130g RFK

Inn. = Innereien / Gem. = Gemüse / MF = Muskelfleisch / Pans. = Pansen / RFK = rohe fleischige Knochen

BEDARFSBERECHNUNG FÜR PMR (PREY MODEL RAW)

Die Grundlage dieser Fütterung sieht wie folgt aus:

80 % Fleisch mit einem Fettanteil von 15-20 %

dazu gehören sowohl das Muskelfleisch als auch Sehnen, Bindegewebe etc., aber auch Zunge, Magen etc.

10 % RFK

10 % Innereien

davon 50 % Leber

Daraus ergibt sich als Beispiel für einen 10 kg schweren, mittelmäßig aktiven, gesunden Hund folgende Mengenangabe pro Tag:

2,5 % des Körpergewichts dienen als Grundlage = 250 g Gesamtmenge

Diese Menge wird nicht aufgeteilt, da sie rein aus tierischen Bestandteilen besteht und es keine pflanzliche Komponente gibt.

Fleisch	200 g
RFK	25 g
Innereien	25 g
davon Leber	12,5 g

Daraus ergibt sich als Beispiel für einen 25 kg schweren, mittelmäßig aktiven, gesunden Hund folgende Mengenangabe pro Tag:

2,5 % des Körpergewichts dienen als Grundlage = 625 g Gesamtmenge

Diese Menge wird nicht aufgeteilt, da sie rein aus tierischen Bestandteilen besteht und es keine pflanzliche Komponente gibt.

Fleisch	500 g
RFK	62 g
Innereien	62 g
davon Leber	31 g

Daraus ergibt sich als Beispiel für einen 45 kg schweren, mittelmäßig aktiven, gesunden Hund folgende Mengenangabe pro Tag:

2,5 % des Körpergewichts dienen als Grundlage = 1125 g Gesamtmenge

Diese Menge wird nicht aufgeteilt, da sie rein aus tierischen Bestandteilen besteht und es keine pflanzliche Komponente gibt.

Fleisch	900 g
RFK	113 g
Innereien	113 g
davon Leber	57 g

WOCHENPLAN-BEISPIEL PREY MODEL RAW

Beispiel 1 Tagesportion (Montag, Mittwoch, Sonntag)

500 g Muskelfleisch vom Pferd

150 g RFK vom Fleisch wie Pferderippe

70 g Innereien vom Pferd wie Niere, Milz und Lunge

Beispiel 2 Tagesportion (Dienstag, Donnerstag, Samstag)
500 g Muskelfleisch vom Huhn
70 g Leber vom Huhn
Beispiel-Wochenplan

	Montag	Dienstag	Mittwoch	Donnerst.	Freitag	Samstag	Sonntag
Morgens	250 g MF 150 g RFK	250 g MF	250 g MF 150 g RFK	250 g MF	250 g MF	250 g MF	250 g MF 150 g RFK
Abends	250 g MF 70 g Inn.	250 g MF 70 g Leber	250 g MF 70 g Inn.	250 g MF 70 g Leber	250 g MF 70 g Inn.	250 g MF 70 g Leber	250 g MF 70 g

BEDARFSBERECHNUNG FÜR WHOLE PREY

Die Grundlage dieser Fütterung besteht aus einem ganzen Beutetier. Die einzige „Berechnung", die zu tätigen ist, ist die Ermittlung des täglichen Bedarfs. Je nachdem wie groß das Beutetier ist, kann es auch mal sein, dass Dein Hund an einem Tag ein ganzes Kaninchen verspeist, dafür am nächsten Tag aber deutlich weniger Hunger hat und dann nur eine Kleinigkeit frisst. Du musst also nicht das Beutetier aufteilen und jeden Tag „grammgenau" füttern. Rechne Dir einfach aus, wie viel Dein Hund innerhalb einer Woche bekommen sollte und schaue, dass Du dieses Gewicht mit den Beutetieren erreichst.

2,5 % des Körpergewichts dienen auch hier als Grundlage.

Daraus ergibt sich als Beispiel für einen 10 kg schweren, mittelmäßig aktiven, gesunden Hund folgende Mengenangabe pro Tag: 250 g. Das ergibt ein Gesamtgewicht an Futter in einer Woche: 1750 g

Daraus ergibt sich als Beispiel für einen 25 kg schweren, mittelmäßig aktiven, gesunden Hund folgende Mengenangabe pro Tag: 625 g. Das ergibt ein Gesamtgewicht an Futter in einer Woche: 4375 g

Daraus ergibt sich als Beispiel für einen 45 kg schweren, mittelmäßig aktiven, gesunden Hund folgende Mengenangabe pro Tag: 1125 g. Das ergibt ein Gesamtgewicht an Futter in einer Woche: 7875 g

Wochenplan-Beispiel Whole Prey

	Montag	Dienstag	Mittwoch	Donnerst.	Freitag	Samstag	Sonntag
Morgens	Kaninchen (ca. 700 g)	Sprotten (ca. 600 g)	Küken (ca. 300 g)	Kaninchen (ca. 700 g)	Meerschw. (ca. 600 g)	Sprotten (ca. 650 g)	Stubenkük. (ca. 400 g)
Abends	---	---	Ratten (ca. 350 g)	---	---	---	Küken (ca. 250 g)

Fütterung von trächtigen Hündinnen

Die Fütterung einer trächtigen oder säugenden Hündin ist eine ganz andere Sache als die Fütterung eines Hundes, der gerade keine so große Aufgabe zu bewältigen hat. Eine Hündin, die trächtig ist, hat einen ganz anderen Bedarf, welcher unbedingt gedeckt werden muss, damit es nicht zu Schädigungen an den Welpen oder der Mutterhündin kommt. Hier findest Du eine Übersicht darüber, wie eine trächtige oder säugende Hündin gefüttert werden sollte und worauf Du besonders achten musst.

Trächtigkeit

In den ersten 4 Wochen der Trächtigkeit ist der Bedarf wie immer. Du solltest nur darauf achten, dass die Hündin wirklich mit allen notwendigen Nährstoffen und Spurenelementen versorgt wird. Nach der 4. Woche steigt der Bedarf. Je nach Anzahl der Welpen und dem körperlichen Zustand der Hündin sollte die Ration pro Woche um etwa 10 % steigen. Maximal sollte jedoch die 1,5-fache Menge der normalen Ration gefüttert werden, da es sonst zu einer Überversorgung kommen kann, die sich dann in Übergewicht zeigen kann. Übergewicht kann bei der Geburt zu Komplikationen führen! Beobachte deshalb Deine Hündin gut. Sie sollte weder ab- noch großartig zunehmen (optisch natürlich! Der Bauch wird definitiv wachsen, wenn die Welpen größer werden). Die Rippen sollten also weiterhin mit leichtem Druck fühlbar sein. Ein weiterer Punkt ist, dass die tägliche Ration im Laufe der Trächtigkeit auf 3 bis 4 Mahlzeiten verteilt werden soll, da durch die heranwachsenden Welpen im Bauch der Hündin der Magen etwas eingeengt wird und nicht mehr so viel Volumen hat.

Um Übelkeit und Erbrechen zu verhindern, sollte daher die Ration aufgeteilt werden. Ebenfalls zu beachten ist, dass zum Ende der Trächtigkeit auf die Fütterung von Knochen möglichst weitgehend verzichtet werden sollte, da die Gefahr des Knochenkots zum Ende der Trächtigkeit verhindert werden soll. Greife dann besser auf ein Kalziumpräparat, wie zum Beispiel Eierschalenpulver, zurück, um den Kalziumbedarf zu decken.

Ein Geheimtipp sind Himbeerblätter. Sie versorgen die Hündin mit Vitamin C, stärken den Uterus und erleichtern den Geburtsvorgang. Sie können entweder als Tee aufgebrüht gegeben werden (abgekühlt natürlich!) oder gerieben unter das Futter gemischt werden.

Laktation

Während die Hündin die Welpen säugt, steigt ihr Bedarf massiv an. Während sie während der Trächtigkeit maximal das 1,5-fache ihrer normalen Ration bekommen sollte, kann die Ration nun bis auf das 2,5-fache angehoben werden. Je nach Anzahl der Welpen ist der Bedarf wirklich immens. Um die Milchbildung zu gewährleisten, sollte Deine Hündin daher immer ausreichend versorgt sein und alle Nährstoffe und Spurenelemente erhalten. Um die Milchbildung zu unterstützen, hat sich die Fütterung von Eiern und Haferflocken bewährt. Falls sie sie frisst, sind Fenchel und Dill sehr gute Milchbildner. Verzichte während der Laktation auf Petersilie, da diese die Milchbildung hemmen kann. Ebenso wie Sellerie.

Sobald die Welpen etwa 4 Wochen alt sind, kannst Du beginnen, ihnen ebenfalls feste Nahrung anzubieten. Sie erhalten dasselbe wie ihre Mutter: Barf. Weitere Informationen dazu findest Du im nächsten Kapitel.

Sobald die Welpen älter werden und weniger Milch zu sich nehmen, kannst Du beginnen, die Ration für Deine Hündin langsam wieder zurückzudrehen, bis Du wieder bei der normalen Ration angekommen bist. Behalte Deine Hündin aber auch dann weiterhin im Auge, ob sie ggf. abbaut und doch noch eine Zeit lang etwas mehr Bedarf hat.

FÜTTERUNG VON WELPEN

Die Geburt von Welpen ist ein wahnsinnig tolles Ereignis. Jedoch sollte man es sich gut überlegen, ob man sich dieser Aufgabe gewachsen fühlt. Die kleinen Würmchen brauchen viel Pflege und Aufmerksamkeit. Man legt als Züchter den Grundstein für ihr späteres Leben. Jede Deiner Entscheidungen hat Auswirkungen auf die Welpen. Du bist dafür verantwortlich, sie ausreichend zu versorgen, sie zu sozialisieren und ihnen die Angst vor nahezu allem Unbekannten zu nehmen. Das ist quasi ein Fulltime-Job. Sobald die Kleinen die Augen und Ohren offen haben und beginnen die Welt zu erkunden, beginnt Deine Verantwortung. Und natürlich beginnt dann auch die artgerechte Fütterung der kleinen Welpen. Doch spezielles Welpenfutter war gestern! Wer wirklich einen guten Grundstein für eine gesunde Entwicklung legen will, füttert den Kleinen das, was sie brauchen und auch optimal verwerten können: Fleisch. Darum ist es auch absolut nicht abwegig, Welpen zu barfen. Aber auch hier sollte man sich im Vorfeld informieren, was die kleinen Würmer brauchen, um groß und stark zu werden. Und damit Du auf Deinen Wurf vorbereitet bist, bekommst Du hier eine Übersicht darüber, was Du für die Fütterung der Welpen benötigst.

Ab wann fressen Welpen?

Wenn die Welpen auf die Welt kommen, sind sie blind, taub und haben auch noch keine Zähne. Diese brechen erst durch, wenn die Kleinen zwischen 3 und 6 Wochen alt sind. Das ist auch die Zeit, wenn sie anfangen sich neben der Milchbar von Mama auch für ihr Futter im Napf zu interessieren. Und somit ist das dann auch der Zeitpunkt, an dem du anfangen kannst, die Welpen zuzufüttern. Da die Zähne ja eine Weile brauchen, bis sie alle durchgebrochen sind und zu einem wirklichen Fleischfressergebiss werden, sollte die erste Nahrung möglichst breiartig sein, damit die Welpen es auch problemlos fressen können. Dafür kannst Du auf gewolftes Fleisch zurückgreifen. Besonders gut eignen sich leicht verdauliche Fleischsorten mit wenig Fett, wie zum Beispiel Hühnchen und Pute. Aber auch mageres Rindfleisch oder Truthahnfleisch sind gut geeignet. Auch gewolfte Knochen, zum Beispiel Hühner- oder Putenhälse, sollten mit reingemischt werden, damit die Kalziumversorgung gewährleistet ist. Denn gerade Kalzium ist sehr wichtig für die Entwicklung der Knochen. Aber Achtung: Übertreibe es mit dem Kalzium nicht! Zu viel Kalzium führt zu Wachstumsstörungen! Da jedoch gerade zu Beginn nur weiche Knochen mit viel Fleisch verfüttert werden, kann der Anteil an RFK ein wenig erhöht werden.

Verzichtet werden sollte zu der Zeit auf sämtliche pflanzliche Komponenten, da sich die Darmflora erst noch richtig entwickeln muss und mit pflanzlichen Stoffen noch nicht fertig wird.

Wie viel brauchen Welpen?

Die Aufteilung des Futters wird wieder nach dem Beutetierprinzip gemacht. Nur ohne pflanzlichen Anteil. Das heißt:

70-75 % Muskelfleisch

10 % Innereien

15-20 % RFK

Die Gesamtmenge sollte bei Welpen etwa 4-6 % des Körpergewichts betragen. Sollten die Welpen nur wenig zunehmen oder gar abnehmen, kann die Menge auch in Ausnahmefällen auf bis zu 10 % des Körpergewichts erhöht werden. Natürlich muss hier nicht aufs Gramm genau gewogen und gefüttert werden. Welpen wissen schon, wie viel in ihren Magen passt. Außerdem sollte die Gesamtration des Tages auf 3 bis 5 Fütterungen aufgeteilt werden. Wichtig ist, die Welpen nicht zu dick zu füttern, da auch eine Überversorgung zu Problemen führen kann!

Achtung: Welpen legen schnell an Gewicht zu! Darum sollte regelmäßig gewogen werden und dementsprechend auch die Futtermenge angepasst werden!

Sobald die Welpen etwa 7 Wochen alt sind, ist ihr Milchgebiss in der Regel vollständig vorhanden. Ab diesem Zeitpunkt ist es den Welpen auch möglich, größere Fleischbrocken zu zerkauen und Du kannst ihnen auch Knochen, zum Beispiel in Form von ganzen Hühner- oder Putenhälsen, anbieten. Bei größeren Knochen, die vor allem härter sind, solltest Du darauf achten, dass die Welpen daran nicht zu sehr herumkauen, da es sonst passieren kann, dass ein Milchzahn abbricht und ggf. dafür sorgt, dass der nachfolgende Zahn schief durchbricht.

Wenn Du diese Dinge befolgst und auf die gute Entwicklung der Welpen achtest, dann kannst Du Dir sicher sein, dass Du einen wirklich guten und soliden Grundstein für eine gesunde Zukunft gelegt hast. Im Idealfall achtest Du dann außerdem darauf, dass die neuen Welpenbesitzer dem Thema Barf auch aufgeschlossen gegenüber sind und es für sie in jedem Fall in Frage käme, ihr neues Familienmitglied weiterhin zu barfen und somit weiterhin artgerecht zu ernähren.

FÜTTERUNG VON SPORTLICH GEFÜHRTEN HUNDEN

Auch sportlich geführte Hunde haben etwas andere Ansprüche an ihre Ernährung. Zwar bleibt auch hier das Grundprinzip des Beutetiers erhalten, jedoch haben sportliche Hunde, die sich sehr viel bewegen, einen teils deutlich erhöhten Energiebedarf. Je nach Sportart, Häufigkeit der Ausübung und auch Jahreszeit kann man davon ausgehen, dass der Bedarf an Energie etwa 20-50 % höher ist als bei normalen „Haushunden“, deren einzige großartige Beschäftigung das Gassigehen und Fußgängerverbellen ist. Da Du ja bereits weißt, dass Hunde ihre Energie aus Fett beziehen, muss demnach die Fettration angepasst werden. Der Handel hält auch dafür Möglichkeiten bereit. Man kann in vielen Barf-Shops reines Tierfett, meist vom Rind oder Pferd, erwerben und so besser zufüttern.

Aber Achtung: Eine schlagartige Erhöhung des Fettes in der Nahrung kann zu Problemen führen! Steigere daher die Menge des Fettes nur langsam und schau, womit Dein Hund gut klarkommt, ohne zum Beispiel fettigen Durchfall zu bekommen. Es ist ebenfalls ratsam, nicht nur den tierischen Fettanteil, sondern auch ein bisschen die Ration des Öls zu erhöhen. Auch das Öl ist ja quasi reines Fett und gibt Energie. Aber auch hier gilt: nicht schlagartig erhöhen, sondern langsam steigern und schauen, mit welcher Menge Dein Hund gut klarkommt.

Solltest Du beispielsweise im Zughundesport aktiv sein und auch im tiefsten Winter mit Deinen Hunden auf die Piste gehen, so bietet es sich an, das Futter zu erwärmen. Das gibt nochmal einen größeren Energieschub und die Hunde sind von innen heraus aufgewärmt.

Wie bei allen Änderungen des Futterplans gilt: Achte darauf, womit Dein

Hund gut klarkommt, womit er ausreichend Energie hat, keine Leistungsdefizite zeigt, aber auch keinerlei sonstigen Nebenwirkungen wie weichen Kot oder Hautprobleme. Das richtige Maß ist immer auch eine Gefühls- und Beobachtungssache. Du kennst Deinen Hund am besten und merkst, wenn es ihm an etwas mangelt oder es ihm mit einer bestimmten Futteraufteilung nicht gutgeht.

11 Innereien und Fett

Den Bestandteilen Innereien und Fett solltest Du etwas mehr Aufmerksamkeit schenken. Dies hat zum einen den Grund, dass Hunde ihre Energie vorwiegend aus Fett beziehen. Fütterst Du zu wenig Fett, raubst Du Deinem Hund damit die Grundlage für ein aktives und vitales Leben. Außerdem muss der Körper Deines Hundes die Energie aus anderen Dingen verstoffwechseln, was zum einen dazu führt, dass er Nährstoffe, die er eigentlich für etwas anderes bräuchte, dafür aufwenden muss, und zum anderen entstehen bei dieser „unnatürlicheren" Verstoffwechselung Abfallfallprodukte, die die Entgiftungsorgane wie Leber und Niere stark belasten können. Dies kann über die Zeit, wenn der Fettgehalt im Futter nicht angepasst wird, auch zu Erkrankungen der jeweiligen Organe führen.

Bei den Innereien geht es eher um eine sinnvolle Aufteilung in der Futterration, damit Deinem Hund kein Nährstoff fehlt, er aber auch nicht überversorgt wird. Zudem führt ein zu hohes Maß an Leber zum Beispiel dazu, dass Dein Hund einen Überschuss an Vitamin A im Körper hat. Vitamine sind an sich natürlich sehr sinnvoll und auch lebensnotwendig, aber auch sie können überdosiert werden und manch überschüssige Menge kann nicht vom Körper ausgeschieden werden und kann dann zu Erkrankungen führen. Mal ganz unabhängig davon, dass ein zu viel an Leber meist auch zu Verdauungsstörungen wie pechschwarzem Durchfall führt.

Welches Maß an Innereien und Fett ist sinnvoll?

Beim Fett ist dies recht einfach zu beantworten:

Ist Dein Hund normal aktiv und ausgewachsen, sollte der Fettanteil im Futter etwa 15-20 % betragen. Das Fett kommt dabei in der Regel vom Muskelfleisch. Während wir als Anspruch haben, möglichst wenig fettes, sondern marmoriertes Fleisch auf dem Teller haben zu wollen, so brauchen unsere Hunde das Fett für ihre Energiegewinnung.

Ist Dein Hund sehr aktiv, weil Du mit ihm zum Beispiel Hundesport betreibst oder gar Zughundesport, dann benötigt er dementsprechend auch mehr Energie, also mehr Fett. Bei sehr aktiven Hunden sollte der Fettanteil im Futter demnach etwa 25 % betragen.

Ist Dein Hund jedoch eher ein „Couchpotato", braucht er weniger Energie und somit weniger Fett. Etwa 12-15 % sind dann angebracht.

Schlussendlich kannst Du die richtige Menge aber auch darüber ermitteln, womit Dein Hund am besten klarkommt und Du das Gefühl hast, dass er genügend Energie zur Verfügung hat.

Bei der Aufteilung der Innereien ist das ideale Verhältnis folgendes:

Von der berechneten Gesamtmenge an Innereien sollte
1/3 aus Leber bestehen
1/3 aus Herz
1/9 aus Niere
1/9 aus Milz und
1/9 aus Lunge

Das ergibt bei einem 25 kg schweren Hund, der eine Gesamtfuttermenge von 650 g erhält, wovon 75 g Innereien sein sollten, eine Menge von 25 g Leber, 25 g Herz sowie 9 g Niere, 9 g Milz und 9 g Lunge. Da diese Mengen sich schwer abwiegen lassen, wäre es sinnvoll, direkt einen fertigen Innereien-Mix zu kaufen, den mittlerweile viele Barf-Shops anbieten. Achte dabei nur auf die richtige Verteilung. Um es Dir leichter zu machen, kannst Du den Bedarf Deines Hundes an Innereien einfach für 7 oder 14 Tage berechnen und dann den fertigen Innereien-Mix, der oftmals gewolft ist, einfach über diesen Zeitraum hinweg in der benötigten Menge füttern. So ist Dein Hund trotzdem mit allen wichtigen Bestandteilen versorgt und Du brauchst nicht jeden Tag aufs Neue ein paar Gramm Niere, Lunge und Milz abwiegen und kannst Dir trotzdem sicher sein, dass Dein Hund alles bekommt, was er benötigt.

12 Was darf in den Napf und was nicht?

Die große und auch wichtige Frage ist natürlich auch, was darf überhaupt alles verfüttert werden und was nicht? Damit Du einen Überblick darüber hast, was alles in den Napf darf, findest Du hier eine Auflistung aller gängigen Lebensmittel, die auch Dein Hund ohne Bedenken genießen darf.

Bedenke jedoch: Lasse im Idealfall 2 bis 3 Sorten „übrig", die nicht auf dem Speiseplan Deines Hundes landen und die Du füttern kannst, falls Dein Hund auf eine der gängigeren Fleischsorten allergisch reagiert!

12.1 FLEISCH

Rindfleisch
Lammfleisch
Truthahnfleisch
Putenfleisch
Antilopenfleisch
Kalbfleisch
Kängurufleisch
Pferdefleisch
Schlundfleisch vom Rind
Maulfleisch und Lefzen vom Rind
Herz
Rinderzunge
Kaninchen

12.2. GANZE BEUTETIERE

Kaninchen
Meerschweinchen
Mäuse
Ratten
Eintagsküken
Hühner/Hähnchen
Lamm
Pute
Wachteln

12.3 FISCH

Dorsch
Kabeljau
Lachs
Makrele
Dorade
Rotbarsch
Scholle
Seehecht
Seelachs
Forelle
Flussbarsch
Hecht

12.4 INNEREIEN

Lunge
Niere
Leber
Rindereuter
Pansen
Rinderpansen, grün und weiß
Blättermagen
Milz

12.5 KNOCHEN

Markknochen, nur zersägt und unter Beobachtung verfüttern
Lammknochen
Hirsch- und Rehknochen
Rückenknochen vom Huhn
Nackenknochen vom Kalb
Hühnerhälse
Putenhälse
(mehr zur Knochenfütterung findest Du im Kapitel ...)

12.6 MILCHPRODUKTE

Naturjoghurt
Hüttenkäse

Quark
Käse

12.7 GEEIGNETES GEMÜSE

Karotten (Möhren)
Zucchini
Kürbis
Feldsalat
Endiviensalat
Pastinaken
Chinakohl
Kartoffeln gekocht
Süßkartoffeln gekocht
Sellerie
Fenchel
Paprika rot
Tomaten, sehr reif
Blumenkohl, gedämpft
Brokkoli, gedämpft
Chicorée
Ingwer
Knollensellerie
Kohlrabi inklusive Blättern
Salate wie Eisbergsalat, Kopfsalat etc.
Spargel
Gurke
Romanesco, gedämpft
Rosenkohl, blanchiert
Schwarzwurzel, gegart
Weißkohl, gegart
Wirsing, gegart

12.8 BEDINGT GEEIGNETES GEMÜSE

Grünkohl, nur wenig füttern
Spinat, nur ohne Blattrippen und Stängel füttern
Rote Beete, nur geringe Mengen füttern
Mangold, nur geringe Mengen füttern
Rucola, nur geringe Mengen füttern
Knoblauch, nur in sehr geringen Mengen füttern

12.9 UNGEEIGNETES GEMÜSE

Bohnen
Hülsenfrüchte wie Sojabohnen, Erbsen und andere
Zwiebelgewächse wie Zwiebeln, Lauch etc.
unreife Tomaten
Paprika, gelb und grün
Avocado
Aubergine

12.10 GEEIGNETES OBST

Ananas, sehr reif bis überreif
Aprikosen
Äpfel
Birnen
Heidelbeeren
Brombeeren
Himbeeren
Erdbeeren
Bananen
Mango
Johannisbeeren
Kirsche, entkernt
Wassermelone, sehr reif
Pflaume
Papaya, ohne Kerne

12.11 BEDINGT GEEIGNETES OBST

Nektarine, nur wenig füttern
Physalis, nur wenig füttern
Kaki/Sharon, nur wenig füttern
Melone, sehr reif und nur wenig füttern
Orange, sehr reif und nur wenig füttern
Birne, sehr reif und nur selten füttern
Feige, nur selten und in geringen Mengen füttern
Mandarine, nur in geringen Mengen füttern
Pfirsich, nur überreif und wenig füttern
Preiselbeeren, nur sehr wenig füttern
Datteln, nur sehr wenig füttern

Holunder, nur gekocht füttern
Kiwi, sehr reif füttern
Mirabelle, überreif füttern

12.12 UNGEEIGNETES OBST

Weintrauben
Holunderbeeren
Kapstachelbeeren
Sternfrucht
Quitten

12.13 GEEIGNETE KRÄUTER

Petersilie
Basilikum
Dill
Borretsch
Kerbel
Liebstöckel
Brennnessel
Löwenzahn
Estragon
Alfalfa
Giersch
Schafgarbe
Sauerampfer
Ackerschachtelhalm
Rosmarin
Pfefferminz
Salbei
Koriander

12.14 HEILKRÄUTER

Katzenkralle
Johanniskraut
Himbeerblatt
Beinwell
Teufelskralle

12.15 ÖLE

Olivenöl, nativ und kaltgepresst
Hanföl
Borretschöl
Sesamöl
Nachtkerzenöl
Schwarzkümmelöl, sehr sparsam einsetzen!
Fischöle wie Lachsöl oder Dorschöl
Kokosöl
Rapsöl
Leinöl
Walnusskernöl
Distelöl

12.16 SONSTIGES

Gerstengras
Algen, Spirulina und Chlorella
Kresse
Pekannüsse
Haselnüsse
Paranüsse
Cashewnüsse
Mandeln, Achtung: Nicht zu verwechseln mit Bittermandeln!

12.17 GIFTIG

Xylit
Birkenzucker
Theobromin
Koffein
bestimmte Medikamente wie Aspirin, Ibuprofen etc.
Alkohol
Muskatnuss

DARF MAN SCHWEINEFLEISCH FÜTTERN?

Schweinefleisch ist ein „problematisches" Fleisch, da es den Aujeszky-Virus in sich tragen kann. Infiziert sich Dein Hund mit diesem Erreger, bedeutet dies sein Todesurteil. Der Aujeszky-Virus, oder auch Herpes-suis-Virus 1 (SHV-1), ist ein Erreger, welcher von Schweinen übertragen werden kann, den Schweinen selbst jedoch nichts anhaben kann. Auch andere Fleischfresser wie Katzen oder Wölfe, aber auch Wiederkäuer wie Schafe und Rinder, können sich mit diesem Virus infizieren. Für den Menschen ist der Erreger ungefährlich. Dennoch muss ein Befall, wenn er entdeckt wird, der zuständigen Behörde gemeldet werden. Deutschland gilt als aujeszkyfrei. Wenn das Schwein, von dem das Fleisch stammt, welches verfüttert werden soll, also in Deutschland geboren, aufgewachsen und auch geschlachtet worden ist, geht die Gefahr gegen Null, dass es mit Aujeszky infiziert ist. Dennoch besteht natürlich immer ein gewisses Restrisiko. Auch Wildschweinfleisch kann mit dem Virus infiziert sein! Um sicher zu gehen, solltest Du also auf die Verfütterung von Schweine- sowie Wildschweinfleisch, zumindest im rohen Zustand, verzichten.

Damit Du jedoch weißt, auf welche Symptome Du achten musst, falls Du Dich doch dazu entscheidest, Schwein zu füttern, sind hier die wichtigsten Symptome aufgelistet:

- starke Unruhe oder Abgeschlagenheit
- teils aggressives Verhalten
- Erbrechen, Durchfall
- starkes Speicheln/Sabbern
- sehr schneller Puls
- Fieber
- im späteren Verlauf starker Juckreiz an den Ohren und der Nase
- schließlich neurologische Störungen und Ausfälle
- Lähmungserscheinungen und Krämpfe

Erkrankt ein Hund an der sogenannten „Pseudowut", verstirbt er in der Regel innerhalb von 48 Stunden nach Aufnahme des Erregers. Da der Tod jedoch sehr grausam ist und der Hund sehr leidet, kommt man dem natürlichen Tod meist schon relativ frühzeitig mit der Einschläferung zuvor. Derzeit gibt es keinerlei Behandlungsmöglichkeit.

GROSSE STÜCKE ODER GEWOLFTES FLEISCH?

Die meisten Onlineanbieter verkaufen lediglich gewolftes Fleisch. Meist schon fertig abgepackt in 200-, 500- oder 1000-g-Packungen. Doch ist gewolftes Fleisch wirklich besser als große Stücke? Leider nein. Gewolftes Fleisch hat bei wenigen Vorteilen leider auch viele Nachteile. So profitieren zwar ältere Hunde mit Zahnproblemen oder gar fehlenden Zähnen vom fein gewolften Fleisch, jedoch darf man nicht vergessen, dass gewolftes Fleisch eine sehr viel größere Oberfläche hat und somit Bakterien und Erregern ideale Bedingungen bietet. Gerade für kranke oder alte Hunde ist eine solche Verunreinigung des Fleisches oftmals eher ein Problem als für einen gesunden jüngeren Hund. Hinzu kommt, dass Du nie genau weißt, was eigentlich alles in dem fertig gewolften Fleisch enthalten ist. Schlichtweg deshalb, weil man es nicht mehr erkennt. Auch wenn keinem Anbieter etwas unterstellt werden soll, so kann man sich eben nie 100 % sicher sein. Gerade bei hochgradig allergischen Hunden wäre bereits eine leichte Vermischung mit einer Proteinquelle, die er nicht verträgt, sehr schädlich. Ein weiterer Nachteil beginnt bereits bei der Fütterung. Der Hund kann das gewolfte Fleisch einfach runterschlucken ohne kauen zu müssen. Somit fehlt die nötige Speichelproduktion, die den Nahrungsbrei geschmeidiger macht. Außerdem kann durch das schnelle Abschlucken kein Abrieb an den Zähnen stattfinden, wie es beim Kauen von größeren Stücken der Fall wäre, weswegen Zahnstein und Verfärbungen sowie Beläge leichtes Spiel haben. Dies tritt insbesondere dann auf, wenn man auch Knochen, zum Beispiel Hühnerhälse, ebenfalls gewolft verfüttert anstatt im Ganzen. Im Magen angekommen, wird der gewolfte Fleischbrei relativ schnell durchmengt und recht zeitnah in den Darm abgegeben. Dadurch können zum einen die Enzyme im Magensaft ihre Arbeit nicht ausreichend genug erledigen und die Nährstoffe nicht ausreichend aufspalten und zum anderen hat die Salzsäure des Magens nicht genügend Zeit, die ggf. vorhandenen Keime ausreichend zu bekämpfen, wodurch die Erreger in den Darm gelangen und beispielsweise zu Durchfallerkrankungen führen können.

Wenn es Dir, bzw. besser gesagt Deinem Hund, möglich ist, solltest Du daher auf große Fleischstücke, die so groß sein sollten, dass sie nicht im Ganzen geschluckt werden können, sowie ganze Knochen zurückgreifen. Allein schon, um auch alle Vorteile der Rohfleischfütterung nutzen zu können, wie die natürliche Reinigung der Zähne, aber auch die ideale Aufnahme sämtlicher Nährstoffe.

KRÄUTER, PFLANZEN UND IHRE WIRKUNGEN

Im Kapitel 12 hast Du ja bereits erfahren, welche Kräuter im Napf Deines Hundes landen dürfen. Damit Du auch weißt, was welches Kraut bewirkt, findest Du hier eine Übersicht über die fressbaren Kräuter und ihre jeweiligen Wirkungen sowie die jeweilige Dosierungsempfehlung. Die Wirkungen der Pflanzen sind frisch jedoch meistens besser. Davon reichen dann meist ein paar Gramm aus oder bei Kräutern wenige Blätter.

Alfalfa	Unterstützt die Leber, hilft bei Gelenkserkrankungen, entsäuert *getrocknet 2-5 g je 10 kg, 1x täglich*
Ackerschachtelhalm	Stärkung des Bindegewebes, des Fells und der Krallen, bei Entzündungen der Harnwege *getrocknet 1-2 g je 10 kg, 1x täglich*
Astragaluswurzel	Fördert das Immunsystem, unterstützt die Herzgesundheit und die Nieren, wirkt entzündungshemmend *getrocknet 25-150 mg je kg, bis zu 3x täglich*
Basilikum	Wirkt antibakteriell, schützt die Leber und kann sowohl entzündungs- als auch schmerzhemmend sein *getrocknet 2-5 g je 10 kg, 1x täglich*
Bärlauch	Wirkt blutreinigend, hilft bei Magenproblemen *als Öl*, 10-30 Tropfen, 2x täglich über 7 Tage*
Bockshornklee	Stärkt das Immunsystem, hilft bei Atemwegsproblemen, wirkt blutreinigend, sorgt für ein glänzendes Fell *getrocknet 2 g je 10 kg, 1x täglich*
Borretsch	Wirkt entzündungshemmend, nervenberuhigend, entgiftend und harntreibend, löst Schleim und regt den Stoffwechsel an *als Öl 5-10 Tropfen je 10 kg, 1x täglich* *getrocknet 2-3 g je 10 kg, 1x täglich*
Brennnessel	Wirkt entzündungshemmend, abschwellend, lindert Allergiesymptome, unterstützt die Leber und die Prostata, wirkt harntreibend *Kraut oder Samen 50-600 mg je 10 kg, 1x täglich*
Brombeerblätter	Helfen bei Magen-Darm-Beschwerden wie Durchfall, sind hilfreich bei Atemwegsinfektionen *getrocknet, 0,5-2 g je 10 kg, 1x täglich*
Dill	Wirkt entzündungshemmend, milchfördernd, antibakteriell und antiviral und verdauungsfördernd **Nicht bei trächtigen Hündinnen anwenden (wirkt wehenfördernd)!** *getrocknet 2 g je 10 kg, 1x täglich*
Eibisch	Hilft bei Erkrankungen der Atem- und

	Harnwege, unterstützt die Verdauung, wirkt antibakteriell und stärkt das Immunsystem *Wurzel 25-300 mg je kg, 1x täglich*
Estragon	Wirkt krampflösend, wurmwidrig und fördert die Verdauung *getrocknet 1-2g je 10 kg, 1x täglich*
Fenchel	Unterstützt die Verdauung, lindert Magen-Darm-Beschwerden, hilft bei Verstopfung und Blähungen, unterstützt das Nervensystem, **erhöht die Milchproduktion**
Giersch	Regt den Stoffwechsel an, wirkt entzündungshemmend *getrocknet 2-3 g je 10 kg, 1x täglich*
Ginkgo	Schützt Gehirn und Nerven, hilft bei Herzerkrankungen, wirkt durchblutungsfördernd und nierenreinigend *getrocknet 100-300 mg je kg, 1x täglich*
Große Klette	Wirkt blutreinigend, unterstützt die Leber, wirkt entgiftend, hilft bei Hautproblemen *Wurzel 100-500 mg je kg, 1x täglich*
Hagebutte	Stärkt das Immunsystem, wirkt entzündungshemmend, hilft bei Rheuma und Arthritis, unterstützt das Magen-Darm-System, hilft bei Harnwegsinfekten *1-2 EL gemahlene Hagebutten je 20 kg, 1x täglich*
Himbeerblätter	Hilft trächtigen Hündinnen durch die Stärkung des Uterus, hilft Fehlgeburten vorzubeugen, hilft gegen Übelkeit, erhöht die Fruchtbarkeit *getrocknet bis 2 EL je 20 kg, 1x täglich*
Ingwer	Wirkt antibakteriell und antiviral, stärkt das Immunsystem, wirkt entzündungshemmend *frisch 1-2 g je 10 kg, 1x täglich*
Johanniskraut	Hilft bei Gelenksschmerzen, wirkt krampflösend, entzündungshemmend und antiviral *getrocknet 1-2 g je 20 kg, 1x täglich*
Karde	Wirkt antibakteriell, entzündungshemmend, schweißtreibend, blutreinigend, verdauungsfördernd, stärkt das Immunsystem, hilft bei Gelenks- und Muskelschmerzen sowie Durchfall *als Tinktur 3 Tropfen je 10 kg, 2x täglich*

Katzenkralle	Stärkt das Immunsystem, unterstützt die Gelenkfunktion, fördert den Stoffwechsel *0,3 g je 10 kg, 1x täglich*
Kerbel	Wirkt blutreinigend, entgiftend, gut für Leber und Niere, regt den Stoffwechsel an *getrocknet 1-2 g je 10 kg, 1x täglich*
Koriander	Hilft bei Durchfall und Übelkeit und Blähungen, wirkt entgiftend *getrocknet 1-2 g je 10 kg, 1x täglich*
Klette, große	Wirkt entgiftend, blutreinigend, unterstützt die Leber, bekämpft „freie Radikale“ *Wurzel getr. 100-500 mg je kg, 1x täglich*
Knoblauch	Wirkt antibakteriell, antiviral, wurmwidrig, wehrt Zecken ab, unterstützt die Gefäßgesundheit *1 Zehe je 30 kg, 3x wöchentlich*
Kurkuma	Wirkt wurmwidrig, antibakteriell und unterstützt das Immunsystem, hilft bei Magen-Darm-Beschwerden, wirkt entzündungshemmend und kann die Hirnleistung steigern *als Pulver 50-100 mg je 5 kg, 1x täglich*
Liebstöckel	Wirkt krampflösend, entwässernd und verdauungsfördernd **Nicht an trächtige oder säugende Hündinnen verfüttern!** *getrocknet 1-2 g je 10 kg, 1x täglich*
Löwenzahn	Wirkt entgiftend und ist gut für Leber und Niere, wirkt verdauungsfördernd, hilft bei Magen-Darm-Beschwerden *getrocknet 2-3 g je 10 kg, 1x täglich*
Mariendistel	Unterstützt und reinigt die Leber, unterstützt die Niere und die Pankreas (Bauchspeicheldrüse), wirkt gegen Giardien *getrocknet 100-200 mg je 10 kg, 1x täglich*
Oregano	Wirkt antibakteriell und entzündungshemmend, lindert Verdauungsbeschwerden, hilft bei Durchfall und bekämpft „freie Radikale“ *getrocknet 0,5 g je 10 kg, 1x täglich*
Petersilie	Wirkt antibakteriell, entzündungshemmend und hilft bei Harnwegsinfekten sowie

	Nierenproblemen **Nicht an trächtige Hündinnen verfüttern!** *getrocknet 2-3 g je 10 kg, 1x täglich*
Pfefferminz	Hilft bei Blähungen, Bauchschmerzen und Durchfall *getrocknet 1-2 g je 10 kg, 1x täglich*
Quecke	Hilft bei Magen-Darm-Entzündungen, wirkt harntreibend, entwässernd, regt Stoffwechsel und Kreislauf an *getrocknet ½ - 1 EL je 10 kg, 1x täglich*
Rosmarin	Regt den Stoffwechsel an, wirkt aufputschend, hilft gegen Erschöpfung, wirkt appetitanregend **Nicht an Hunde mit Epilepsie verfüttern!** *getrocknet 0,5 g je 10 kg, 1x täglich*
Salbei	Wirkt entzündungshemmend, hilft bei Atembeschwerden **Nicht an Hunde mit Epilepsie verfüttern!** *getrocknet 0,5 g je 10 kg, 1x täglich*
Sauerampfer	Regt den Kreislauf an, hilft bei Blähungen, wirkt unterstützend für die Niere, fördert die Verdauung und wirkt appetitanregend *getrocknet 0,5 g je 10 kg, 1x täglich*
Schafgarbe	Wirkt appetitanregend, wirkt antiseptisch, hilft bei Magen-Darm-Beschwerden, wirkt durchblutungsfördernd **Nicht an trächtige Hündinnen verfüttern!** *getrocknet 0,5-1 g je 10 kg, 1x täglich*
„Slippery Elm Bark“, Rotulmenrinde	Unterstützt die Darmgesundheit, beugt Magenschleimhautreizungen vor und hilft bei Atemwegserkrankungen *als „Sirup“ je nach Packungsanweisung*
Spitzwegerich	Wirkt antibakteriell, entgiftend, stärkt die Bronchien *als Sirup* 1 TL je 10 kg, 2x täglich*
Teufelskralle	Hilft bei Arthrose, regt den Appetit an, wirkt blutverdünnend, schmerzlindernd, entzündungshemmend und abschwellend *2 g je 10 kg, 1x täglich*
Thymian	Wirkt entzündungshemmend, antibakteriell,

	hilft bei Atembeschwerden *getrocknet 0,5 g je 10 kg, 1x täglich*
Vogelmiere	Wirkt harntreibend und entzündungshemmend *frisch 5-10 g je 10 kg, 1x täglich*
Ceylon Zimt	Wirkt entzündungshemmend, reguliert den Blutzucker und hilft bei Herzerkrankungen *gemahlen 1g je 10 kg, 1x täglich*
Zitronenmelisse	Hilft bei Herzbeschwerden, Magen-Darm-Problemen, wirkt krampflösend, entzündungshemmend *getrocknet 0,5-1 g je 10 kg, 1x täglich*

SIND GEWÜRZE ERLAUBT?

Wir mögen unser Essen gut gewürzt. Egal ob Salz, Pfeffer, Knoblauch, Curry, Majoran oder Kurkuma. Eine ausgewogene Mischung aus vielen Gewürzen macht das Essen schmackhafter und schließlich sind Gewürze ja auch gesund. Doch sollte das Futter Deines Hundes ebenfalls gewürzt werden? Oder sind Salz, Pfeffer und Co. sogar schädlich?

Nun, auch hier gilt wie bei so vielen Dingen: Die Dosis macht das Gift. Auch unsere Hunde sind beispielsweise auf Salz angewiesen. Dieses nehmen sie jedoch in der Regel durch das Fressen der Beutetiere zu sich, insbesondere durch deren Blut, weswegen eine zusätzliche Gabe von Salz normalerweise nicht notwendig ist. Wird jedoch kein bzw. nur wenig Blut gefüttert, ist eine Ergänzung ggf. sinnvoll. Die Gabe anderer Gewürze wie Pfeffer und Co. ist auch nicht zwingend erforderlich. Manche Hunde mögen ihr Futter dann jedoch lieber, weswegen die Gabe von Gewürzen zum Beispiel bei mäkeligen Hunden sinnvoll sein kann. So manches Gewürz, wie beispielsweise Pfeffer, kann auch einen positiven Nebeneffekt haben. So ist zum Beispiel eine Ergänzung mit Pfeffer sinnvoll, wenn Kurkuma gefüttert wird, da das wertvolle Curcumin besser vom Körper aufgenommen wird, wenn gleichzeitig Pfeffer gegeben wird, da das enthaltene Piperin dabei hilft, eine höhere Bioverfügbarkeit herzustellen.

Knoblauch zum Beispiel hat eine abwehrende Wirkung gegen Zecken, enthält aber auch das giftige Allicin, welches in einer bestimmten (sehr hohen) Dosierung zu Vergiftungserscheinungen führen kann, jedoch auch gleichzeitig antibakteriell wirkt. Gut dosiert oder als fertiges Pulver speziell für Hunde kann Knoblauch jedoch sehr sinnvoll sein, zumal er blutreinigend wirkt und die Gefäßwände stärkt.

Weitere Gewürze, auch in Form von Kräutern, können bei bestimmten

Erkrankungen durchaus sinnvoll sein. Weitere Infos dazu findest Du im Kapitel …

Grundsätzlich lässt sich festhalten: in geringen Mengen können Gewürze durchaus im Napf landen. Sie machen das Futter schmackhafter und können manchmal sogar sehr hilfreich sein. Aber bedenke, dass Du das Futter Deines Hundes nicht nach Deinem Geschmack würzen solltest, sondern lieber weniger und vorsichtiger dosiert. Da es kein reguläres, handelsübliches Gewürz gibt, welches bereits in geringen Mengen giftig für den Hund ist, kannst Du bei der Zubereitung des Futters ruhig in Dein Gewürzregal greifen.

GEHÖREN MOLKEREIPRODUKTE IN DEN NAPF?

Milchprodukte wie Joghurt und Käse genießen den Ruf, gut für die Darmgesundheit zu sein, da sie, neben guten Fetten und Proteinen, auch einige Bifidobakterienstämme enthalten. Hinzu kommt der Fakt, dass viele Hunde Milchprodukte wie Käse sehr gern fressen und auch gern als Leckerchen nehmen. Doch dürfen alle Milchprodukte verfüttert werden? Und wie sieht es mit der Verträglichkeit aus?

Grundsätzlich gilt für Hunde das Gleiche wie auch zum Beispiel für Menschen, aber auch andere Tiere: Mit einem gewissen Alter, wenn die Milch der Mutter nicht mehr benötigt wird, nimmt die Produktion von Laktase im Körper ab. Somit fällt es dem Körper schwerer, die Laktose in der Milch aufzuspalten, wodurch die Verträglichkeit der Milch sinkt und nach dem Konsum Symptome wie Durchfall, Erbrechen und Unwohlsein auftreten. Dementsprechend werden Milchprodukte mit einem niedrigen Laktosegehalt deutlich besser vertragen. Dazu zählen:

- Buttermilch
- Hüttenkäse
- Joghurt
- Kefir
- Quark
- Käse
- Schmand

Allerdings werden Kefir und Schmand eher weniger gut vertragen. Die anderen Milchprodukte, die gerade aufgezählt wurden, können jedoch problemlos verfüttert werden, auch wenn Du immer erst einmal testen solltest, ob Dein Hund das jeweilige Produkt verträgt. Ist dem so, können Milchprodukte durchaus mehrfach wöchentlich mit in die tägliche Portion gegeben werden. Das erhöht meist auch die Akzeptanz, wenn Dein Hund mäkelig sein sollte. Käse eignet sich außerdem als Leckerchen, da er oftmals sehr gern gefressen wird. Insbesondere

„stinkige" Sorten wie Harzer Roller sind meist sehr beliebt und durch den geringen Laktosegehalt wird Käse oftmals sehr gut vertragen. Denke jedoch daran, dass gerade Käse meist einen sehr hohen Fettgehalt hat und bei Überfütterung zu Durchfall führen kann. Außerdem hat Käse ordentlich viele Kalorien und wenn Du nicht aufpasst, findet sich der Käse bald auf der Hüfte Deines Hundes wieder. Darum immer sparsam einsetzen und die Käsestückchen möglichst klein schneiden, damit Du ihn öfter geben kannst und er Deinen Hund trotzdem nicht dick macht.

GETREIDE FÜR DEN HUND?

Eines der umstrittensten Themen in der Hundeernährung: Gehört Getreide ins Futter? Wobei die wichtigeren Fragen wären:

- Profitiert der Hund davon?
- Kann er Getreide verdauen?
- Braucht er es?

Und wenn man diese Fragen ernsthaft betrachtet und beantwortet, wird schnell klar: Ein Hund braucht Getreide nicht. Sein Körper ist nicht darauf ausgelegt, Getreide zu verdauen. Zwar sollen neuere Untersuchungen festgestellt haben, dass Hunde das Enzym besitzen, welches für die Aufspaltung von Getreide notwendig ist und ihnen somit erlaubt, gewisse Mengen an Kohlenhydraten wie Getreide aufzuspalten und somit zu verdauen, aber zum einen ist die Menge dieser Enzyme gering und zum anderen heißt das nicht zwingend, dass ein Hund Getreide auch braucht.

Manch einer bringt als „Argument" hervor, dass verwilderte Hunde oder sämtliche Verwandte des Hundes Beutetiere im Ganzen fressen, also auch mit Magen- und Darminhalt, und dass die Beutetiere ja auch Getreide im Magen hätten. Aber ist das so? Nein. Getreide steht in der Regel nicht auf dem Speiseplan der typischen Beutetiere von Hunden, ausgenommen Mäuse und Ratten. Wobei auch diese nur dann auf Getreide zurückgreifen, wenn sie welches finden. Getreide wächst in der Regel nicht im Wald, wo die bevorzugten Beutetiere wie Hasen und Rehe leben, und kann somit auch nicht im Magen der Beutetiere vorhanden sein. Und selbst wenn, wäre es dort bereits vorverdaut und somit überhaupt erst verdaulich, denn auch Getreide müsste zuerst in irgendeiner Art und Weise aufgespalten werden, damit der Hund es verdauen kann. Und allein das zeigt doch schon, dass Getreide nicht auf den Speiseplan unserer Vierbeiner gehört.

Hinzu kommt, dass Getreide im Verdacht steht, Allergien auszulösen und zu teils massiven Verdauungsstörungen zu führen. Da die Verdauung des Getreides erst im Dünndarm so richtig beginnt und es dort nicht immer komplett aufgespalten werden kann, führt die Verdauung von Getreide oftmals zu Blähungen und/oder Durchfall.

Somit ist es in jedem Fall ratsamer, auf Getreide als Futterkomponente zu verzichten. Wenn Du trotzdem eine Kohlenhydratquelle ergänzen willst, findest Du im nächsten Kapitel ein paar Tipps, worauf Du dabei achten solltest.

GEHÖREN KOHLENHYDRATE IN DEN NAPF?

Für die meisten gehört in eine ausgewogene Mahlzeit auch eine Kohlenhydratkomponente. Ganz egal, ob Kartoffeln, Nudeln oder Reis. Aber ist das nicht eher menschliches Denken?

Nun, es gibt dazu die verschiedensten Standpunkte. Die einen sagen, ein Hund ist ein Fleischfresser und kein Allesfresser und ist deshalb nicht auf Kohlenhydrate im Futter angewiesen. Wieder andere sagen, dass Hunde eine Kohlenhydratquelle brauchen, um zum einen ihren Energiebedarf decken zu können und sie zum anderen sonst zu viel Protein zu sich nehmen würden. Doch was stimmt?

Grundsätzlich ist der Körper des Hundes auf eine hohe Menge Protein ausgelegt und eingestellt. Wo wir bei uns schon an Nierenproblematiken denken durch zu viel Eiweiß, schadet es dem Hund in der Regel nicht. Aus dem Fleisch bezieht er außerdem das Serotonin, welches für ein gutes Gefühl und eine gute Stimmung sorgt und den Hund entspannter macht. Die Energie bezieht Dein Hund, wie Du ja bereits gelesen hast, aus Fett und nicht aus Kohlenhydraten. Somit ist auch dieses Argument hinfällig. Natürlich bieten Kohlenhydrate Stärke, welche durch bestimmte Enzyme recht schnell in Zucker umgewandelt werden kann, insofern die Kohlenhydratquelle richtig zubereitet wurde und der Hund über eine ausreichende Menge an diesen Enzymen verfügt. Dem ist jedoch nicht so bzw. nur bedingt. Hunde besitzen zwar das notwendige Enzym „Amylase", um auch Stärke verdauen zu können, jedoch ist dieses Enzym nur in sehr geringen Mengen vorhanden. Das zeigt, dass Hunde nicht auf die Verdauung von Kohlenhydraten ausgelegt sind und auch nicht auf sie angewiesen sind. Hätte er jedoch mehr von diesen Enzymen, könnte er aus dem Zucker natürlich auch recht schnell, aber auch nur relativ kurzzeitig Energie gewinnen. Aber auf Dauer ist er auf diese Art der Energiegewinnung eben nicht angewiesen und auch nicht ausgelegt. Fett ist da in jedem Fall die bessere und vor allem natürlichere Variante.

Wenn Du jedoch trotzdem nicht auf eine Kohlenhydratquelle verzichten möchtest, vielleicht weil es Deinem Hund mit einem „Zuviel" an Proteinen nicht so gut geht oder Du Dir unsicher bist, ob Du ihm zu viel gibst, gibt es natürlich auch Dinge, die Du dann füttern kannst. Dazu gehören:

- Kartoffeln
- Süßkartoffeln
- Hirse
- Quinoa

- Buchweizen
- Amaranth
- Reis/Vollkornreis
- Nudeln/Vollkornnudeln

Doch was gibt es bei der Fütterung von Kohlenhydraten zu beachten? Grundsätzlich müssen alle Komponenten zuvor in irgendeiner Form zubereitet oder vorbereitet werden, damit der Hund sie überhaupt verdauen und verwerten kann. In der Regel ist dafür Kochen notwendig.

Hier eine Übersicht darüber, wie die jeweilige Kohlenhydratquelle zubereitet werden sollte, damit sie bestmöglich verdaut werden kann.

Kartoffeln: Sie dürfen niemals roh gefüttert werden. Wichtig ist außerdem, sämtliche grüne Stellen zu entfernen, da diese das giftige Solanin enthalten. Grünlich schimmernde Kartoffeln sollten ebenfalls nicht mehr im Napf landen, auch nicht gekocht. Als Zubereitung eignet sich sowohl das klassische Kochen als auch dampfgaren. Dampfgaren ist schonender und erhält mehr Vitamine, die sonst beim klassischen Kochen im Kochwasser landen. Die Sorte ist bei Kartoffeln egal.

Süßkartoffeln: Als Alternative zu Kartoffeln bieten sich Süßkartoffeln an. Viele Hunde mögen den leicht süßlichen Geschmack. Auch hier gilt: niemals roh füttern. Genau wie bei der normalen Kartoffel auch kann man Süßkartoffeln kochen oder dampfgaren.

Hirse: Hirse ist strenggenommen ein Gras und recht beliebt, nicht nur bei ernährungsbewussten Menschen. Alle Hirse-Sorten sind verfütterbar. Hier hat es sich bewährt, die Hirse erst zu wässern und dann zu kochen. Noch besser verträglich und weniger aufwendig sind Hirseflocken, da diese bereits von der Schale befreit sind und durch ein mechanisches Verfahren aufgebrochen wurden. Diese brauchen dann nur noch in Wasser eingeweicht werden.

Quinoa: Quinoa ist ebenfalls ein Pseudogetreide und wird im Prinzip wie Hirse behandelt. Erst wässern, dann kochen. Auch hier bietet es sich an, statt dem Korn Quinoaflocken zu benutzen, die ebenfalls wie Hirseflocken nur noch eingeweicht werden müssen.

Buchweizen: Auch Buchweizen zählt zu den „Pseudogetreidesorten“ und wird genauso behandelt wie Hirse oder Quinoa. Entweder wässern und kochen oder als Buchweizenflocken einfach nur wässern.

Amaranth: Das Gleiche gilt für Amaranth. Auch Amaranth gehört zum sogenannten „Pseudogetreide“ und steht mittlerweile in fast jedem gut sortieren Supermarkt. Auch hier gilt: Entweder wässern und kochen oder als Amaranthflocken lediglich wässern.

Reis/Vollkornreis: Reis hat vermutlich so gut wie jeder im Schrank stehen.

Und auch Reis kann an den Hund verfüttert werden. Auch Reis darf niemals roh verfüttert werden, sondern sollte vorher gekocht werden. Auch Milchreis ist verfütterbar, natürlich ohne Milch, sondern in Wasser gekocht.

Nudeln/Vollkornudeln: Auch Nudeln zählen zu den Dingen, die wohl jeder im Schrank stehen hat. Und auch Nudeln dürfen im Napf des Hundes landen. Besonders empfehlenswert sind Dinkelnudeln, da sie nicht aus Hartweizengrieß bestehen und außerdem glutenfrei sind. Auch hier gilt wieder: nicht roh füttern, sondern nur gekocht verfüttern.

Egal, für welche Kohlenhydratquelle Du Dich entscheidest: Die Menge an Kohlenhydraten pro Mahlzeit sollte 10-20 % nicht übersteigen.

WELCHE ÖLE SIND VORTEILHAFT?

Die Ergänzung des Futters mit Ölen ist in mehreren Hinsichten vorteilhaft. Zum einen kann so der Fettgehalt ein wenig angehoben werden und zum anderen bieten Öle einige Nährstoffe, die für den Körper des Hundes essentiell sind. Wie zum Beispiel Omega 3 und Omega 6. Insbesondere die ungesättigten Fettsäuren sind sehr vorteilhaft in der Ernährung unserer Hunde, da diese vom Körper nicht selbst hergestellt werden können und durch die Fütterung zugeführt werden müssen. Natürlich nehmen Hunde diese Fettsäuren auch über das Fleisch auf, jedoch wird meist typischerweise Rind oder Huhn gefüttert. Diese Tiere enthalten von Natur aus weniger Omega-Fettsäuren als beispielsweise Wild. Darum ist es sinnvoll und oftmals auch notwendig, die fehlenden Fettsäuren in Form von Öl zum Futter dazu zu geben.

Hier eine Übersicht der geeigneten Öle, die gern regelmäßig im Napf Deines Hundes landen können:

- Lachsöl
- Borretschöl
- Leinöl
- Hanföl
- Olivenöl
- Sesamöl
- Nachtkerzenöl
- Schwarzkümmelöl
- Dorschöl
- Kabeljauöl
- Walnussöl

Egal welches Öl – setze es immer mit Bedacht ein und nur in kleinen Mengen. Als ungefähre Faustregel gilt: ca. 0,3 ml je Kilogramm Gewicht. Das heißt, ein 10 kg schwerer Hund benötigt demnach 3 ml Öl. Bei einem 50 kg schweren Hund käme man dann aber bereits in einen Mengenbereich, der schon recht hoch ist. Darum heißt es hier: Ausprobieren! Teste aus, wie viel Dein Hund verträgt. Typische Nebenwirkungen einer Überdosierung sind: Gewichtszunahme (durch die vielen Kalorien), schlechter Atem sowie Durchfall und Unwohlsein.

Bei der regelmäßigen Fütterung von Öl solltest Du außerdem für Abwechslung sorgen. Das heißt, nur ein Öl reicht nicht. Wechsel 2 oder 3 Sorten immer mal wieder ab.

Ein spezielles Öl ist das sogenannte „3-6-9"-Öl. Es besteht meist aus der Kombination verschiedener Öle und oftmals zusätzlich auch noch Vitamin E. Beim Kauf dieses Öls solltest Du aber darauf achten, dass es ein Öl für Hunde ist und nicht für Menschen, da das „3-6-9"-Öl für Menschen meist reinweg aus Pflanzenölen besteht.

Spezielle Nahrungsergänzungsmittel und Zusätze?

Wir Menschen neigen dazu, alles Mögliche, was irgendwie gut sein könnte, meist in Form von Kapseln und Pülverchen zu uns zu nehmen, in der Hoffnung, dass es uns hilft. Nun mag so manches Herrchen oder Frauchen auch in der Versuchung sein, alles Mögliche an Pülverchen an den Hund zu verfüttern. Doch ergibt so etwas überhaupt Sinn?

Nein. Zwar kann man bei freilebenden Wölfen beobachten, dass sie hin und wieder gezielt bestimmte Kräuter oder Pflanzen fressen, um sich selbst zu helfen. Doch weder Hund noch Wolf würden auf die Idee kommen, sich jeden Tag mit irgendwelchen „Nahrungsergänzungsmitteln" vollzustopfen bzw. einfach alles zu fressen, was vorhanden ist. Solange kein Bedarf besteht, wäre eine Gabe sinnlos und überflüssig. Zwar gibt es sicherlich auch Dinge, die man präventiv geben kann, jedoch sollte auch das gezielt erfolgen und nach Plan und nicht sinnlos jeden Tag nach dem Motto: Jeden Tag möglichst alles. Das würde den Körper Deines Hundes definitiv überfordern.

Doch gibt es Zusätze oder Nahrungsergänzungsmittel, die sinnvoll sind? Jein. In der Regel sind das keine speziellen Zusätze, sondern die Dinge, die sowieso im Napf landen können. Wie zum Beispiel:

- Schwarzkümmelöl als Zeckenabwehr und Parasitenbekämpfung im Körper
- Knoblauch als Zeckenabwehr und zur Blutreinigung
- Seealgenmehl als Jodlieferant
- Grünlippmuschel zur Unterstützung der Gelenkfunktion

Infos zu sämtlichen Kräutern und Pflanzen findest Du im Kapitel .... Dort sind sowohl die Wirkungen als auch die empfohlenen Dosierungen aufgeführt. Eine Liste aller Dinge, die im Napf landen dürfen, findest Du außerdem im Kapitel ....

Doch es gibt das ein oder andere „Mittelchen", was nicht unbedingt auf natürlichem Weg den Weg in den Magen des Hundes findet und gezielt eingesetzt wird. Dazu zählen zum Beispiel:

- MSM
- Fermentgetreide/Brottrunk

MSM, oder auch Methylsulfonylmethan, ist eine Schwefelverbindung, die sehr hilfreich sein kann bei der Entgiftung des Körpers. Mehr dazu erfährst Du in diesem Kapitel.

Fermentgetreide, oder auch Brottrunk, enthält spezielle Milchsäuren, die besonders der Verdauung zugutekommen und das Immunsystem unterstützen, da sie dabei helfen, den Darm mit positiven Bakterien zu besiedeln. Grundsätzlich gilt jedoch, dass sämtliche Zusätze nur dann eingesetzt werden sollten, wenn sie benötigt werden. Eine regelmäßige Fütterung, gerade mit mehreren Kräutern und Zusätzen, ist nicht empfehlenswert. Außerdem sollten sämtliche Kräuter, Pflanzen und Zusätze niemals dauerhaft gefüttert werden, sondern immer nur als Kur.

KNOCHEN RICHTIG FÜTTERN

Rohe fleischige Knochen gehören mit zu den Hauptbestandteilen beim Barfen. Sie enthalten das lebenswichtige Kalzium, welches für den Knochenbau so essentiell ist. Außerdem fördern sie das Kauen und somit den Zahnabrieb und beugen somit auch Zahnverfärbungen vor.

Viele Hundehalter tun sich jedoch sehr schwer damit, Knochen zu verfüttern. Nicht zuletzt auf Grund der „Horrormärchen", die man so kennt. Knochen splittern, Knochensplitter zerschneiden die Speiseröhre und den Darm, Knochen führen zu Verstopfung etc.

Doch was ist dran an diesen Mythen?

Kurz um: (Fast) nichts! Rohe Knochen splittern nicht. Dieser Mythos entstand dadurch, dass man gern „Abfälle" vom Esstisch dem Hund gab. Darunter auch erhitzte Knochen, insbesondere Geflügelknochen. Diese splittern tatsächlich und gehören NICHT auf den Speiseplan Deines Hundes! Ausschließlich rohe und nicht erhitzte Knochen dürfen verfüttert werden.

Besonders beliebt und absolut problemlos sind Hühnerhälse und Putenhälse. Diese werden besonders gern gefressen und bestehen zu einem großen Teil aus Fleisch. Somit sind sie perfekt zur Fütterung. Zumal sie auch recht weich sind und insbesondere Hähnchenhälse klein genug sind, damit auch kleinere Hunde diese fressen können. Generell solltest Du darauf achten, dass an den Knochen noch reichlich Fleisch ist. Im Idealfall 50 % Fleisch und 50 % Knochen. Wenn es mal etwas anders ist, ist das aber auch nicht schlimm.

Doch was ist mit großen, tragenden Knochen von großen Tieren wie Rindern und Pferden? Nun, diese sind besonders dick, hart und widerstehen der Bearbeitung durch die Hundezähne sehr lang. Darum solltest Du auf die Fütterung von tragenden Knochen von großen Tieren möglichst verzichten. Zwar splittern die Knochen nicht, aber dafür ggf. die Zähne Deines Hundes. Selbst wenn der Zahn nicht abbricht, kann es passieren, dass Mikrorisse entstehen, die über kurz oder lang zu Zahnproblemen führen. Darum bleibe besser dabei, eher kleinere und weichere Knochen zu verfüttern. Wenn Du doch mal in die Versuchung kommst, zum Beispiel weil ein Freund Dir einen riesigen Knochen mitgebracht hat oder Du einen Metzger kennst, der Dir und Deinem Hund einen Gefallen tun wollte und Dir einen riesigen Knochen mitgegeben hat, solltest Du darauf achten, dass wirklich viel Fleisch an dem Knochen ist. Dann darf Dein Hund zumindest so lange daran herumknabbern, bis das Fleisch abgeknabbert ist. Sobald der Knochen nahezu blank ist, solltest Du ihn jedoch wegnehmen, damit Dein Hund nicht in die Versuchung kommt, den Knochen knacken zu wollen!

Übrigens: Die oftmals so beliebten Markknochen bergen wirklich eine Gefahr! Egal, ob man sie roh oder getrocknet verfüttert. Durch ihre Beschaffenheit, mit dem großen Loch in der Mitte, welches entsteht, wenn das Mark vom Hund herausgelutscht wurde, kann es passieren, dass der Hund den Knochen über seinen Unterkiefer stülpt und ihn dann nicht mehr abbekommt. Dann ist das Geschrei groß, da kaum ein Hund es über sich ergehen lassen würde, wenn Herrchen mit der Säge an seinem Kopf herumsägt, um den Knochen zu zerteilen. Meist enden solche Vorfälle dann beim Tierarzt, wo der Hund in Narkose versetzt wird, bevor man den Knochen schlussendlich zerteilt. Darum sollten Markknochen nur zersägt angeboten werden!

Damit Du weißt, welche Knochen Du füttern kannst, findest Du hier eine Übersicht von gut geeigneten Knochen:

- Rinderbrustbein
- Rindersandknochen
- Kalbsrippen
- Hühnerhälse
- Putenhälse
- Hühnerschenkel
- Putenschenkel
- Hühnerflügel
- Putenflügel
- Lammrippen
- Lammbrustbein
- Lammschulter
- Lammhals
- Lammkehlkopf

- Pferdrippen
- Sämtliche Kaninchenknochen
- Wildrippen (kein Wildschwein!)
- Hühnerfüße
- Pferdenackenknochen
- Pferdekehlkopf

FRISCHFÜTTERUNG IM URLAUB

Wenn Du Deinen Hund auch gern mit in den Urlaub nimmst, stellst Du Dir sicherlich die Frage, wie Du dann mit dem Barfen fortfahren kannst. Damit Dein Hund in der schönsten Zeit des Jahres nicht auf sein gesundes Futter verzichten muss, gibt es verschiedene Möglichkeiten.

Möglichkeit 1: Du suchst gezielt nach einer Unterkunft, in der es im Domizil (wie einer Ferienhütte) eine Tiefkühltruhe gibt. So kannst Du das gewohnte Fleisch in einer Styroporbox mitnehmen und es vor Ort in der Tiefkühltruhe lagern. Die restlichen Zutaten kannst Du von zuhause mitnehmen und/oder vor Ort kaufen.

Möglichkeit 2: Wenn es keine Tiefkühltruhe gibt, aber einen Kühlschrank, gäbe es die Möglichkeit, entweder Fleisch aus dem Supermarkt zu kaufen oder von einem Fleischer vor Ort. Auch hier nimmst Du die restlichen gewohnten Zutaten entweder einfach von zuhause mit oder kaufst sie vor Ort.

Möglichkeit 3: Du reist gern in abgelegene Gebiete, wo es weder Kühlschrank noch Tiefkühltruhe gibt? Dann ist die einzige sinnvolle Möglichkeit die vorübergehende Fütterung von hochwertigen Reinfleischdosen oder „Barf“ aus der Tüte. Dabei handelt es sich um schonend erhitztes Fleisch, welches entweder zusammen mit Innereien, Bindegewebe etc. in Dosen abgefüllt wurde, oder in Beutel, in denen sowohl erhitztes Fleisch als auch Gemüse, Obst und ggf. sogar schon Öl und Kräuter hinzugegeben wurden. Die Reinfleischdosen lassen sich auch prima mit Kräutern, Gemüse und Obst sowie Öl ergänzen und vermischen. Teste am besten schon vorher, welche Dosen Dein Hund mag. Nicht dass Du etliche Dosen kaufst, in den Urlaub fährst und vor Ort feststellen musst, dass Dein Vierbeiner das Futter so überhaupt nicht anrührt.

Die Umstellung auf Dose kann bei sehr empfindlichen Hunden zu vorübergehenden Magen-Darm-Problemen wie Blähungen und Durchfall führen. Hierbei kannst Du, wenn Dein Hund es denn mag, Äpfel grob reiben und an der Luft braun werden lassen. Dadurch bildet sich Apfelpektin, welches bei Durchfall hilfreich ist und den Kot wieder andickt. Unter das Futter gemischt, kannst Du so problemlos ein natürliches „Anti-Durchfall-Mittel“ mitfüttern.

Möglichkeit 4: Urlaub im eigenen Garten oder auf „Balkonien“. So ein Urlaub hat zumindest den Vorteil, dass ihr euch keine lange Autofahrt ans Bein binden müsst, in der gewohnten Umgebung bleiben könnt und Du Dir über die Fütterung keine Sorgen mehr machen musst ⍰

ENTGIFTUNGSKUR

Bei der Umstellung auf Barf ist sicher auch das Thema Entgiftung ein Thema. Gerade wenn vorher schon teilweise jahrelang Fertigfutter gefüttert wurde. Die heutigen Fertigfuttermittel bieten zwar auch einige Sorten, die von der Zusammensetzung her wirklich gut sind, aber oftmals wird eben immer noch jede Menge Getreide als billiger Füllstoff eingesetzt und bei den tierischen Inhaltsstoffen wird eben leider auch häufig auf Abfälle aus der Lebensmittelindustrie zurückgegriffen. Diese Abfälle bestehen aus den Dingen, die nicht auf dem menschlichen Teller landen, wie beispielsweise Klauen, Schnäbel, Federn und andere Dinge. Teilweise sicher auch Innereien, wobei diese mittlerweile auch oft an andere Hersteller verkauft werden, damit daraus getrocknete Kauartikel hergestellt werden können. Somit bleibt nicht mehr viel Rest übrig, was noch im Hundefutter landen kann. Und aufgrund des mangelnden Deklarationsgesetzes müssen nicht alle Inhaltsstoffe angegeben werden bzw. nicht genau deklariert werden, was zum Beispiel unter „tierischen Nebenerzeugnissen" oder „pflanzlichen Nebenerzeugnissen" zusammengefasst wird.

So bestehen auch die pflanzlichen Nebenerzeugnisse meist aus Abfällen der Lebensmittelproduktion und enthalten oftmals nur noch die minderwertigen Reste wie Schalen oder sogenannten „Trester" (das ist das, was übrig bleibt, wenn zum Beispiel Äpfel bis auf den letzten Rest ausgepresst wurden). Was sonst noch so im Futter landet, zum Beispiel auch über das Futter der Tiere, die schlussendlich im Futter landen, kann nie genau gesagt werden. Inwieweit dort auch chemische Zusätze wie Konservierungsstoffe eine Rolle spielen, ist schwer zu sagen. Schlussendlich landet jedoch all das im Magen unserer Hunde und somit auch in ihren Körpern. Inwieweit sich viele Stoffe ablagern und anreichern ist oftmals nicht ausreichend getestet und erforscht.

Und Du wirst Dich ja in der Regel nicht grundlos dafür entschieden haben, Deinen Hund zu barfen. Oftmals zeigen die Hunde Auffälligkeiten. Sei es beim „Output", also dem Kot, der oftmals merkwürdige Farben aufweist oder sehr oft und in großen Mengen ausgeschieden wird, oder beim Fell, das stumpf und struppig ist. Manche haben trockene Haut und neigen zu Schnuppen. Wieder andere reagieren sogar auf sogenannte „Sensitiv"-Futtermittel allergisch, obwohl theoretisch nur eine Protein- und eine Kohlenhydratquelle vorhanden sein soll. Viele Gründe, um sich mit der Ernährung unserer Vierbeiner genauer zu befassen und sie zu verbessern. Das bedeutet eben oftmals auch, sie von Grund auf zu ändern.

Hinzu kommen Belastungen durch die Umwelt. Umweltverschmutzung, Abgase, Umweltgifte, Insektizide, Pestizide etc. sind leider Dinge, denen weder wir noch unser Hund sich entziehen kann. Schätzungen zufolge sind wir täglich über 40.000 giftigen Substanzen ausgesetzt! Grund genug, sich auch mit dem Thema Entgiftung auseinanderzusetzen.

Damit der Start ins Barfen leichter fällt und Dein Hund auch alle Vorzüge daraus ziehen kann, müssen „Altlasten" weg. Dies erreicht man am besten, indem man eine Entgiftungskur macht. Dies im Idealfall über 3 Monate hinweg. Dann haben sich alle Zellen im Körper Deines Hundes einmal neu gebildet und somit regeneriert.

Doch wie sieht eine solche Entgiftungskur aus? Und welche Rolle spielt der Zustand des Darms dabei?

Vorbereitungen

Der gesamte Organismus des Hundes wird beim Entgiften stark beansprucht. Darum solltest Du sichergehen, dass Dein Hund fit ist und einer solchen Belastung standhalten kann. Dafür ist auch die Versorgung mit allen wichtigen Nährstoffen wichtig. Darum sollte eine solche Entgiftung im Idealfall erst 2 bis 4 Wochen, nachdem Du angefangen hast, Deinen Hund zu barfen, beginnen. Wenn Du auf Nummer sicher gehen willst, kannst Du ein Blutbild erstellen lassen, indem Nährstoffmängel aufgezeigt werden. So weißt Du, worauf Du besonders Wert legen solltest bei der Fütterung. Achte jedoch darauf, dass ein solches Defizit meist durch das Verfüttern von mangelhaftem Futter entstanden ist und sich das Defizit beim Barfen oftmals relativ schnell ausgleicht. Ergänzt Du also eine Zeit lang bestimmte Nährstoffe, solltest Du sie nach einer Weile weglassen und mit der regulären Barf-Fütterung weitermachen. In einem erneuten Blutbild kannst Du dann sehen, ob nun alle wichtigen Nährstoffe in ausreichender Menge durch das Füttern zugeführt werden.

Beginn der Entgiftung

Es gibt mehrere Phasen, beziehungsweise Bereiche, die entgiftet werden. Die Gesundheit und das Immunsystem liegen auch beim Hund im Darm. Ist der Darm gesund, geht es dem Hund gut. Da aber leider viele Schadstoffe in den Körper gelangen, ist der Darm oftmals stark belastet. Und hier setzt eine solche Entgiftungskur hauptsächlich an. Jedoch werden auch Niere und Leber als wichtige Entgiftungsorgane nicht vernachlässigt. Ziel der Entgiftung ist es möglichst, sämtliche Giftstoffe, die sich im Körper angereichert haben, zu lösen, zu binden und dann aus dem Körper zu holen. Dies geschieht in drei verschiedenen Schritten.

Schritt 1: Loslösen

Die Entgiftung muss in Gang gesetzt werden. Der Körper des Hundes besitzt dafür normalerweise körpereigene Enzyme, die diese Aufgabe übernehmen. Manchmal brauchen diese Enzyme aber einen „Weckruf". Dies kannst Du mit „Regulat-Enzymen" erreichen, die Du in fertiger Form kaufen kannst. Diese regen die körpereigene Entgiftung an. Während der Entgiftung verbraucht der Körper des Hundes viel Selen. Dieses sehr wichtige Spurenelement kann dann schnell zur Mangelware werden. Darum ist es sinnvoll, Selen zu füttern. Besonders Paranüsse, Leinsamen, Knoblauch, aber auch Haferflocken enthalten Selen. Auch Naturreis ist ein guter Lieferant. Je nach Fütterungskonzept kannst Du davon einfach ein wenig mehr füttern, damit Dein Hund ausreichend versorgt ist. Wenn Du dazu noch das „3-6-9"-Öl fütterst, welches mit Vitamin E angereichert ist, hast Du gleich den nächsten wichtigen Baustein. Ein weiteres Öl, welches viel Vitamin E enthält, ist Weizenkeimöl. Um bei der Entgiftung die wichtigsten Entgiftungsorgane nicht zu vernachlässigen, hat sich die Zugabe von Mariendistel bewährt. Diese unterstützt und stärkt die Leber. Für die Niere ist Löwenzahn sehr wertvoll und wichtig. Aber auch Brennnessel kann beim Entgiftungsprozess helfen, da sie harntreibend wirkt und somit die Ausscheidung der Giftstoffe beschleunigt. Ein weiterer Entgiftungshelfer ist Schwefel in Form von MSM (Methylsulfonylmethan). Schwefel ist für den Organismus sehr wichtig und wird gerade bei der Entgiftung gebraucht. Für die ganz harten und besonders schädlichen Giftstoffe wie Quecksilber (welches in Impfungen vorhanden ist!) hat sich Kolloidales Silber bewährt. Dieses bindet das Quecksilber und hilft, es aus dem Körper zu schleusen. Und damit wären wir beim zweiten Schritt.

Schritt 2: Binden und ausleiten

Um die gelösten Giftstoffe auch aus dem Körper zu bekommen, sollten diese im Idealfall gebunden werden, damit sie vor allem den Darm problemlos passieren können. Dafür haben sich insbesondere Zeolith und Bentonit, fein gemahlene Mineralerden, bewährt. Sie saugen sich förmlich wie ein Schwamm mit Giftstoffen voll und helfen so, sie aus dem Körper zu schleusen. Ebenfalls sehr erfolgreich in der Bindung und Bekämpfung von Giftstoffen ist die Chlorella-Alge. Sie wird, ebenso wie Bentonit und Zeolith, auch in der Humanmedizin eingesetzt und ist sehr gut verträglich. Sie kann insbesondere Schwermetalle wie Nickel, Palladium, Blei und Zinn binden. Und wenn alle Giftstoffe gebunden sind, geht es weiter mit Schritt 3.

Schritt 3: Ausscheidung

Nun magst Du sicher denken, dass das ja sowieso von allein passiert. An sich stimmt das. Aber Du kannst Deinem Hund dabei aktiv helfen. Zum einen ist es wichtig, dass er während der Entgiftungskur ausreichend trinkt, da auch über die Nieren und die darüber ausgeschiedene Flüssigkeit viele Giftstoffe enthält. Und wenn die Nieren gut gespült werden, ist dies überaus hilfreich. Dafür muss Dein Hund viel trinken. Ist Dein Hund jedoch ein „Trinkmuffel", gibt es ein paar Tricks, wie Du ihm das Trinken schmackhafter machen kannst:

Regenwasser sammeln, da dieses von vielen Hunden lieber getrunken wird als Leitungswasser. Das Wasser mit z. B. ein wenig Leberwurst geschmacklich attraktiver machen. Ungesalzene selbst hergestellte Brühe (zum Beispiel Knochenbrühe) anbieten. Auch ungesüßte Tees (zum Beispiel Brennnesseltee) können angeboten werden

Ein weiterer Aspekt, auf den Du Einfluss nehmen kannst, ist die Bewegung. Ist Dein Hund in Bewegung, dann kommt der gesamte Organismus in Schwung und alle Vorgänge gehen etwas schneller vonstatten – auch die Entgiftung. Also drehe doch mit Deinem Hund während der Entgiftung ein Ründchen mehr am Tag. Es wird ihm helfen.

Natürlich ist so eine Entgiftung kein einfaches Unterfangen. Es kostet Deinen Hund viel Kraft und Energie. Darum findest Du hier eine Auflistung von möglichen Nebenwirkungen, die jedoch anzeigen, dass die Kur anschlägt:

- Haarausfall
- Trockene, schuppige Haut
- Müdigkeit
- Ohrenentzündungen
- Ekzeme
- Ausschlag

Sollte Dein Hund auch merklich über die Haut entgiften (was sich in Ekzemen und anderen Hautproblemen zeigt), kannst Du ihn mit der zusätzlichen Gabe von Bierhefe unterstützen. Vergiss insbesondere bei der Entgiftung die Gabe von hochwertigem Öl nicht, da auch dieses positiven Einfluss auf den Hautzustand Deines Hundes hat.

Ist die Entgiftungskur überstanden, heißt es, den Hund wieder aufzubauen. Dies erreichst Du ganz automatisch mit dem Barfen, da er so mit allen wichtigen Nährstoffen versorgt wird und sein Futter optimal verwerten kann.

Da die Belastung mit sämtlichen Giften jedoch weiterhin anhält, ist die Wiederholung der Entgiftungskur sinnvoll. Bewährt haben sich 2 Kuren pro Jahr. Bei höheren Belastungen, zum Beispiel durch die häufige Gabe von Entwurmungs- und Zeckenmitteln oder der jährlichen Impfung, sind ggf. auch 3 Kuren pro Jahr sinnvoll. Dann jedoch nur über 4 bis maximal 6 Wochen hinweg, da es sonst zu anstrengend wird für den Organismus. Durch die Fütterung von rohen Zutaten tust Du jedoch schon sehr viel dafür, dass sich die Giftbelastung Deines Hundes verringert und sein Körper besser mit Schädigungen von außen umgehen kann.

SIND FASTENTAGE SINNVOLL?

Heilfasten, Fastenkuren und „Entschlackung" machen auch bei Menschen immer mehr die Runde. Viele schwören auf die heilende Wirkung des Fastens und verzichten freiwillig auf feste Nahrung über einen bestimmten Zeitraum hinweg. Nun gibt es viele Hundehalter, die diese Art der Ernährung auch bei ihren Hunden anwenden möchten, damit auch sie vom Fasten profitieren. Doch profitiert ein Hund wirklich davon?

Nun, darüber gibt es keine wirklichen Studien. Es sind eher Erfahrungen vieler Hundehalter, die wohl unterschiedlicher nicht sein könnten. Während die einen darauf schwören, einmal in der Woche nichts zu füttern, so gibt es genügend Hundehalter, die von teils massiven „Nebenwirkungen" des Fastens berichten, die sich leider nicht unbedingt in den Bereich der „Nebenwirkungen durch Entgiftung" schieben lassen. So gibt es genügend Hunde, die nach 20 Stunden ohne feste Nahrung unter Magenquietschen, Magengrummeln, Grasfressen und Übelkeit leiden. Inwieweit so eine Auswirkung auf den Organismus des Hundes sinnvoll ist, ist fraglich. Viele, die einen Fastentag für ihren Hund einplanen, begründen das damit, dass in der Natur auch nicht jeden Tag Beute erlegt wird und Wölfe, wie auch verwilderte Haushunde, Fastentage einlegen. Inwieweit sie das jedoch freiwillig machen, ist fraglich. Natürlich haben Wölfe und Hunde, wie auch nahezu jeder andere Räuber, nicht jeden Tag Jagdglück. Aber allein, dass sie es tagtäglich versuchen, zeigt doch, dass sie eigentlich nicht daran denken, einen Fastentag einzulegen. Nur wenn es am Vortag ein großes Reh oder einen Hirsch gab, an dem sie sich so richtig satt fressen konnten, wird am nächsten Tag mal eine Fresspause eingelegt. Dieses Verhalten wird ja auch bei der Barf-Variante Mogen Eliasen aufgegriffen, wo nach dem „All you can eat"-Tag meist ein Fastentag folgt.

Grundsätzlich schadet es den meisten Hunden nicht, wenn sie eine Weile auf Futter verzichten (müssen). Ob es jedoch irgendeinen körperlichen Vorteil bietet, ist fraglich. Wenn Dein Hund nach einer großen Mahlzeit am Vortag von selbst einen Fastentag einlegt, ist das völlig okay und Du solltest ihn nicht dazu zwingen etwas zu fressen. Doch wenn er guten Appetit hat, hin und wieder entgiftet wird und sich sonst bester Gesundheit erfreut, ist ein Fastentag nicht notwendig. Zumal es den meisten Hundehaltern eh wahnsinnig schwerfällt, dem traurig schauenden Hund nichts zu geben. Denn sind wir mal ehrlich: Wenn unsere Hunde etwas wollen, kramen sie ganz tief in der Trickschublade und holen den wohl traurigsten und herzzerreißendsten Blick heraus, den sie nur bieten können. Und dann stark zu bleiben, ist wirklich schwer. Warum also sich und dem Hund das antun?

WIE OFT AM TAG FÜTTERN?

Auch hier herrscht eine rege Grundsatzdiskussion im Netz. Die einen sind die absoluten Verfechter von einer Mahlzeit am Tag. Andere finden eine Portion am Tag zu wenig, die Zeit zwischen den Mahlzeiten zu lang und die Portionsgröße für eine Mahlzeit zu groß. Wieder andere berichten davon, dass ihr Hund entspannter ist, wenn er 3 oder 4 Mal am Tag etwas zu fressen bekommt. Nun lässt sich eine Fütterung mit 3 oder 4 Mahlzeiten am Tag nur von den wenigsten Berufstätigen bewerkstelligen. Grundsätzlich ist eine so häufige Fütterung auch nicht notwendig (Ausnahmen sind hier natürlich die trächtige Hündin und Welpen!). Für den „Durchschnittshund" sind zwei Mahlzeiten am Tag die ideale Variante. Warum? Nun, morgens, nach der ersten Gassirunde, ist der Hund ausgeruht und benötigt Energie für den Tag.

Dann gibt es die erste Mahlzeit. Diese lässt ihn erst einmal ein wenig schläfrig werden, was sicher gerade für Berufstätige von Vorteil ist. Sobald dann am Nachmittag mit den Hundehaltern auch die Action zurück in die Wohnung kommt, kann er die Energiereserven vom Frühstück aufbrauchen. Und nach der letzten Gassirunde am Abend gibt es die zweite Mahlzeit, die wieder ein wenig schläfrig macht und so optimal für die Nacht vorbereitet. Denn hungrig ins Bett oder in dem Fall ins Körbchen zu gehen, findet doch keiner schön. Von daher ist die Aufteilung der Tagesration auf zwei Mahlzeiten sicherlich am sinnvollsten.

UND DIE UHRZEIT?

Immer Punkt 19 Uhr steht der Napf bereit. Aber muss das sein? Nein, das muss nicht sein. In der Natur fällt auch nicht jeden Abend um Punkt 19 Uhr der Hase tot um, damit er gefressen werden kann. Feste Zeiten sind vollkommen überflüssig und unnötig und bringen keinen Vorteil. Im Gegenteil: manche Hunde stellen ihre „innere Uhr" danach und bei manchen Hunden setzt dann sogar schon die Magensaftproduktion ein, wenn es Zeit fürs Fresschen ist. Gibt es dann jedoch nichts, übersäuert der Hund und es kann zu Problemen wie Aufstoßen, Übelkeit und Unwohlsein kommen. Und was glaubst Du, was passiert, wenn die Uhren auf Sommer- oder Winterzeit umgestellt werden? Auch wenn es für Dich dann eine Stunde früher oder später ist, so ist es für Deinen Hund immer noch zur selben Zeit Fütterungszeit. Und das kann gerade bei langen Arbeitszeiten zum Problem werden, wenn Dein Hund zuhause sitzt, Magensaft produziert und auf sein Futter wartet, während Du noch auf Arbeit bist. Darum gewöhne weder Dich noch Deinen Hund an eine feste Uhrzeit. Füttere dann, wenn es in Deinen Zeitplan passt. Besonders am Wochenende ist es deutlich entspannter, wenn man nicht wie sonst in der Woche um 6.30 Uhr aufstehen muss, damit Fiffi sein Futter bekommt, und stattdessen einfach mal ausschlafen kann.

FÜTTERN VON ALLERGISCHEN HUNDEN /AUSSCHLUSS-DIÄT

Dein Hund kratzt sich, teilweise sogar blutig. Er ist unruhig, zerbeißt sich die Pfoten, hat heiße Ohren, schlechtes Fell, Schuppen oder ständig Durchfall? Dann steckt oftmals eine Futtermittelallergie dahinter. Gerade bei Hunden, die reinweg mit Fertigfuttermitteln gefüttert werden, ist der Organismus mit der oftmals scheinbar endlosen Zahl an Inhalts- und Hilfsstoffen überfordert und entwickelt eine Allergie gegen einen oder mehrere Bestandteile. Dies ist öfter der Fall, als man glauben mag. Nur wird eine Futtermittelallergie selten zeitnah diagnostiziert. Vorher werden alle möglichen anderen Vermutungen in den Raum geworfen und zu behandeln versucht.

Das fängt bei der vollkommen sinnfreien Gabe von Wurmkuren an, um die vermeintlichen Würmer zu bekämpfen, die beispielsweise für den Durchfall sorgen sollen. Es wird eine Antibiotikakur verordnet, um vermeintlich vorhandene Giardien zu bekämpfen. Der Hund wird meist auf ein teures und sinnloses „Supersensitive Diätfutter" umgestellt, was es am besten auch nur beim Tierarzt zu kaufen gibt, damit der daran noch kräftig mitverdienen kann. Dann werden verschiedenste Präparate verschrieben. Darunter auch Mittel, die den Durchfall stoppen sollen. Dass der Körper des Hundes nicht grundlos Durchfall auslöst, wird dabei oftmals außer Acht gelassen. Durchfall wie auch Erbrechen ist die Art des Körpers, Giftstoffe und Erreger oder auch unverdauliche Dinge schnellstmöglich wieder loszuwerden, bevor sie Schaden anrichten können. Gerade wenn es um Toxine geht, ist die Unterdrückung von Durchfall durch Medikamente ein gefährliches Unterfangen. Verbleiben die Giftstoffe länger im Körper, als es dem Körper lieb ist, kann dies zu weiteren Problemen und Erkrankungen führen.

Und wenn all die Therapien, Mittelchen und Futtersorten nichts gebracht haben, fragt man als verunsicherter Hundehalter, der bereits am Ende seiner Kräfte (und oftmals auch am Ende des Geldbeutels) ist, ob es sein kann, dass der Hund trotz des Sensitiv-Futters, welches zu keiner Besserung führte, eine Futtermittelallergie haben könnte. Wenn der Tierarzt auf diese Frage eingeht, wird oftmals nur ein Bluttest vorgenommen, der bestimmen soll, gegen welche Dinge der Hund allergisch ist. Dass ein so überlasteter Körper jedoch nach diesem Martyrium an Behandlungen und Medikamenten aus schierer Überforderung auf fast alles reagiert, ist da nur allzu verständlich. Demnach sagt ein solcher Bluttest so gut wie nichts darüber aus, ob der Hund auf die dort festgestellten Dinge wirklich allergisch reagiert oder gerade schlichtweg nur überfordert ist. Zwar kann dieser Test ein erster Anhaltspunkt dafür sein, in welche Richtung die Allergie geht. Ob tierisches Protein eines bestimmten Tieres oder Kohlenhydratquellen zu den Symptomen führen. Eine 100%ige Garantie, dass das wirklich so ist, kann ein solcher Test jedoch nicht geben. Und lass Dir an dieser Stelle, wenn Dein Tierarzt die Ergebnisse des Bluttestes in der Hand hält, nicht das nächste „Supersensitiv-Diätfuttermittel" aufschwatzen, welches dann meist aus völlig ausgefallenen Dingen wie Strauß, Känguru oder Krokodil plus Kohlenhydratquelle besteht. Besinne Dich in diesen Momentan darauf zurück, was Dein Hund wirklich braucht. Damit Du weißt, wie Du eine solche „Eliminiations-Diät" oder aus „Ausschluss-Diät" durchführen solltest, um wirklich sicher klären zu können, worauf Dein Hund reagiert, erhältst Du hier eine Schritt-für-Schritt-Anleitung.

Ablauf der Diät

Zuallererst musst Du Dich für eine Fleischsorte entscheiden, von der Du denkst, dass Dein Hund sie verträgt. Das Fleisch, das Du für Deinen Hund besorgst, sollte aus großen Stücken bestehen, damit Du sicher sein kannst, dass Du Deinem Hund auch wirklich nur diese eine Sorte fütterst und keine andere tierische Proteinquelle dort mit reingemischt wurde. Als Beispiel nehmen wir jetzt Lamm. Lammfleisch, Lamminnereien sowie Lammfett sind in den meisten Barf-Shops vorhanden und können somit problemlos bezogen werden. Ab dem ersten Tag der Diät erhält Dein Hund ausschließlich Lamm. Nichts anderes. Kein Leckerli, keine Kausachen, nichts von einem anderen Tier! Nur Lamm. Du gestaltest also seine Mahlzeiten ausschließlich mit Dingen vom Lamm. Kohlenhydrate, Obst, Gemüse etc. fallen erst einmal weg. Zumindest für die ersten 4-5 Tage. Danach beginnst Du zuerst mit einer weiteren Zutat, wie zum Beispiel Süßkartoffeln. Diese Kombination aus Lammfleisch, Lamminnereien und Lammfett sowie Süßkartoffeln fütterst Du erneut für 4-5 Tage und schaust, ob Dein Hund darauf reagiert. Tut er das nicht, kannst Du die nächste Komponente hinzufügen. Zum Beispiel ein Öl. Und so verfährst Du mit jeder weiteren Zutat. Eine Zutat kommt neu hinzu und wird in Kombination mit den anderen Dingen, die bereits gut vertragen wurden, über mehrere Tage hinweg gefüttert. Beobachte Deinen Hund, um festzustellen, ob er wieder beginnt sich zu kratzen etc. Passiert das nicht, kann die nächste Komponente hinzugefügt werden. Dieses Verfahren wendest Du über 6 Wochen hinweg an. Reagiert Dein Hund nicht, kannst Du mit der nächsten tierischen Proteinquelle beginnen. Das Lamm lässt Du weg und wechselt dann zum Beispiel zu Pute oder Hühnchen. Wieder erst einmal nur Fleisch, Innereien und ggf. Fett. Danach die erste weitere Komponente etc.

Stellst Du fest, dass Dein Hund auf eine Komponente reagiert, lässt Du sie unverzüglich weg und lässt sie auch für 2 Wochen weg. Danach kommt die „Probe". Füttere den vermeintlichen Übeltäter erneut. Reagiert Dein Hund wieder, ist er sicher allergisch auf diese Komponente.

Und mit diesem Verfahren kannst Du jede Proteinquelle durchtesten und auch jede weitere Komponente, die im Napf Deines Hundes landen soll. Auf diese

Art weißt Du sicher, worauf Dein Hund reagiert und worauf nicht. Auch wenn diese Art des Testens deutlich länger dauert als ein Bluttest, so sind die Ergebnisse quasi „am lebenden Objekt" getestet und Du weißt wirklich sicher, was Du Deinem Hund füttern kannst und wovon Du lieber Abstand nehmen solltest.

LECKERCHEN SELBST HERSTELLEN

Wer sich mit der Ernährung seines Hundes schon sehr auseinander gesetzt hat und für seinen Vierbeiner nur das Beste will, der wird sich auch beim Durchlesen der Zusammensetzungen von Leckerchen das ein oder andere Mal fragen, ob das wirklich gesund ist, was da alles enthalten ist. Oftmals ist es nämlich so, dass gerade bei Leckerchen nicht mehr darauf geachtet wird, was alles in den bunten Knochen und Keksen verarbeitet wurde. Von Getreideabfällen, über Zucker und sonstigen „Resten" aus der Lebensmittelindustrie werden nämlich nur allzu gern „Hundeleckerchen" hergestellt, die von gesunder Ernährung so weit entfernt sind wie ein Fisch vom Fahrradfahren.

Darum ist es nicht verwunderlich, dass immer mehr Hundehalter, die sich fürs Barfen entschieden haben, auch bei den Leckerchen genau wissen wollen, was drin ist und was sie ihrem Vierbeiner da geben.

Damit auch Du für Deinen Hund leckere und gesunde Leckereien herstellen kannst, findest Du hier ein paar Rezepte und Anleitungen für artgerechte Leckerchen.

Dörren

Dies ist wohl die einfachste Variante, um sowohl Leckerchen als auch Kauartikel selbst herzustellen. Dafür ist ein handelsüblicher Dörrautomat notwendig, den es in etlichen Varianten, Größen, Farben und Aufmachungen gibt. Welchen Du nimmst, ist dabei ziemlich egal, da sie alle eh nur das eine können: Dörren. Dabei wird durch Wärmeeinwirkung dem Dörrgut das Wasser entzogen, sodass am Ende nur noch wenige Prozent Feuchtigkeit vorhanden sind, wodurch ein Verschimmeln/Vergammeln vermieden wird. So wird beispielsweise Fleisch sehr lange haltbar. Und genau das kannst Du Dir zu Nutze machen. Nimm einfach möglichst fettarmes Fleisch zur Hand, welches Dein Hund sicher und gut verträgt, schneide es in kleine Stücken (nicht zu klein, aber auch nicht zu dick) und verteile sie auf den Etagen des Dörrautomaten. Dann wählst du eine Temperatur zwischen 40 und 60° C aus und lässt den Dörrer seine Arbeit tun. Das kann durchaus mehrere Stunden dauern, je nach Größe der Fleischstücke. Das funktioniert im Übrigen auch mit Gemüse und Obst, falls Dein Hund ein Veggie-Fanatiker sein sollte und sich auch über eine getrocknete Apfel- oder Gurkenscheibe freut.

Alternativ, wenn Du Dir keinen Dörrautomaten anschaffen möchtest, kannst Du den Trocknungsvorgang auch im Backofen machen. Dafür eignen sich

Fleischstreifen am besten, die Du auf einen Gitterrost legen kannst. Natürlich sind auch hier wieder kleine Fleischwürfel oder Gemüsestreifen oder -scheiben möglich, welche dann einfach auf ein Backblech mit Backpapier gelegt werden. Greifst Du jedoch zum Backblech, musst Du die Stückchen wenden, da sie sonst an der Unterseite feucht bleiben. Darum ist dem Grillrost der Vorzug zu geben. Idealerweise steckst Du einen Kochlöffel in die Ofentür, damit diese einen kleinen Spalt geöffnet bleibt. So entweicht die aus dem Fleisch gelöste Flüssigkeit und das Dörren geht schneller voran.

Backen

Auch für unsere vierbeinigen Freunde kann man super backen. Kleine selbstgemachte Hundekekse, bei denen man sicher weiß, was drin ist, sind schnell gemacht. Die fertigen Kekse sind in einer luftdichten Dose etwa 2-3 Wochen haltbar.

Hier ein paar Rezepte zum Ausprobieren:

1.) Karotten-Leberwurst-Kekse

180 g Mehl (bspw. Buchweizenmehl oder auch Maismehl)
60 g Leberwurst
10 g Öl (bspw. Olivenöl)
1 Ei
1 Karotte
Wasser für den Fall der Fälle

Alle Zutaten, bis auf das Wasser, miteinander vermengen und gut durchkneten. Sollte der Teig ein wenig zu trocken sein, ein bisschen Wasser hinzugeben. Wenn der Teig eine gute Konsistenz hat und nicht klebt, auf eine bemehlte Arbeitsfläche legen und ausrollen. Nun sind der Fantasie keine Grenzen gesetzt. Du kannst entweder mit einem Messer Figuren ausschneiden oder normale Ausstechformen benutzen. Alternativ kannst Du den Teig auch einfach in gleichgroße Vierecke zerschneiden.

Sobald der Teig aufgebraucht ist, legst Du die Kekse auf ein Backblech mit Backpapier und schiebst sie bei 180° C für etwa 20-25 Minuten in den Ofen. Umso länger Du sie bäckst, umso härter werden sie.

2.) Thunfisch-Bananen-Kekse

100 g Mehl (bspw. Buchweizenmehl)
1 Dose Thunfisch im eigenen Saft
1 reife Banane
etwas Öl (bspw. Olivenöl)

nach Belieben ein paar gemahlene Haselnüsse

Die Banane zerdrücken und mit den restlichen Zutaten gut vermengen. Da der Teig ein wenig weicher ist, bietet es sich an, diesmal keinen Teig auszurollen und auszustechen, sondern kleinen Bällchen oder Würste zu formen, die Du dann wieder auf ein Backblech mit Backpapier legst und bei ca. 180° C etwa 20 Minuten bäckst.

3.) Innereien-Taler

250 g Innereien (Leber, Magen, Milz)
150 g Mehl (bspw. Buchweizenmehl)
1 kleine Zucchini

Die Zucchini garen und anschließend zerdrücken. Danach die restlichen Zutaten hinzugeben und gut vermengen. Auch dieser Teig ist etwas flüssiger, weswegen auch hier das Ausstechen wegfällt. Stattdessen bietet es sich an, mit dem Löffel kleine Kleckse auf ein Backblech mit Backpapier zu geben und anschließend bei 180° C für etwa 25 Minuten im Ofen zu backen.

4.) Hühnchenkekse

100 g Hähnchenbrust
150 g Mehl (bspw. Buchweizenmehl)
2 Eier
2 EL Öl (bspw. Olivenöl)
50 g zarte Haferflocken

Die Hähnchenbrust möglichst klein schneiden und mit den restlichen Zutaten vermengen. Dieser Teig ist wieder etwas fester und lässt sich ausstechen oder ausschneiden. Die fertig ausgestochenen Kekse auf ein Backblech mit Backpapier legen und ebenfalls bei 180° C etwa 25 Minuten backen.

5.) Käse-Sticks mit Quark

200 g gekochte Kartoffeln
150 g Hüttenkäse oder Quark
50 g Käse (bspw. Gouda oder Mozzarella)
2 EL Öl (bspw. Olivenöl)
2 Karotten

Kartoffeln und Möhren zusammen kochen und anschließend pürieren oder zerquetschen. Die restlichen Zutaten hinzugeben und im Idealfall in Silikonförmchen füllen, da der Teig sehr flüssig ist und von selbst nur wenig Halt hat. Dies nun bei 180° C etwa 45 Minuten backen, bis die Sticks die gewünschte Härte haben.

Diese Sticks müssen, anders als die restlichen Kekse aus den anderen Rezepten, im Kühlschrank aufbewahrt werden, da sie nicht so viel Flüssigkeit verlieren wie die Kekse.

6.) Rinderkekse mit Quark
150 g Quark
150 g Rinderhackfleisch
1 Ei
6 EL Milch
6 EL Öl (z. B. Olivenöl)
200 g Mehl (z. B. Buchweizenmehl)

Alle Zutaten miteinander gut vermengen und so lange kneten, bis ein guter Teig entsteht. Diesen auf eine bemehlte Arbeitsfläche geben und ausrollen. Dann wieder ausstechen oder ausschneiden und auf ein Backblech mit Backpapier auslegen. Bei 180° C ca. 30-40 Minuten backen.

7.) Quark-Sticks
200 g Haferflocken
150 g Quark oder körnigen Frischkäse
1 Ei
3 EL Milch
3 EL Öl (bspw. Olivenöl)

Alle Zutaten miteinander vermengen und zu einem Teig kneten. Aus dem Teig zum Beispiel Kugeln oder Rollen formen und auf ein Backblech mit Backpapier legen. Dann bei ca. 180° C ca. 20-25 Minuten backen.

8.) Eis-Kekse
900 g Naturjoghurt
3 TL Erdnussbutter (ungesüßt!)
1 große reife Banane
1 TL Honig

Die Banane zerquetschen und mit den restlichen Zutaten vermengen. Die fertige Joghurtcreme in Silikonförmchen füllen und anschließend für mindestens 2 Stunden einfrieren. Besonders im Sommer ein beliebter Snack für zwischendurch.

Zusammenfassung

Hier sind nochmal alle wichtigen Punkte für Dich zusammengefasst:

- Barfen bedeutet, den Hund mit rohen Zutaten wie Fleisch, Knochen, Innereien, Fetten, Ölen und ggf. Gemüse, Obst und Kohlenhydraten zu füttern.
- Es gibt verschiedene Varianten des „Barfens", die allesamt jedoch entweder ein Beutetier nachbauen oder sogar aus ganzen Beutetieren bestehen.
- Die Menge des Futters hängt davon ab, wie aktiv Dein Hund ist. Grundsätzlich werden rund 2,5 % des Körpergewichtes als Bedarf herangezogen.
- Fett ist sehr wichtig, da der Hund daraus seine Energie zieht.
- Reines Muskelfleisch reicht nicht! Es müssen auch Innereien und Knochen gefüttert werden, damit Dein Hund mit allem Wichtigem versorgt ist.
- Gemüse, Obst, Kohlenhydrate und Getreide sind nicht zwingend notwendig, können aber unter gewissen Bedingungen gefüttert werden.
- Teste immer erst aus, was Dein Hund in welchen Mengen verträgt.
- Hebe Dir mindestens 2 Fleischsorten auf, für den Fall, dass Dein Hund auf die bisher gefütterten allergisch reagiert.
- Übertreibe es mit der Menge der unterschiedlichen Zutaten pro Tag nicht.
- Abwechslung im Napf kommt bei Hunden in der Regel gut an.
- Füttere nur weiche Knochen, keine tragenden Knochen von großen Tieren.
- Hilf Deinem Hund 2-3 Mal im Jahr mit einer Entgiftungskur, besonders wenn er Zeckenmittel, Wurmkuren und Impfungen bekommt.
- Berechne den Bedarf Deines Hundes neu, wenn Du merkst, dass er ab- oder zunimmt.
- Ziehe zur Berechnung des Bedarfs immer das Optimalgewicht Deines Hundes heran und nicht sein aktuelles Gewicht.
- Lass Dich von anderen nicht verrückt machen oder gar verunsichern! Du hast Dich für diese Form der Fütterung entschieden und hattest dafür auch einen Grund.
- Achte auf die Herkunft aller Zutaten und kaufe nur hochwertige Zutaten wie Öl etc.
- Insofern es keine Notwendigkeit dafür gibt, gewolftes Fleisch zu füttern, solltest Du auf große Fleischbrocken und ganze RFK (rohe fleischige Knochen) zurückgreifen.
- Wenn Dein Hund allergisch ist, führe die Ausschlussdiät gewissenhaft

durch, um sicher herauszufinden, was Dein Hund wirklich verträgt.

- Achte auf die richtige Menge an Fett, damit es Deinem Hund nicht an Energie mangelt.
- Sei mit Gewürzen sparsam, denn auch hier gilt: Die Dosis macht das Gift.
- Du musst auf das Barfen nicht verzichten, wenn Du in den Urlaub fährst. Informiere Dich vor Antritt der Reise, welche Möglichkeiten vor Ort gegeben sind, und plane danach, mit welcher Variante Du Deinen Hund im Urlaub füttern kannst.
- Finde heraus, mit welchem Fütterungsintervall Dein Hund am besten klarkommt.
- Probiere neue Dinge aus, sei kreativ und wage Dich auch mal an das Backen von Hundekeksen heran. Dein Hund wird es Dir danken!
- Achte bei der Fütterung Deines Hundes auch auf den „ökologischen" Fußabdruck.

Das Wichtigste ist jedoch: Bleib bei der Fütterung, von der Du überzeugt bist. Lass Dich nicht verunsichern und hab vor allem Spaß daran! Dann wird das Barfen irgendwann ganz leicht und Du kannst den Erfolg der Fütterung an Deinem Hund sehen.

QUELLENVERWEISE UND INTERESSANTE LINKS

https://www.welpenerziehung24.de/welpen-wichtige-zeit/
www.tierfreund.de
https://www.spass-mit-hund.de<
https://www.zooroyal.de › Magazin › Hunde Magazin › Erziehung>
www.jgv-roemryke-berge.de/vollmond/welpe.pdf
Https://diehundeschulen.de

Impressum

Herausgeber: Pegoa Global Media GmbH / Am Sandtorkai 27 / 20457 Hamburg
Kontakt: kontakt@pegoamedia.de
Coverbild: Shutterstock

Haftungsausschluss:
Die Nutzung dieses Buches und die Umsetzung der enthaltenen Informationen, Anleitungen und Strategien erfolgt auf eigenes Risiko. Der Autor kann für etwaige Schäden jeglicher Art aus keinem Rechtsgrund eine Haftung übernehmen. Haftungsansprüche gegen den Autor für Schäden materieller oder ideeller Art, die durch die Nutzung oder Nichtnutzung der Informationen bzw. durch die Nutzung fehlerhafter und/oder unvollständiger Informationen verursacht wurden, sind grundsätzlich ausgeschlossen. Rechts- und Schadenersatzansprüche sind daher ausgeschlossen. Dieses Werk wurde sorgfältig erarbeitet und niedergeschrieben. Der Autor übernimmt jedoch keinerlei Gewähr für die Aktualität, Vollständigkeit und Qualität der Informationen. Druckfehler und Falschinformationen können nicht vollständig ausgeschlossen werden. Es kann keine juristische Verantwortung sowie Haftung in irgendeiner Form für fehlerhafte Angaben vom Autor übernommen werden. Die bereitgestellten Analysen, Vorschläge, Ideen, Meinungen, Kommentare und Texte sind ausschließlich zur Information bestimmt und können ein individuelles Beratungsgespräch nicht ersetzen. Alle Informationen dieses Buches entsprechen dem Kenntnisstand zum Zeitpunkt des Verfassens dieses Buches. Eine Haftung für mittelbare und unmittelbare Folgen aus den Informationen dieses Buches ist somit ausgeschlossen.
Informieren Sie sich weitläufig aus unterschiedlichen Quellen und bedenken Sie, dass am Ende nur Sie für die Entscheidungen verantwortlich sind.

Haftung für externe Links:
Unser Angebot enthält Links zu externen Websites Dritter, auf deren Inhalte wir keinen Einfluss haben. Deshalb können wir für diese fremden Inhalte auch keine Gewähr übernehmen. Für die Inhalte der verlinkten Seiten ist stets der jeweilige Anbieter oder Betreiber der Seiten verantwortlich. Die verlinkten Seiten wurden zum Zeitpunkt der Verlinkung auf mögliche Rechtsverstöße überprüft. Rechtswidrige Inhalte waren zum Zeit-punkt der Verlinkung nicht erkennbar.

Wir danken Ihnen für Ihr Interesse und Ihr Vertrauen. Als Dankeschön dafür, haben wir eine besondere Überraschung. Wir haben eine **exklusive Spiele Sammlung für Hunde – inklusive Anleitungen zu Spiele selbst herstellen**. Und diese erhalten Sie vollkommen kostenlos. Das klingt wunderbar? Dann warten Sie nicht lange und holen Sie sich Ihr Gratis-Geschenk.

Hier geht es zu Ihrem Gratis-Geschenk:

https://forms.gle/M8BE2XLDYjDgu4BH6

1. **Öffnen Sie die Kamera-App auf Ihrem Smartphone und richten Sie die Kamera auf den QR-Code.**
2. **Klicken Sie auf den Link, der Ihnen angezeigt wird und schon werden Sie zur Website weitergeleitet.**